规划时空维度丛书/王金岩　主编

山东省优秀中青年科学家科研奖励基金项目（BS2012SF019）

城乡规划时空笔记

王金岩　等著

东南大学出版社
SOUTHEAST UNIVERSITY PRESS
南京·2015

内容提要

城市和乡村是人类聚居的主体形态,代表着人类在自然面前的觉醒和对世界秩序的描述及重建。城乡规划则是基于人类聚居的自然与人文规律,通过对物质与非物质要素的协调来引导城市和乡村的发展,以实现趋利避害和成就宜居梦想的工作。本书将城乡规划理论与实践置于宽阔的人文视野之中,通过城市的文化观相、中国古代人居世界、现代性与城市、规划与美好世界四个板块的开放式评论,探讨了城市和乡村发展的内在规律和文化渊源,也展示了城乡规划在改变人类生活聚居方面的重要作用。

本书可供城乡规划、人文地理、建筑设计、城市研究等领域的学者、师生及相关专业人员参考,也可供对城市、乡村和城乡规划感兴趣的普通读者阅读。

图书在版编目(CIP)数据

城乡规划时空笔记 / 王金岩等著. —南京:东南
大学出版社,2015.6
(规划时空维度丛书/王金岩主编)
ISBN 978 - 7 - 5641 - 5805 - 7

Ⅰ.①城… Ⅱ.①王… Ⅲ.①城乡规划-中国-
文集 Ⅳ.①TU984.2-53

中国版本图书馆 CIP 数据核字(2015)第 120047 号

书　　名:城乡规划时空笔记
著　　者:王金岩　等
责任编辑:徐步政　孙惠玉　　　　编辑邮箱:894456253@qq.com
出版发行:东南大学出版社
社　　址:南京市四牌楼 2 号　　　　邮　　编:210096
网　　址:http://www.seupress.com
出 版 人:江建中
印　　刷:江苏凤凰扬州鑫华印刷有限公司
排　　版:南京新翰博图文制作有限公司
开　　本:787 mm×1092 mm　1/16　　印张:14.5　字数:332千
版 印 次:2015 年 6 月第 1 版　　2015 年 6 月第 1 次印刷
书　　号:ISBN 978 - 7 - 5641 - 5805 - 7
定　　价:39.00 元

经　　销:全国各地新华书店
发行热线:025-83790519　83791830

总序

寂静的森林、辽阔的原野、碧绿的河水、奔腾的野兽，以及习习的微风，这是原初人类栖息地的场景。《周易·系辞·上》中云："动静有常，刚柔断矣。方以类聚，物以群分，吉凶生矣。在天成象，在地成形，变化见矣。"终于，人类在审视世界动静变化和吉凶悔吝的劳绩之中，跨越了草莽蒙昧，自然与人文精神交相辉映，建构了多元的时空秩序，进而使聚落、乡村、城市、区域及巨型区域的人类聚居文明繁衍拓展，形成了五光十色的众生世界。

关于众生世界，佛教《楞严经》中云："世为迁流，界为方位。汝今当知：东、西、南、北、东南、西南、东北、西北、上、下为界；过去、未来、现在为世。一切众生织妄相成，身中贸迁，世界相涉。"在东方农耕世界，世以年计，界为田分，四方上下谓之宇，古往今来谓之宙，天地人间皆统于"道"。众生在"心正而后身修，身修而后家齐，家齐而后国治，国治而后天下平"的认知之中，寻求"穷理尽性"，以达"天人之际"的路径。

西方世界早期将世界理解为"土火水气"，至"人是万物的尺度，是存在的事物存在的尺度，也是不存在事物不存在的尺度"，人文界定世界的精神渐渐生发。中世纪有神论和救赎理念深入人心，众生期待人神和解，而重返伊甸。及至中世纪末期新教伦理的抗争，发现"奢侈"和思想解放与对上帝的信仰并不矛盾，更未导致上帝的惩罚，至文艺复兴后理性和自由理念一发不可收拾。神学的世界观也被科学的世界观彻底刷新，培根和笛卡尔创始的现代梦想，将"众生"带入另一个境界。人类"祛魅"的自由勇气推倒了一切堡垒，外达太空火星，中至城市区域，微接上帝粒子，塑造了全新的众生世界。

其实，无论东方、西方抑或其他地域，众生世界都没有逃脱一个基本问题——人与时空，思想与存在的关系问题。人类会在特定的时空认知中回答"关系"的意义，虽然答案各异。在涂尔干那里，时空被解读为"社会的构造物"，并通过集体意识和个体意识的衔接，形成可沟通的观念。若放大"观念"的共性，世界一切学问，大至宇宙，微至无间，不管采用科学、哲学，还是宗教的办法，都是在寻求可以接受和沟通的"真理"，并在种种人生和社会的危机挑战面前，找到智慧的生存"化解"之道。这自然引出了两个问题：其一，求真，即是什么，为什么？其二，化解，即怎么想，怎么办？

围绕这两个问题，我们认为在地球地表空间、区域城市空间、建筑景观空间等一系列视觉直接可及的"中观"尺度上，人类求真与化解的能动性行为最为异彩纷呈。这些行为时刻影响着社会权利的分配和个人梦想的实现。人类也是在这一尺度上通过多元的规划手段，构筑了五彩斑斓的人类聚居文明。这更是当代城乡规划学、建筑学、地理学等人居环境学科存在的价值根源。

有鉴于此，本丛书定名为"规划时空维度丛书"。我们期待以城乡规划学、建筑学、地理学等人居环境和城市学科为立足点，形成开放式的交流平台，围绕着人类聚居空间形态演变的基本规律和特征，以及规划调控在引导人类聚居空间发展方面的作用这两个核心问题，打破学科藩篱，鼓励另辟蹊径，激发学术探讨，汇聚直达内心的清泉，为更好地揭示人类聚居发展进程中的时空现象，引导人居环境建设中的规划范式选择服务。这是我们从学科和职业的角度反思发展处境,照亮前行道路所需要的。本丛书希望成为学者、学生和广大专业从业人员的参考资料,也希望成为一般读者的普及性读物。我们要诚挚感谢东南大学出版社一如既往的理解和支持!在一个功利和躁动的时代,各种支持探索的真心诚意都值得倍加珍惜。所以,我们欢迎学界同仁的指导,更感谢并勇于接受一切批评!

王金岩

2014 年仲夏

前言

城市和乡村是人类聚居的主体形态，代表了人类在自然面前的醒觉和对世界秩序的描述及重建。与城市、乡村物质景观的构筑相对应，人类也同时创造着社会道德和伦理价值的非物质秩序。物质与非物质的文化传统和人类对新秩序的憧憬"相摩相荡"，一并催生了多元的地域文化和灿烂的人类聚居文明。

鸦片战争以来，古老的中国开始了从封建农业社会向现代城市社会转型的漫长征程。静静生长的中国城市和乡村，在血和火的苦难历程中被唤醒。新的城市和乡村聚居形态不断涌现，并衍生了新的聚居和建筑文化。绵延时空的城市化过程，与聚居环境的激烈变迁一起，前所未有地影响并刷新着人们的生活。规划，城乡规划，或者早前所称的"城市规划"，成为变迁时代里，特别是 20 世纪 80 年代以来，中国城乡街头巷尾的热词。普通的城乡居民发现，城乡规划帮助自己在城市或乡村里获得了更加舒适和体面的生活，并协助自己成就了梦想。但是，也有人发现，不恰当的"规划"，使自己为生活投入了更多的成本，付出了更大的代价。

围绕"城乡规划"有两个核心命题值得关注。第一，城市或乡村的政治、经济、文化、物质的时空特征究竟为何？"天下之理得，而成位乎其中矣。"（《周易·系辞·上》）亦即如何对聚居环境的时空特性和文化传统进行合理的解释。第二，如何对城市或乡村的政治、经济、文化、物质的空间秩序进行重建？亦即如何对聚居环境进行规划并指导建设，以实现新的需求和梦想。从业的规划师或建筑师，均知晓现代城乡规划经历的从纯粹艺术到工程技术，从工程技术到公共政策，从公共政策到治理过程的转变。很多人认为这是规划的本质性"回归"。其实，《吕氏春秋》中云："故举事必循法以动，变法者因时而化。"也就是说，规划师的工作应该是基于自然与人文之"法"，对物质与非物质环境进行高超动态应对。这种"应对"应依据时空价值特征辩证选择，以达趋利避害、成就梦想的目的。其间的各类艺术、工程、政策和治理措施，可以理解为"术"。"法""术"结合，方为规划之本真。

沿循这种思路，紧扣城乡规划"是什么？""怎么办？"的核心命题，笔者以若干年来的部分研究成果为基础，分门别类整合成专题性框架，并加以评注，形成本书。在当代，中国城乡规划理论秩序的重建需要三个重要支撑，分别是世界成功经验、当下本土实践和古代文化传统，这是历史与辩证逻辑的统一使然。在本书的内容中，这三大来源皆有所涉。本书的内容框架为：第一篇"城市的文化观相"，总述城市形态的文化特征，并对当代中国城市空间的理性范式进行了探讨。第二篇"中国古代人居世界"，论述了中国古代的"泛生命"人居范式。第三篇"现代性与城市"，论述了现代性价值范式之下的城市和区域发展问题。第四篇"规划与美好世界"，从论述规划的本质和规划师的职业特征入手，论述了规划需要兴时而动、反思时空价值，以引导城市和乡村空间发展之优化。

该书是集体智慧的结晶，并得到了"山东省优秀中青年科学家科研奖励基金项目（BS2012SF019）"的资助。第一至第四篇的"导论"部分以及各章节的修订、调整及专栏由王金岩完成。诸篇导论部分立足于跳出城乡看城乡、跳出规划看规划，以多维的视野探赜

3

城市和乡村发展的时空画卷,索隐城市和乡村中蕴含的文化渊源。导论之外,主要研究者的担当章节为:王金岩、梁江、孙晖(第1、2、3、4章);王金岩、梁江(第9章);王金岩、吴殿廷、袁俊(第10章);王金岩、吴殿廷(第11、14章);王金岩、韩露瑶(第12章);王金岩、何淑华(第15章);王金岩(第5、6、7、8、13章)。

其中,第1—4章内容是孙晖、梁江主持的国家自然科学基金项目"市场经济下中心区城市形态演化模式及动因机制分析(批准号:50108002)"的相关基础研究。关于该部分内容的理论渊源和更加系统的论证,可参见梁江、孙晖所著的《模式与动因——中国城市中心区的形态演变》一书。第10章案例应用的相关理论模型可参见吴殿廷所著的《区域分析与规划高级教程》一书。第15章内容案例源自何淑华主持的课题"德州市临邑县村镇体系规划(2009—2030)"。林忠军对第8章内容进行了指导,并提出了修改建议。第6章部分内容也收入了王金岩所著的《空间规划体系论——模式解析与框架重构》一书中。

全书由王金岩统稿。研究生王梓诺、韩露瑶进行了基础资料的整理,并绘制了相关图片。

本书要特别感谢大连理工大学的梁江教授、孙晖教授,北京师范大学的吴殿廷教授,以及山东大学的林忠军教授多年来对笔者的支持,他们的影响使得本书致力于进行较为宽阔的开放式探讨。本书要特别感谢东南大学出版社的徐步政老师、孙惠玉编辑!他们一如既往的理解和帮助,极大鼓舞了本书的整理和写作。本书还要感谢《城市规划》、《规划师》、《城市发展研究》、《城市问题》、《现代城市研究》、《华中建筑》、《商业研究》等杂志对本书各篇章在"论文"阶段的信任和支持。

城乡规划本身是一个跨越时空的复杂综合性命题,广泛涉及了政治、经济、文化、生态、技术、哲学等方方面面。限于我们在能力、水平、资料和时间方面的限制,我们恳请不同领域专家学者对本书所涉内容多多宽容和谅解,更希望广大读者多提批评意见!同时,我们也力求将专业观点进行通俗和趣味表达,以满足普通读者的阅读需求。

王金岩
2014 年于山东大学

目录

第一篇　城市的文化观相

第二篇　中国古代人居世界

第三篇　现代性与城市

第四篇 规划与美好世界

第一篇　城市的文化观相

导论 A：心灵

迄今为止，也只有人类才能在我们这个蓝色星球上创造文化，营建城市，繁衍文明。若从不同的地域来审视人类文化，五洲四海的城市文化皆是那么的绚丽繁多。这一切都是人类的杰作。在展开本篇正文之前，让我们谈谈"心灵""文化"与"观相"问题。这三个问题有助于我们自内而外地审视城市、欣赏城市。

1) 关于心灵

据李君莫高窟佛龛碑(立于公元 698 年)记载，前秦建元二年(公元 366 年)，有一个法号叫乐僔的僧人游历于敦煌三危山下的大泉河谷。他在落日余晖中远眺，看见崖山呈现万丈金光，似万千佛像闪闪发光。他认为这是佛谕，于是满怀虔诚，在崖壁上架梯凿岩，开辟洞窟，这便是莫高窟的创始。佛像多为石胎泥塑，即先在砂砾岩壁上凿出大体轮廓，然后覆泥，再做细致塑造，最后上彩。莫高窟经过信仰者千余年的开凿塑造，成为了世界上现存规模最大、内容最丰富的佛教石窟艺术圣地(樊锦诗，2009)。

笔者曾经去莫高窟游览。比肩接踵的人群，好像淹没了佛门的清净。但是走入石窟，佛像惊人的尺度所带来的视觉冲击依然会直达内心。在众佛塑中，最高的一尊佛像为35 m 高的弥勒佛像。该佛像面形丰圆、活灵活现，微微俯视的双目似乎与参拜者交流对话(图 A-1)。立足佛像脚下，顿感精神世界的震撼和凡间人体尺度的渺小。

图 A-1　莫高窟 20 世纪中叶景观与 96 窟大佛现状图

实际上，人类对于理想世界往往有一种神秘追溯和探索的冲动，并把这种探索物化为特定的形态，这可视作一种文化本能。这种本能造就了不同地域的万千造型艺术。笔者感叹于佛教造像艺术对人心灵的震撼。但是现代科学技术熏陶下的心灵，会非常明确地解释乐僔的"虔诚"：崖山的万千佛光并非佛祖造化，闪烁佛光不过是砂砾的复杂散射、反射、衍射现象。

在乐僔发心造窟的前一年(公元365年),陶渊明出生了。他生活的时代正是晋宋易主之际,社会动荡。虽"心远地自偏",但他怀有"大济苍生"之志,仍旧对社会有一个美好期待,于是以文言志。他把自己塑造成了一个浪漫的建筑师、规划师。《桃花源记》一文表达了他的理想空间:

"土地平旷,屋舍俨然,有良田美池桑竹之属。阡陌交通,鸡犬相闻。其中往来种作,男女衣着,悉如外人。黄发垂髫,并怡然自乐。"

好一幅动态鲜活的修建性详细规划图景。但是,陶渊明的"世外桃源"就远没有乐僔的莫高窟这么幸运了。虽然太守和南阳刘子骥均想亲眼一见这个世外桃源,但因种种缘由终不得见,美好的图景在时空之中灰飞烟灭。当代建筑师和规划师在理想和现实间的心灵彷徨,与《桃花源记》所述境域难道不是如出一辙?

比乐僔和陶渊明早约800年,柏拉图(生于公元前427年)在距离敦煌6 000 km之外的希腊提出了著名的"洞喻"。这个富有哲理的寓言,可以很好地对乐僔和陶渊明的经历进行诠释:洞穴中,一群囚犯的手脚都被捆绑,无法转身,只能背对着洞口。他们面前有一堵白墙,但身后燃烧篝火。在那面白墙上他们看到了自己以及身后到火堆之间事物的影子,由于他们看不到其他东西,这群囚犯会以为影子就是真实的世界。有一天,他们其中的一个人挣脱枷锁,摸出洞口。他体验到了阳光下的鸟语花香和别样风景,遂返回洞穴以告他人真实的世界。但是其余的人实在是理解不了,并认为他们这个淘气的伙伴万分愚蠢。柏拉图的寓言说明"形式"中的理性世界是沐浴阳光的鸟语花香,而我们所能感受到和看到的不过是墙影,这也启示我们:佛像、桃源和墙影均不是世界的"本真"。诸种"幻境",可称作"文化"世界。

早于柏拉图100多年,在敦煌以东2 000 km的山东曲阜,曾有一场子路、曾晳、冉有、公西华与孔子的对话。他们讨论了"理想"问题,曾晳不像他的三位师兄弟,或谈从政,或谈出使会盟,或谈施展抱负,他强调生活的当下,认为理想的生活应该有这种境域:

"暮春者,春服既成,冠者五六人,童子六七人,浴乎沂,风乎舞雩,咏而归。"

于是,孔子喟然叹曰:"吾与点也。"自魏晋以来,及至宋明理学时期,很多经学家认为孔子、曾晳为同道之见。曾晳描述了一个太平盛世的惬意,这种惬意与子路、冉有、公西华所云的从政治国、抵御外敌、发展生产再到推行教化并不矛盾,而是逐层递进、有机统一的"缘在"的过程。这与近世的现象学、过程哲学有着相似的境界。曾晳的意趣与以柏拉图为代表的西方传统哲学对"形式"理性恒久世界的追逐不同,是展现了一种与当下的融合。

曾经有朋友问我:生活需不需要规划?按曾晳的观点,生活就如缓缓的流水,去体验即可,不需超越性的理性"规划"。正所谓"万物静观皆自得,四时佳兴与人同"(程颢《秋日偶成》),这是一种与"时"相合的生活规划态度。丰子恺先生的画作《春日游杏花吹满头》正是从绘画的角度描述了这种旨趣(图A-2)。

图A-2　丰子恺《春日游杏花吹满头》绘画

孰对孰错？这就是心灵的特定生命力吗？美国人文地理学伯克利学派代表人物索尔（Carl Sauer）认为，人类按照其文化的标准对其天然环境中的自然和生物现象施加影响，并把它们改变成文化景观和价值认同。从这个角度，我们审视一种文化景观或者社会意识，就要回归到那种景观所存在的复杂自然背景和社会存在之中去，融入方见其特性。有两个欧洲人，斯宾格勒和汤因比，试图将文化景观差异进行理论化的建构。

2）心灵模式

1912年，在德国慕尼黑贫民窟的幽暗小屋里，有一个衣衫褴褛的人，就着昏暗摇曳的灯光，在几乎与世隔绝的状态下开始了他宏大的写作规划。烛光中诞生了一部在西方世界及东方世界都振聋发聩的著作——《西方的没落》。它的作者就是奥斯瓦尔德·阿莫德·哥特弗里德·斯宾格勒（Oswald Arnold Gottfried Spengler）。斯宾格勒生于德国哈茨山巴的布兰肯堡，曾就读于哈雷大学、慕尼黑大学和柏林大学。青年时代除了研究历史和艺术之外，他还对数学和博物学有浓厚的兴趣。文史、数理和艺术对斯宾格勒的多维影响，使得他对人类历史有着独到的见解。

在他看来，人类历史有着类似生命的结构：世界是一个生成的世界，一切事物都处在生长、构造和变化之中。这种有机的生成绝不是牛顿的机械力学，而是有自己的空间，自己的时间，自己的情感和特性，并需经历生命与衰亡。这个观点明显受到了19世纪以降人类学发展的影响，隐秘地映射了当时人类学从"古典进化论"学派，向"文化传播"学派的转变。但是，"文化传播"学派对斯宾格勒的更大影响在于，其促使斯宾格勒摒弃了欧洲单一发展范式主导世界的"神话"，而确立了文化多元的理念。

我们似乎又洞见了柏拉图的魅影。经历了牛顿和笛卡尔的机械宇宙观，自康德后，德国哲学一直想解决柏拉图心目中的"现象"与"自体"的分离，亦即心灵与世界、主体与客体、真实与现象的关系问题。而斯宾格勒与众多学者一样，意图将二者合而为一。这是一种广义的文化研究，强调以文化的视角来透视整个历史发展，斯宾格勒把人类的一切活动，诸如政治、经济、军事、科学、建筑、城市、艺术等，全部纳入一个文化体系中加以考察，并判断其生命阶段的特定"形态"。实际上，"形态"这个概念本来自于生物学，用以比较和分析生物现象和生物类别，以判定其形式、结构和生产特征。这种方法后来在地理、地质、建筑和城市学科中得到了广泛的应用。斯宾格勒对历史和文化的审视称作"系统"和"观相"的形态学。

"观相"在中国作为民俗被称作"相面术"。相面术中有句话叫做"相由心生"。该词本出自佛教经典《无常经》，佛曰："世事无相，相由心生。""相"的意义一般是指面相，也指整个相貌，相由心生即有什么样的心境，就有什么样的面相。一个人的个性、心思与作为可以通过面部特征表现出来。在西方，"观相术"更不是新鲜玩意儿。作为一门跨越科学与艺术的特定学科，观相术旨在通过大自然事物的表象体察其内在的属性。亚里士多德在《观相术》（Physiognomoniká）一文中就介绍了以自然哲学的方式来体察事物本质的可能性。18世纪以后，观相术在医学、心理学和地理学中有了全面的应用，如近代地理学的奠基人亚历山大·冯·洪堡（Alexander von Humboldt，德国著名地理学家、博物学家，19世纪科学界中最杰出的人物之一）发展了将自然地理环境差异作为判定"一方水土"的观相术。虽然19世纪以后，随着科技的发展，人们对艺术、人文和自然地理的观相逐渐被精密的设备、仪器所取代,并且观相术还在犯罪、人种等方面误入歧途,但是,其在西方作为一种直观的分析方法一直延续到今天。

斯宾格勒的"系统观相形态学"也是扎根于"观相术"全面复兴的时代,他将"艺术的形式跟战争与国家政策的形式联系起来。同一文化的政治方面和数学之间,宗教概念和技术概念之间,数学、音乐和雕塑之间,经济和认识之间,都出现了深刻的关系"。按照他的系统观相形态学,人类历史存着有八种文化,它们是古典文化、西方文化、印度文化、巴比伦文化、中国文化、埃及文化、阿拉伯文化和墨西哥文化。

作为"新斯宾格勒学派"的一员,英国著名历史学家阿诺德·约瑟夫·汤因比(Arnold Joseph Toynbee)的"文化形态学说"在相当大的程度上,可以视为斯宾格勒创立的文化形态理论的一种继承与发展。汤因比认为:"历史研究的单位既不是一个民族国家,也不是另一极端上的人类全体,而是我们称之为社会的某一群人类。"这不是传统史学的国别和断代概念,而是一个具有类似时间和空间联系的某一群人,是相对有机的文明、社会概念,或称文明的模式,在这一尺度上,人类文明的浪花是金光闪闪、形态各异的。

汤因比的"文明的数量",由斯宾格勒的八种扩大到三十多种,这在其《历史研究》一书中进行了广泛列举。在这些文明之间,存在着某种亲属关系,或者说文化间的相互影响。同时,他也像斯宾格勒一样,承认西方文明也只不过是这类文明中的一个而已,同样摒弃了"西欧中心论"。在汤因比看来,以上这些文明尽管出现时间有先有后,但都是可以进行比较的。对于文化发展特性超越时空的可比性,诸如新生的、发展的、没落的,斯宾格勒称作"同时代"。与斯宾格勒一样,汤因比也认为,每个文明都会经历起源、成长、衰落和解体四个阶段,并不是所有文明都能顺利成长。有些文明是短暂而绚烂的,有些文明是平静而绵长的,有些文明在生长的早期阶段就草草收场。文明兴衰的基本原因是挑战和应战。文明必须有自我生长的自决能力,勇于吸收文明的转移成果,这是文明恒久和富有创新力的关键所在。

20世纪出现了诗意的栖居者——海德格尔,他的存在论使得冰冷的机械理性主义遭到了极大的质疑,经由柏格森、怀特海的过程哲学,及至20世纪六七十年代的系统哲学,以及以普利高津为代表提出的耗散结构理论,激发了人类对生命和心灵的新认识。21世纪以来,东西文化的持续交流和激荡,"量子理论"与"道"的有机融合,使得人类在复杂系统学新框架的指引下对自然的理解逐渐从必然瞄准了全新的自由。

毫无疑问,文化世界的鲜活生命力是人类最大的遗产。政治、经济、军事、科学、建筑、城市、艺术均浸于其中。在大地母亲面前,人类仿佛一群活泼的孩童,跳着、笑着、走着,正如汤因比(2001)所言:

"人类是大地母亲最强有力和最不可思议的孩子。其不可思议之处就在于,在生物圈的所有居民中,只有人类同时又是另一个王国——非物质的、无形的精神王国的居民。在生物圈中,人类是一种身心合一的生物,活动于有限的物质世界。在人类活动的这一方面,人类获得意识以来的目的就一直是使自己成为环境的主人……在精神世界的生活中,人类发现他的使命不是谋求在物质上掌握环境,而是在精神上掌握自身。"

3)文化假晶

然而,不同的心灵是可以有互动的,甚至是弱肉强食,最终形成一种新的模式形态。

在矿物学上,有一个词汇——假晶,指岩层中所掩埋的矿石结晶体,由于水流的冲刷其内部出现空洞,后来由于熔岩注入结晶体的空洞,然后再依次凝聚、结晶,从而形成一种新结晶体,被称为"假晶"。"假晶"的过程也是一个"文化整合"的过程。在这个过程中,文化的传播与扩散不断的推进,不同的文化吸收、融化、调和而形成全新的形态。斯宾格勒认为,这个概念可以贴切地反映一个族群在适应外来文明压力下产生的文明变形状态。在他看来,阿拉伯文化、俄罗斯文化都是"文化假晶"现象之一。

以俄罗斯为例,从1703年圣彼得堡建造时起,俄罗斯文化中的"假晶现象"就开始出现,外来文明迫使原始的俄罗斯心灵进入陌生的躯壳之中:先是巴洛克的躯壳,随后是启蒙运动的躯壳,再后则是19世纪的西方躯壳。例如,圣彼得堡城市空间中分布着从18世纪到20世纪世界各种建筑风格,城市本身俨然一座露天博物馆。著名的建筑有彼得保罗要塞、彼得保罗大教堂,以及要塞附近的彼得大帝小舍、海军部岛上的彼得大帝花园、华西里耶夫岛上的缅希科夫公爵府、涅瓦河畔的伏罗佐夫大臣府和斯特罗加诺夫大臣府等。这些18世纪建筑是典型的俄罗斯早期巴洛克风格。斯莫尔尼宫、冬宫、大理石宫为18世纪后期建筑。后来的喀山大教堂、高达101 m的伊萨基耶大教堂则为19世纪建筑。另外,圣彼得堡郊外还有诸多风格各异的皇家离宫、别墅。

持续的文化假晶使得圣彼得堡既有巴洛克风格建筑,也有洛可可风格建筑,城市空间组织既讲究对称布局,又不拘泥于严格对称,既追求巴洛克轴线,又注重宜人尺度。假晶现象熔铸了圣彼得堡的城市空间形态。位于涅瓦河南岸的彼得大帝青铜骑士像(1782年法国著名的雕塑家法尔科内作品)腾空而跃,其脚踩象征守旧的大蛇,扫除了城市空间假晶进程中的各种障碍,把落后贫穷的俄罗斯,带向了新的时空境界。

如果我们放大地理与历史的视野,追本溯源,不难发现:从北回归线到北纬35度之间的地域范围之间,分布着两河流域文明、古代埃及文明、克里特文明、印度河流域文明、中国文明,以及中美洲文明(图A-3)。文明与原始有两点区别:一是定居的农耕生活和发达的灌溉系统,或者发达的商业交易,以及围绕农耕或商业而形成的社会组织;二是精神的共同体,以及原始的宗教信仰和祭祀活动。而文字也是判定史前状态与文明的一个重要标志。在这些农业或商业文明分布的地域范围以北

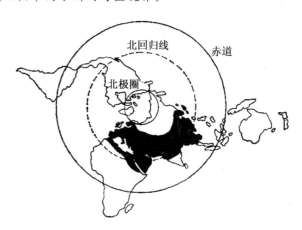

图A-3 世界早期文明地理分布示意图

生活着许多追逐水草而生的游牧民族。因此,长期以来,农耕文明地区就成为北方游牧民族入侵的对象。于是在亚欧大陆上,就形成了生活方式上南农北牧,经济状况上南富北贫,军事实力上南弱北强的对峙局面,这种对峙持续了近五千年。对峙激发了文明的演化和生生不息的嬗变,基于时间的嬗变和基于空间的扩散,使得文化与文明的融合一刻也没停息,文化假晶现象造就了人类的璀璨和辉煌。

从公元前20世纪一直到公元后15、16世纪,游牧民族与农耕世界的时空融合和文化假晶最终造就了基督教文明、伊斯兰教文明、印度教文明、佛教文明和儒家文明。这些文明范式不依人种划分,而是体现了富有生命的人类精神伟力。如果说横亘欧亚大陆的古代丝绸之路像一条"文化假晶"的河流,串联了不同的文化地域,那么在这条文化河流之中,乐僔及他的莫高窟则像一朵金光闪闪的浪花。

公元15、16世纪是人类文明演进过程中的一个重要分水岭。从那时起,时间和空间层面围绕着游牧和农耕世界的冲突和融合,在大视野上暂时停歇。但是,一个新兴的脉动牵动了西方的神经,这就是现代性和工业文明的到来,它蔓延至全球,并摧毁了一切农耕范式下的万里长城。一个持续的文化假晶、文化传播和文化整合,一直持续到后现代的今天,并将地球压缩成为一个统一的"文化区"——地球村。在地球村统一的节奏之下,在相对微观的城市和聚落中,也"假晶"出了各异的物质和精神文化形象。

4) 城市观相

上述对文化和文明现象的回顾是为我们引入对城市的探讨服务的。关于城市,先贤们的至理名言振聋发聩。莎士比亚说:"人民就是城市。"这句名言被广泛地引用。伊利尔·沙里宁(Eliel Saarinen)也有一句名言:"让我看看你的城市,我就能说出城市居民在文化上追求的是什么。"这一句,大家更是耳熟能详。

刘易斯·芒福德(Lewis Mumford)也自问自答,"怎样才能称之为一座城市?在完整的意义上,城市是一种地理学中的神经丛,一个经济组织体,一个制度化的过程,一种集合所有社会行为的大剧院,一个创造性集合的美学符号。"

芒福德把城市描述为人类生存的场所,生活的剧场,心灵的家园,文化的缩影,物质与非物质交叠的生命体,一种动态变迁的人类聚居形态。在他的眼中,城市无论在物质上还是在精神上都是人类文化的沉积。文化和城市的相互作用在他的两部力作《城市文化》和《城市发展史》中都集中得到了体现。可以说,芒福德抽象了城市文化观相的核心价值,并把这种范式生命的价值付诸于城市历史与逻辑范式的建构之中。他把西方城市发展的历史、现在与未来概括为六个阶段:原始城市(Eopolis)、城邦(Polis)、中心城市(Metropolis)、巨型城市(Megalopolis)、专制城市(Tyannopolis)、死城(Nekropolis),并分别阐述了城市在不同发展阶段的社会意义、文化演变及特征:

第一阶段——原始城市(Eopolis)发端于农业村庄,并以之为原形;城市产生前有村庄,城市消亡后村庄的基因还在。

第二阶段——城邦(Polis)依托于村庄或血缘集团的聚集,分工导致了生产的发展,剩余产品带来了商业和手工业的繁荣,并催生了科学、艺术、卫生、数学和哲学。

第三阶段——中心城市(Metropolis)在差别不大的村庄或村镇群中,个别有特殊优势的地方成功地吸引了大量居民,发展成为中心城市,文化的精神力量更加具有引领作用,劳心者和劳力者的对立也更加尖锐。

第四阶段——巨型城市(Megalopolis)是资本主义发展范式催生的新型文化形态,阳极阴生与衰退开始显现,权力和关系使得生活和道德通通捆绑了利益,"获利"的力量如此之大,掠夺和控制使得农业空间渐行渐远,城市的吞噬使得区域演变成了统一空间的巨型城市区域。

第五阶段——专制城市(Tyannopolis)是政治集团争夺资源的极端形式,掠夺和赤裸裸的剥削更加明显。道德全面沦丧,统治者和暴政的表演越来越变本加厉。

第六阶段——死城(Nekropolis),战争、饥荒和疾病破坏了城市和乡村,城市只剩躯壳,继而居民离散,废墟被沙土覆盖。

芒福德的归纳明显受到了他所在时代的影响,他认为六种"观相"形态发展类似于生命的过程,各有其特定的城市文化:

"城市的生命过程在本质上不同于一般高级生物体,城市可局部成长、部分死亡、自我更新……城市文化可以从遥远或长久的孕育中突然新生;它们可以借助于多种文化的三班倒来延续它们的物质组织;它们可以通过移植其他地区健康文化的组织而显现新的生命。"

这些观点芒福德早在20世纪30年代就已经提出,我们从中可以非常清晰地品出城市文化观相的味道。这里又要回到斯宾格勒和汤因比。按照出生的时间,斯宾格勒和汤因比是19世纪的"80后",而芒福德是"90后"。和两位兄长的"文化形态"相比,芒福德的六阶段论,体现了西方线性时空观的思想范式,折射了达尔文进化论的光影,更深受其"父辈"——英国生物学家、社会学家,现代城市研究和区域规划的理论先驱帕特里克·格迪斯(Patrick Geddes,与埃比尼泽·霍华德并称为近代城市规划理论先驱)理论的影响。格迪斯将城市规划视为社会变革的重要手段,运用哲学、社会学和生物学的观点,揭示城市在空间和时间发展中所存在的生物学和社会学方面的复杂关系。至芒福德的"城市观相",我们可以更加清晰地读出,城市已不再是冒烟的冰冷机器了,它有血有肉、复杂有机。

那么,人类有共同的城市文化吗?比什·桑亚尔(Bish Sanyal)的研究倾向于认为人类共有的城市文化DNA并不存在(张庭伟等,2013)。从21世纪的今天回望,很好地说明了斯宾格勒及至芒福德思想的闪光之处。城市的发展终究是螺旋演进的文化假晶过程,同时城市生命观相的范式是丰富多彩的,并且会活泼地交叠融合而展现在我们面前。我们可以建立相对统一的评论尺度,但是并不能抹杀城市文化观相的五彩斑斓。

以西方建筑为例,最具文化假晶现象的建筑形式就是巴西利卡(Basilica)。在古雅典巴西利卡是对最高贵族执政官办公建筑的称呼,而不是一个建筑结构的名称。作为建筑结构,希腊的巴西利卡也是罗马人引入的。罗马市里最老的巴西利卡是公元前185年老加图在罗马市场上建造的。加图的巴西利卡是一座立方体建筑,它有两个窄边,其中一个窄边朝罗马市场,是建筑物的正面,前面有一个平顶的门廊。另一个窄边是一个半圆,或者附带一个半圆形龛。及至基督教以前,这是一种西方人熟悉的形式。而早在基督教会出现之前,近东波斯的建筑形式是圆屋顶的清真寺。到了拜占庭时代,宗教会议为了调和东方和西方,在建筑形式中就将圆形屋顶引入了巴西利卡,并采用了"集中式"十字形平面新形态。兴建于532年的君士坦丁堡圣索非亚大教堂成为这种宗教文化假晶的最典型代表,如图A-4所示。文化的DNA实现了交融和重塑。

再看中国城市的一个例子。济南老城里有一条"众神眷顾"的地方,一条不长的街巷里曾并列着城隍庙、将军庙、慈云观和天主堂四座庙堂,这条街巷也因庙而得名——将军庙街。将军庙街的空间形态在文化假晶的强烈进程中,各路神仙争相光顾,形成了奇特的城市文化"观相"。将军庙供奉的是驱蝗神刘猛,在农业发达的山东,自然有不少民众崇信。将军庙东侧是清同治年间兴建的济南城隍庙。如今,原址已经被民居挤占,只残存大

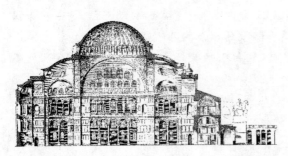
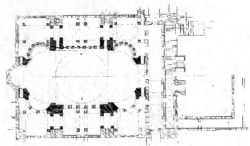

图 A-4　圣索非亚大教堂剖面与平面图

殿的屋顶、残缺的山墙和散落的旗杆石。将军庙街西侧是建于清顺治七年（1650 年）的天主堂，由西班牙教士嘉伯勒在此处依西欧建筑样式修建，乃清代济南有名的西洋景观。但清雍正二年（1724 年）济南爆发反洋运动，该堂被焚毁。至清咸丰十一年（1861 年），法国主教江类思来山东重建该堂，摒弃高大建筑，仅建容身百人易守难攻、类似城堡的小堂。为了缓和矛盾，教堂还采用中国传统建筑形式建造，并结合了济南民居的特点。该教堂墙体采用石材，屋顶样式采用卷棚式，青瓦覆盖，内敛低调，仅在门窗等部位保留了巴洛克风格，并特地在正门对面修建了一处照壁，成为一座中西合璧的建筑（图 A-5）。天主堂东是慈云观，仅存"山门"。"山门"上方在 20 世纪中叶被"战无不胜的毛泽东思想万岁"牢牢"镇住"；"山门"左右，简陋的耳屋现为居民堆放杂物之处。

图 A-5　济南将军庙街建筑景观

　　将军庙街是人类聚居在城市而形成文化现象的集中体现，这里的文化在冲突中实现了"言和"。城市在时间与空间的综合变幻中进行假晶，假晶使得文化默默地缠绕在历史的溪流之中，并浸透到新的城市形态里。21 世纪的今天，当我们审视这些城市空间，抚触这些城市肌理，我们很少再会联想到城市中曾经的硝烟和冲突，平日的生活中也很少会联想到历史中的各种群情激愤。

　　在当代，全球化和现代性理念对城市空间的持续涤荡，刺激着乡下人进入城市，也刺激着城里人选择更体面的生活。现代性也催生了后现代性——我们能从城市地名景观的变迁中深刻体会到这场潜移默化的"文化假晶"革命——如在济南，柏石峪、九曲庄、兴隆村、十六里河、魏家庄等地名被领秀城、国际社区、中央公园、新都会、万达广场等时髦新名彻底覆盖，传统人文地理与宗族血统中的"中国"渐渐退场。黄金99御园、重汽1956、塞纳公馆、明辉豪庭、山水泉城、香榭丽公馆、蝶泉湾等梦幻地名炫耀了梦想，调和了历史，拼贴了异域，不断刷新着人们的城市期待，并刺激人们去做城市梦。传统的城市和乡村是在做抵抗。但是，我们总是会惊叹于现代社会和市场的组织力量，它能调动和整合一切历史的、地理的、人文的时空因素，总会在最后时刻用财富的激情和欢愉，把城里人和乡下人彻底说服。我们发现传统的城市和乡村的确"回不去了"，家乡在时代变迁中让人渐觉陌生。被现代性社会匆忙裹挟了各类"时空文化"的后现代社会，成为了城市聚集和文化假晶的最新结局。一切时空因素都会成为新社会文化形态的假晶动力。

以上关于心灵与形态的随笔式评论，以较大的历史和人文跨度展示了人类思想和存在的互动，算是为本篇的主体内容进行热身。中国城市之"相"有多少文化景观DNA？下文的"城市街廓模式观相"部分尝试从人类文化与地理景观的互动层面解释城市空间现象。当然，我们的答案或者任何人的答案可能永远无法完整，但也不失为一个有趣的视角。"都市缝隙中的城中村"则是对"沉默的大多数"的一次关注。

1 街廓是城市的细胞

街廓是城市生命体的微观细胞。街廓与街道互为主体,街廓承载着产权地块的划分和建筑景观的分布。街廓的形态、结构和功能反映了特定文化背景下,人类主体人居环境建设的价值选择。与街廓相关的几个概念是:地块、街区、街道。

1.1 街廓与细胞

我们行走于城市,不难发现,城市的恒久魅力不仅在于优美的建筑,还因为它们拥有能够促进城市可持续发展的结构和形态。结构和形态能够与城市的自发调整相适应(自发调整包括功能的自发调整和空间结构的自发调整),也能够与规划的调控相适应(调控包括规划的编制和管理)。

城市形态是指城市诸要素的空间分布状况,这里的诸要素不仅包括物质要素,而且还包括社会要素、经济要素等。诸要素编织成的城市复杂空间网络关系,形成了特定的城市结构。城市形态研究包括宏观尺度、中观尺度和微观尺度的研究。城市形态可以在不同尺度层面加以解读,一般包括建筑与基地(buildings and plots)、街道及街廓(streets and blocks)、城市(town or city)、区域(region)四种(梁江等,2007b)。以中微观尺度为核心视野,城市形态分析的重要物质要素包括了建筑物及相应的外部空间、产权地块、街道、街廓、街区等(图1-1)。在这个尺度上,人类文明和城市文化体现得最为五彩斑斓和绚丽多姿。

世界城市中的街廓如黄河沙数,难以数清。不过,由于建设时期或发展阶段的类似,或转型生长肌理类似,街廓可以被认定为相对完整、特定类别的研究对象。用斯宾格勒的话语,可称作"同时代"。我们欣赏城市的形态,与我们欣赏和观测细胞形态(图1-2)时的归类和特征辨别非常类似。街廓就是城市的细胞,它体现了城市的性格和文化。街廓承载的建筑、景观、开放空间、设施以及街道的切割,完美呈现了"城市细胞"的"细胞核、细胞质、细胞膜"等。

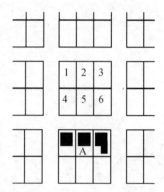

a 建筑及外部空间:如A所示的黑色建筑与白色空地的关系
b 地块:如2号地块
c 街廓:如1—6号地块组成一个街廓
d 街道:街廓之间的土地,并非可见的道路

图1-1 城市中微观形态的基本物质要素

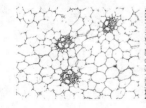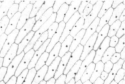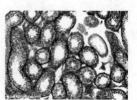

图1-2 细胞形态的差异是生物差异的微观核心

我们的耳边又想起了建筑和城市"观相师"沙里宁的那句话:"让我看看你的城市,我

就能说出城市居民在文化上追求的是什么。"图1-3所示,分别是a北京、b开罗、c罗马、d纽约在同一个比例下的空间形态肌理,体现了东方城市(a)、伊斯兰城市(b)、欧美城市(c和d)形态肌理与规划手法的差异性。这些差异正好反映了文化的差异。

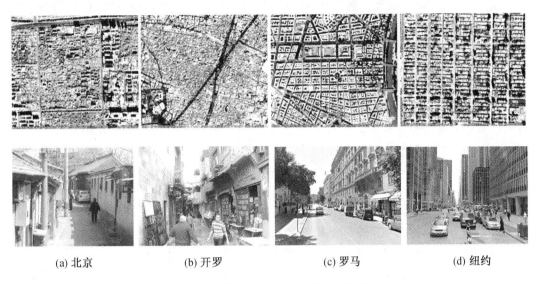

  (a) 北京   (b) 开罗   (c) 罗马   (d) 纽约

图1-3 同比例下中外城市形态肌理对比

  那么,我国城市街廓的"细胞分异"为何?代表了何种时空特征?翻开城市地图,我们不难发现,我国城市街廓的基本类型,大致分成四类。

  第一类是我国封建社会遗留下来的传统的城市街廓。这种街廓尺度较大,一般为300—500 m。这种形态承载了璀璨的中华文化,根植于统治阶级与被统治阶级的二元对立以及统治者的权力理性,空间形态上也体现了总体理性与微观自发的"二元性",表现为街道宽阔、通直,街廓尺度较大,内部自发生长。但是,现代土地开发和机动车交通发展,对传统的街廓形态提出了巨大的挑战。

  第二类是鸦片战争后,我国城市中出现的具有西方风格的精细小网格街廓。这种形态的街廓存在于帝国主义列强侵占并建设的城市,或者出现在"国人师夷长技",自开商埠的区域(如济南商埠区)。近现代,西方的城市规划手法,随着帝国主义入侵,漂洋过海来到中国,在鲜血与泪水中扎根于这片土壤。图1-3中的罗马、纽约是欧美风格的典型体现,其形态的典型特征是街廓尺度小,并且多依托建筑尺度,建筑也多直接临街,并且接受公共设施服务的水平较高。该风格在沈阳、大连、天津、济南、青岛、上海、武汉、厦门、广州、香港等城市中均可看到。

  第三类是我国在计划经济条件下,由于单位用地割据而呈现的较大的城市街廓。这种形态在国有企业的困境、产业结构调整和新的城市工业发展战略背景下,已经经历或正在经历一场脱胎换骨式的变迁。其尺度一般为700—1 200 m,具有计划经济与功能主义的色彩,体现了当时生产、生活融为一体的特点。

  第四类是社会主义市场经济背景下城市新区的开发建设。这种街廓形态虽然受到政府干预的影响,但其形态按照性质的不同,基本遵循市场经济条件下的土地利用规律,即从城市中心到城市边缘有一定的递变。在我国,如雨后春笋般建设起来的各类新区,往往是集产业发展、教育科研、金融商贸、生活居住、观光旅游为一体的。城市形态空间布局清晰地体现了按照用地性质不同,街廓尺度存在差异的状况。这与功能理性的规划干预有关。当然,由于文化假晶现象的存在,还有一些混合形态的街廓,这些特定的形态反映了特定时空下的城市生长动因。换句话说,特定街廓形态的出现都不是偶然的,都有特定的时空故事和历史背景。

新中国成立至今,我国的政治与经济体制经历了从集中到民主,从计划到市场的巨大转变。城市规划作为政府进行宏观调控、公共政策和政府治理的手段,时时刻刻体现着特定时空下的宏观背景,特别是体现着当时的经济制度与社会运行模式。那么,在21世纪,我们的城市究竟又会怎样?面对瞬息万变的时代,当我们满怀着让城市生活更美好的愿望,去憧憬我们未来的城市时,可能仍然得不到满意的答案。

2013年底,我国城镇化水平达到54%,2018年将达到60%。由于城镇化的推进,中国GDP每增长1%,会在城镇新创造130万至170万人的就业岗位。为了连续不断地迎接城市新市民的到来,我国城市的功能、结构以及空间形态在过去的若干年里发生了重大的调整。城市街廓作为城市空间结构的细胞、基本构成单元和人类生产生活的核心空间载体,在政治民主化、经济市场化、文化多元化的宏观背景推动下发生了一系列的变迁,其间也衍生了一系列的城市问题。比如交通拥挤、空气雾霾、职住错位、鬼城空城等。城市成了街廓表情的万花筒。城市街廓形态的这些问题常常使规划设计工作无所适从,具体表现在如下几个方面:

第一,由于我国传统城市的街廓尺度较大,街廓内部空间相对自发,造成我国很多大中城市的整体主干路网密度较低,道路负荷严重不均匀。再加上支路较少,交通主要集中在几条主干路上,导致主干路出现"高血压"和"动脉硬化"症,拥挤、堵车严重。

第二,由于特定文化形态街廓在城市中的共同生存,各分区街廓尺度严重不均衡,在主干路衔接时,出现了许多"断头路"和"瓶颈路",城市空间结构表现出混乱的特征。

第三,很多城市的部分街区在进行规划时进行了街廓的再分,但常常打破了原有的整体空间肌理和道路网络的有机衔接,无意的技术干预造就了形态规划的随意性和后续发展的不可控性。

那么,城市的结构与形态,特别是城市街廓尺度、街廓结构与街道宽度等具有定量意义的要素,到底有没有可操作性的技术数量取向和评论标准?

欲解决上述问题,我们不仅要探索城市形态"从何处来"的问题,更要探讨城市形态"向何处去"的问题。探究适应于当代社会生活的规划模式,就是要使之反作用于城市文明与城市形态发展的基本进程,促进城市的健康、协调、可持续的发展。欲将理性价值落实于城市细胞——街廓,我们则必须明确我国城市街廓形态在不同时期的基本特征和类型,并弄清楚形成该形态的基本原因,进而分析街廓形态演化的基本过程与特点,目的就是得到一个关于街廓的基本价值判断标准和探讨平台,并进一步与城市的治理体系有机融合,以指导实践。

1.2 街廓含义之辨

正如前述,街廓是城市的细胞,是构成城市微观空间的基本单元。欲探讨街廓尺度、街廓结构与街道宽度的定量问题,必须从界定其基本构成要素的概念入手。

第一,街廓概念群

街廓——本书所指的街廓为城市街廓,是指由城市街道(或者道路)红线围合而成的城市用地集合,内部包含建筑、绿化、设施等。如图1-4所示,斜线部分为街廓的基本空间范畴,围合街廓的为道路红线,街廓由1、2、3、4等四个地块组成。城市道路包括城市主干路、次干路、支路,以及一切城市级别的能够构成网络系统的市政道路,不包括街廓内部自发添加以及不成网络的非城市级别的生活服务型道路、步行路等。

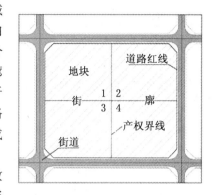

图1-4 街廓、地块、街道关系图

街廓尺度——街廓平面长(长边)和宽(短边)的数值大小,常常用街廓短边来表征街廓尺度的大小。当建筑后退街道红线时,包括建筑后退道路红线的距离。

街廓结构——表征街廓与街廓之间的空间组合关系,与街道的结构构成图底互换关系。

街道宽度——就是街道(或道路)红线的宽度。

还有两个描述街廓运动变化的概念:街廓合并和街廓再分。

街廓合并——基于土地利用、交通需求等因素,若干个街廓进行空间上的合并,组成一个新街廓的过程。

街廓再分——基于土地利用、交通需求等因素,某一街廓进行空间再分,而分解为若干新的街廓的过程,常常通过城市支路进行分割。

街廓尺度、街廓结构与街道宽度是街廓定量研究的基本构成要素:街廓尺度是街廓结构与街道宽度的基础,街廓尺度的大小直接影响街廓结构的状况,街廓尺度与街廓结构共同影响了街道宽度的状况。例如,我国传统城市街廓尺度、街廓结构、街道宽度的系统关系,可以描述为:较大的街廓尺度,树形的街廓结构,较宽的街道(王金岩等,2005)。较大的街廓与城市道路网络缺少微观的支路联系;较大的街道宽度与不理想的交通状况联系在一起,因为交通量常常集中在一条或者若干条城市主干道上。西方城市街廓尺度、街廓结构与街道宽度与我国传统城市不同,表现为街廓尺度较小,街廓结构为网络型,街道宽度较小。

除了上述街廓概念外,还包括与街廓相关的三个重要概念。这三个重要概念也是我们理解和探讨街廓尺度、街廓结构与街道宽度问题的重要组成部分。这三个概念就是地块、街区和街道。

地块——产权线围合的用地开发单元。图1-4中所示的1、2、3、4即为地块,若干个连续的地块组成了街廓。地块的边界因产权不同而进行划分,在我国城市中,土地的所有权归国家所有,而土地的使用权可以通过一定的手段进行转让。

街区——若干个街廓构成了街区。《深圳市城市设计标准与准则(2009)》中指出:"街区是指由城市主、次干道围合形成的,具有若干街道(城市支路)和街块构成的,具有主导功能的地区(图1-5)。"这里的"街块"等同于本书的"街廓"。由于我国传统城市街廓的空间尺度较大,往往缺少系统的、构成网络的城市支路对城市街区进行有机的分割。因此,人们常常将"街廊"理解成"街区",这是一种误读。

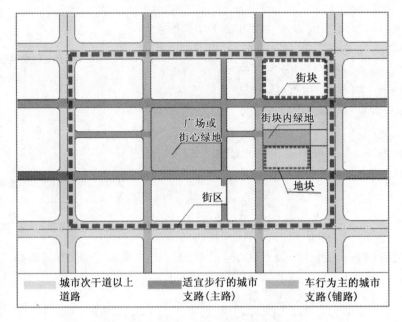

图 1-5 "深标"(2009)局部地区构成图

街道——有别于道路,其不仅强调交通的功能,更强调社会生活的意义和对土地开发的影响,其概念范畴常常与支路、生活服务型次干路重合。其中,城市支路是围合街廊的主体。从城市形态的角度看,街道是城市空间结构的基本骨架,不仅承载着城市的空间要素,而且承载着城市的功能要素,比如城市交通、市民出行、城市基础设施等。

"街道(street)、街廊(block)和地块(lot)这三个要素的形式、尺度和相互关系对城市的形态特征和发展模式起着重要的作用"(梁江等,2000),街廊的空间状况直接影响着城市的开发建设和城市土地利用。

第二,街廊基本含义辨析

街廊属于城市微观物质形态研究的核心部分,过去建筑学家、城市规划学家、地理学家对于与街廊相关问题的探讨能够见诸于国内外的专业文献,但是关于街廊及其构成要素的系统研究还较少。

在我们展开分析街廊尺度、街廊结构与街道宽度类型、演化与定量标准之前,必须对国内外有关"街廊"概念的界定问题做一下说明。在本书中,我们对"街廊"的定义强调了由城市街道(或者道路)红线围合而成的城市用地集合,内部包含建筑、绿化、设施等。台湾地区在相关研究中的定义与本书含义相同,例如,第 40 期《建筑学报》(台湾版)中,翁金山将"街廊"理解为"block",并在研究中严格区分了"街廊"与"街区"[①];台湾科学委员会"住宅环境问卷调查"中将街廊定义为:由四周道路(非防火通道)围成的一块区域,通常包含许多栋建筑。在这一点上,我们认为海峡两岸城市规划界应该先将"街廊"的含义统一

① 详见台湾中国建筑学会网站 http://www.airoc.org.tw/中所链接的翁金山教授的《从历史街区的重塑探讨都市保存理念的实践之道》一文中有关"街廊"的使用情况。

014

起来。在国外，麻省理工学院 2002 年秋季课程"都市规划技巧：观察、诠释和呈现城市"中将"block"解读为"街廓"，并认为理解城市的实质系统是：尺度、肌理、街廓、街道、区域、公共空间、基础建设与大自然……①

容易与街廓混淆的概念，除了街区（若干街廓组成街区），还有一个是"街坊"。在《现代汉语词典》中，"街坊"一是指"街巷，也指城市中以道路或自然界线（如河流）划分的居住生活区"；二是指"街坊邻居"，是一种城市社会学概念和邻里称呼。显然，"街坊"侧重的是由道路或自然界线围合的居住生活用地，强调居住与社区含义。若多一些宽容，不考虑用地性质和道路的等级，"街坊"可以等同于"街廓"。

我国大陆地区在有关"街廓"的研究中，不少学者将街廓理解为两个街廓之间的道路空间及其相关的附属空间，并在此基础上探讨其相关的空间特征和基本规律。例如，有学者将"街廓"定义为：街廓即街道的边缘，又是街坊的边缘，又是城市空间的内壁，并做了"街廓"空间分析，如图 1-6 所示。又如，也有学者将"街廓"解读为"street"空间。本书以为这些用法是由于理论界长期对"街廓"涵义没有共识

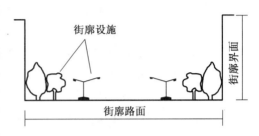

图 1-6 "街廓"是街道空间吗？

性界定造成的。另外，还有一个重要的原因就是，我国城市长期缺乏成网络、成系统的城市支路对城市街廓进行网络化切割。当市场经济条件下的土地运作需要我们对街区的下一级空间单元进行界定、研究和规划的时候，出现了理论表达混乱。于是乎，"街区""街坊""街廓""街块"等一系列表达"block"的说法纷至沓来②。正像我们在将"urbanism"这个概念解读为"城市化""城镇化""都市化"时一样混乱。

第三，街廓与街廓模式系统

同时，城市是一个开放、复杂的系统。那么什么是系统？街廓尺度、街廓结构与街道宽度是否能够组成一个系统？这种界定对城市物质空间形态的研究意义何在？自然界的各种物质形态都处在内部联系与外部联系之中，物质普遍联系的基本形式就是系统。事实上，系统的观念源远流长，早在古希腊、古罗马时期，人类在农业、冶金、建筑、天文、天学、生物等领域就体现了系统的思维和方法论，雅典卫城的规划设计就体现了系统整体协调优化的思想（吴殿廷，2003）；古代中国在天文、历法、农畜牧业中渗透着系统的思想，《周易》是将政治、经济、文化、地理、哲学等纳入到系统中的朴素尝试。

关于系统的定义，陈昌曙（2001）认为系统是"由相互作用和相互依赖的若干组成部分结合的具有特定功能的有机整体"。系统具有的基本特性是：系统各要素之间具有广泛的联系，构成一个网络；系统具有多层次性、多功能性、多结构性；系统能够在发展演化的过程中不断学习，并对其结构功能进行完善和重组；系统是开放的，并与环境相融合；系统是动态的，它处在不断的变化之中，并且对未来有一定的预测能力（成思危，1998）。系统可以分为三类，它们是：孤立系统，封闭系统和开放系统（陈昌曙，2001）。复杂巨系统中的子

---

① 参见麻省理工学院城市研究与规划课程大纲与 http://www.cocw.net/mit/index.htm 的相关记录。

② 梁杰在《都是人间城郭》一文中认为，"街块"与"街块"之间是街道，将"block"解读为"街块"。

系统是以层次结构的形式组成系统,从系统整体出发,一个系统中高层次可以具有低层次所没有的性质;系统是多层次结构,包含多种类型,包括时间上的、空间上的、功能上的多层次结构(王富臣,2005)。

街廊是城市物质空间形态的基本要素之一,街廊要与其他城市物质形态要素发生作用,且其范畴内部就包含若干要素,因此其就是一个复杂的系统。它具有多层次性、多功能性、多结构性,具有开放、动态特征,在历史演化中发生了一系列变化,这些变化需要城市规划工作者去探究思考。

从空间范畴和结构关系上讲,构成街廊系统的基本元素是:街廊尺度、街廊结构与街道宽度;从定量的角度,上述三要素囊括了街廊的所有外部与内部特征,并且三者相互作用、相互依赖,它们共同决定了城市的结构与功能。街廊尺度决定了街廊结构,街廊尺度和结构又影响着街道宽度。我们在这里不仅关注街廊尺度、街廊结构和街道宽度独立作用于城市空间的效用问题,更关注三者作为一个系统对城市发展产生的复合作用与综合作用。我国街廊模式的类型及其在历史的演化中与城市的基质环境发生的作用,街廊系统自身发生的变化,都成为我们洞悉街廊与街廊模式的重要内容。

1.3 关于街廊的研究

街廊的文化性格是孕育于城市发展大历史之中的。江曼琦(2001)在研究城市空间结构时,将其同整个城市经济运行结合起来,把我国的城市空间结构划分为古代城市空间结构、近代城市空间结构、计划经济时期的城市空间结构和社会主义市场经济时期的城市空间结构。她的研究思路是通过在城市地理学与城市经济学之间建立交互界面,将经济活动落实到城市空间,用经济学解释城市空间结构的形成机制,这非常具有参考价值。但是,城市地理学与城市形态学的不同之处在于:前者强调同一时间维度上的城市各个功能要素的结构关系;而后者注重从历史的角度,探索形态结构的演化状况(许学强等,2001)。显然,过去的研究多关注城市的总体空间结构形态及其与其他诸如经济、地理等的联系,更侧重城市外部空间结构与中观空间结构的研究。而对城市微观空间结构,特别是对城市微观空间结构基本单元——街廊的研究,若从城市规划和城市形态学的角度,对城市形态演化的过程和原因进行分析,并得到一个指导性标准的研究,会是一个有趣的领域。

国内对我国城市形态发展的研究也基本上集中在古代、近代、计划经济时期、市场经济时期,而对古代城市的相关研究相对多些,可以总结如下。

第一,我国古代的城市

我国城市建设史学者在探索我国城市街廊尺度的渊源上做了大量研究。贺业钜先生认为:中国古代的城市街廊尺度受早期的耕作制度——井田制的影响深刻。"一井"是划分基本地块的基本单元,是典型的九宫方格。井田制对地块划分的方格网很快被中国城市使用。根据井田制对用地进行划分,可将城市视为一大块井田,井田阡陌构成道路网,并把城市用地划分成若干等面积的方块,用作城市建设用地。古书中也有记载:"古者三百步为里,名曰井田"(《谷梁传》);"方里为一井"(《韩诗外传》)。"一井"约为 400 m×400 m,这是结合"周尺"推算的。

封建时期的统治者为了炫耀其统治,极力维护上述空间尺度,甚至人为扩大上述尺度。例如唐代长安城市街廊的尺度约为 250 m×500 m,而一个"坊里"面积是30—80 hm²,规模相当于一个小城镇(梁江等,2003)。这种粗放的大街廊尺度一直延续到封建社会结束。虽然,宋代以后的经济发展使"坊里"解体,但是,街廊的基本尺度仍然为大多数城市所继承。同时,中国古代城市大街廊内部遍布着自发生长的小巷。以唐长安为例,街廊内部为宽 2 m 左右的弯弯曲曲的"坊曲"(孙晖等,2003)。孙晖等的研究深刻分析了城市街廊的内部肌理,并对中西方形态的差异做了十分有价值的探索。周毅刚等(2003)认为古代中国城市形态的平面布局显示了宇宙模式与有机模式的统一,认为中国城市的方格网是巨大的,方格网的内外是有机生长的。王金岩等(2005)在分析我国古代城市形态肌理的基础上认为,我国古代城市街廊的基本空间特征是粗放大街廊与街廊内部的自发建设相叠加的形态。该形态有两个层面的特点:其一,通向城门的道路通畅、规则,划分尺度超大的街廊;其二,街廊内部自发生长,并认为这种形态产生的政治经济根源就是封建社会人治政体二元统治模式。汉唐时期的长安、洛阳等封建统治中心城市是典型的代表。即使到了后世各个朝代,这种粗放大街廊规划模式也普遍存在,例如明清时期的保定、奉贤,清代的沈河等(图 1-7),这一点非常有趣。

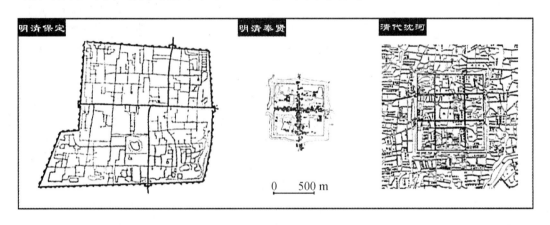

图 1-7 明清时期的城市形态肌理

中国城市街廊尺度的特点已经受到了广大学者的重视。特别是在城市交通领域,有专家认为这种尺度粗放的街廊形态造成道路间距过大,往往使交通集中在几条城市主干道上,加剧了城市交通矛盾(文国玮,2001)。徐循初(1994)也从交通学的角度比较中外城市的路网密度,得出我国传统城市的道路间距比西方城市(例如华盛顿、旧金山、奥斯陆、科隆等)要大得多。问题虽然摆出,但是到底什么样的尺度是适合现代社会生产生活需要的,不同的学科观点并不一致。

第二,我国近代时期的城市

鸦片战争后,帝国主义列强入侵我国,给中华民族带来了巨大的屈辱。但是,"在客观上获得一种可能,引进与中国封建制度迥然不同的资本主义城市管理制度,建立了使资本主义经济能够正常运转的社会机制,甚至包括一种必不可少的社会政治制度,从而使租界像一块资本主义的飞地,楔入一个封建东方古国的土地里(赵津,1994)"。西方的城市规划手法自然也被引入。为了窃取更多的土地收益和房产地租,帝国主义在殖民和租界城市的规划中普遍采用精细、严整的小方格网,例如沈阳、大连、天津、青岛、上海等。如图1-8所示,1910年以后德国人的青岛规划图上,市南、市北、李沧等地区均为密集的小街廓模式,其中市南、市北地区街廓尺度为几十米。图1-8中,日、俄帝国主义规划的大连也是小街廓模式,西岗区街廓尺度为100 m左右。帝国主义国家在中国东部沿海这些租界、商埠城市所做的城市规划的形态肌理完全效仿欧美,规划了严整、密集、均等的矩形街廓形态组合成方格网街区。再如上海,被划分成小街廓,刺激了市场经济的发展,方便了帝国主义与官僚资本主义的土地投机(董鉴泓,1989)。

图1-8 近代青岛和大连规划图

列强规划方式的基因来自西方,早在希腊化时期,普南城街廓尺度为47 m×35 m(吉伯特,1983)。这种尺度源自于古希腊、古罗马,这些地域的城市与中国城市相比,充满了公共建筑和街道公共空间,原因是那些城市受到了开放型文化的影响(戈佐拉,2003)。同时,无论是古希腊、古罗马,还是中世纪新城,理性的街廓规模、精细的网格划分、严谨的构图布局,都是基于其公民法制政体的,这种政治体制在那个时代带来了相对的政治开放、法制理性和社会权力均等(王金岩等,2005)。但是,这种形态移植到中国来是如何变化的,特别是如何与中国传统城市在空间形态上共生与协调的,也是一个值得关注的问题。

第三,计划经济时期的城市

1949年新中国成立后,随着资本主义工商业的社会主义改造的完成,中国社会主义经济制度建立,从而开始了具有中央集权性质的计划经济发展模式。这种经济制度的基本特点是:政企合一。城市土地管理的基本模式是靠政府行政划拨,用地单位无偿获得土地的使用权(江曼琦,2001)。街廓的形态和空间表现为功能多元、封闭完整的大院。单位常常占用整个或半个街廓(任绍斌,2002),街廓尺度依据城市干道间距可达到700—1 200 m(赵燕菁,2002)。这就意味着一个街廓面积可达到50—120 hm²,尺度很大。图1-9显示了计划经济时期单位用地尺度的巨大

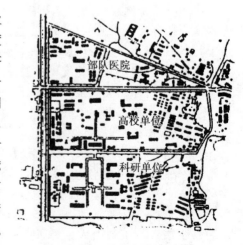

图1-9 单位用地模式图

和内部较为自发的建设(宛素春,2004)。

对于原因,赵燕菁(2002)认为:计划经济条件下不存在土地市场,土地没有价值,并且我国当时深受前苏联规划思想的影响,采用大"街区"、宽马路的做法,再加上大型封闭居住区的理念被提倡,更加强化了大街廓的做法。

第四,社会主义市场经济时期的城市

经过多年的改革开放,特别是20世纪90年代以来社会主义市场经济体制的全面建立,中国城市空间结构发生了重大的调整和变迁,清晰地反映在新区开发建设中。我国的城市空间形态与结构变迁的总体背景是:其一,工作重心由政治转向经济建设,意味着街廓演化的平台已经由"计划"走向"市场";其二,现代企业制度、住房制度及其相关制度的改革,城市市场发育从而发挥调节机制的作用,企业和个人的经济利益也受到法律的保护,这都为街廓的发展扫清了制度障碍;其三,城市土地使用制度改革,城市空间结构以市场为核心的地租调节机制也逐步形成。在这个宏观背景下,随着城市经济的发展,城市产业结构由"一、二、三"向"三、二、一"转变,城市中心区的传统工业逐渐迁出,金融、商贸、交通、通讯、娱乐等第三产业发展迅速,市场机制下级差地租的调节作用逐步显现,这为街廓按照用地性质不同而产生尺度、结构递变埋下了伏笔。

图1-10展示了按照土地利用规律进行规划的技术思路,西部商业用地街廓尺度不足100 m,与外围不同性质的用地尺度差别很大(东侧居住用地街廓尺度近300 m)。城市形态和城市街廓模式到底应该是怎样的,也是仁者见仁智者见智,本书希望尝试回答这个问题。

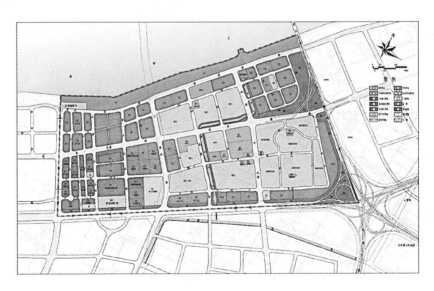

图1-10　杭州市滨江区中心单元用地规划

俗语说得好:女大十八变,越变越好看。城市街廓形态并非是恒定不变的,也会经历变化。对于其演变的动力机制也需进行分析。这对于把握街廓的形态走向是有意义的。近代工业革命的发展和令人惊讶的城镇化进程导致了城市形态结构的巨大变化,同时也带来了巨大的城市问题。赵和生(1999)在分析现代城市规划的理论与实践(例如工业革命带来的城市问题与田园城市理论,机械的功能主义城市规划与其他的城市规划理论)后指出:城市形态和布局与城市活动具有一致性,城市形态的变化将永远伴随着人类的进步,城市作为人类活动的物质载体,是人类聚居的基本组织形式,是人类物质的综合体现。他认为城市形态扩展的影响因素为:自然生态环境状况、人口状况、经济发展、城市化进程。费移山等(2004)通过分析香港高密度城市形态与交通的关系,认为香港的高密度城市形态决定了交通模式;交通系统的发展又不断引发城市形态的演变。兰兵(2004)从交通学的角度认为城市交通对城市规模、空间结构以及城市的发展、演进起着重要的作用,城市交通与城市形态是"干"与"形"的关系。

第五,街廓形态的理性追溯

城市街廓在尺度、结构方面到底有无一个大致的理性标准? 拉文顿曾指出:不论是自发性的城市或是规划过的城市,城市平面的迹象、城市街道的划分都不是出于偶然。一种遵循法则的现象很可能无意识地存在于城市平面上。某些城市要素能够免遭批评而达成人们认知的共识,是因为在那个城市中能够找到美感的共识性,这种共识性能够对其他城市做出有效的改善(童明,2002)。这种美感共识性综合起来就是城市形态评价的"价值标准"。因此,探索城市形态的价值标准或者说美学内核应该是有意义的。街廓的研究也可以通过抽象出具有意义的影响因素,建构有实践价值的框架。童明同时也指出了城市形态研究的困难性,他指出"建筑师与规划师经常引用欧洲古镇或者北非小镇,试图从街道或公共空间中获得体验,并将这种感受融入到设计中。"要建立起一种在资料分析的基础上,针对城市形态的综合性观点,得出系统化的评价标准,是相当困难的(童明,2002)。但是,当代城市的规律总是能够被人类所把握,关键是选择合适的理性视角。中外城市街廓不同的形态特质,以及在不同政体与文化背景下的形态"分异"本身就是一种规律性,探明其逻辑脉络和把握其主导因素,是完全可行的。

对于城市形态的价值标准,张雄(2003)认为无论是传统的还是现代的(世界级)城市形态价值标准应有共同的准则:任何一个永久聚落的空间形态都应该是一个把人类与巨大的自然力量联系起来的手段,也是一个促使生存世界安定与和谐的方式,人类因此而得到其长居久安的场所,宇宙也得以和谐运行。他认为城市形态的价值标准有八个方面:开放性、包容性、巨大的城市呼吸功能、城市主体特征个性化、多样化、便利性与可达性、和谐性、设施的高效与高质。显然,一个好的城市形态一直是城市规划工作者关注的问题,通过经济的、环境的可持续性,社会的平等和功能的有效性分析,引导一个好的城市形态是可能的(黄怡,2006)。

美国的城市规划学家、数学家克里斯托夫·亚历山大在《城市并非树形》一书中运用集合理论将城市的结构分成了树型结构和半网络结构两种。亚历山大认为树形结构的城市中"没有任何一个单元的任何部分曾和其他单元有连接,除非以整个这一单元为媒介",亦即从城市中的 A 点到达 B 点,路径是单一的;而在半网络城市结构中"是一种复杂的结构形式",他认为这一种结构形式像"美妙的绘画和交响乐"一样,"一个有活力的城市应该是,且必须是半网络型"。半网络型意味着城市结构形态是交叠的、丰富的,从 A 点到 B 点有多种路径可以选择,这就意味着城市生活的丰富性与城市景观的活力。孙晖等(2002)在分析方格网状城市形态时指出,方格网城市不一定是半网络结构,"最关键的是街廓的尺度"。所以,城市形态研究的切入点是我们理清城市形态规律的关键。

对于城市街廓的合理尺度,克里尔(1991)指出"在街区类型可能的条件下,街区的长度和宽度应当尽可能地短小,在城市空间多元化的模式下,应当尽可能多地布置界定明确的街道和广场"①。因为小街廓能够产生最大数量的街道和临街面的开发模式,这样的街区结构能够使商业的利益最大化。与这种发展模式联系在一起的是因高密度而激起的频繁的文化、社会和经济联系,是城市的生命之源(芒福汀,2004)。克里夫·芒福汀认为,街廓越大、越相似,对经济社会和物质网络的破坏也越大。用途单一、所有权单一的大街廓是最容易导致城市形态衰弱的。同时,他认为,确定城市街廓的精确规模或许比较困难,但是消除过大街廓完全有可能,70 m×70 m 至 100 m×100 m 的街廓尺度是合理的。

因此,在城市案例中对街廓生长、发展、演变的历史时空逻辑进行探赜索隐,以寻求其内在逻辑,进而立足时代的需求来把握其理性规律,立足历史的视野来赏析其文化时空的美感,是一个规划师需要认真思考的理论与实践问题。

---

① 这里遵循译者把 block 称作"街区",实际上应该为"街廓"。

2 街廓模式文化观相

在蔚蓝色星球上的城市之中,街廓的模式是多种多样的,其尺度、结构和形态的差异代表了不同的地域文化和发展历程。在中国,城市的街廓有四个重要的形态归类,分别是古代遗留下来的传统城市街廓,近代西方文化东渐形成的城市街廓,新中国成立后计划经济时期的城市街廓,以及改革开放后市场经济体制确立以来的城市街廓。这种历史与辩证的分类方法,对于我们以这四个形态基因为参照平台,采用文化假晶的思路审视中国城市街廓的演化,具有一定的意义。

2.1 古代传统街廓

电视剧《还珠格格》中,紫薇初见乾隆时说了句经典台词:"皇上,你还记得大明湖畔的夏雨荷吗?"大明湖是老济南三大名胜之一,是传统济南都市里一处难得的天然湖泊。它位于济南老城偏北部,由城内众泉汇流而成,面积甚大,几乎占了旧城的四分之一。立足大明湖北岸,可揽千佛山入湖的"佛山倒影"景观,湖山之间即为济南老城。我们查阅20世纪中叶的济南老城图(图2-1,城池西半部分,即内城墙和外城墙间未细绘),可见这种湖城相合的景象。仔细审视该图也不难发现,老城中只有通向城门的干道脉络相对清晰,而其余街道以及胡同小巷遍布全城,显示了城市空间形态的自发和有机生长。

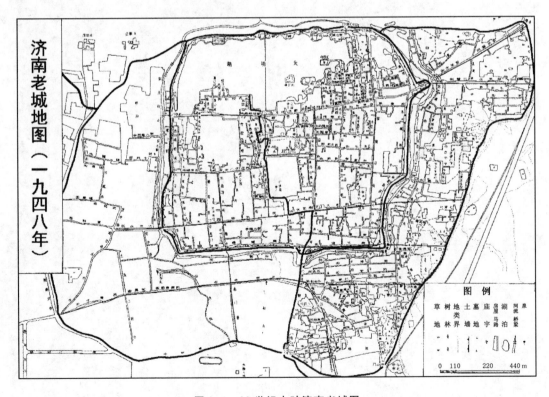

图 2-1　20 世纪中叶济南老城图

济南的第二道城墙(图 2-1 所示的最外圈黑线轮廓)是清朝末年(19 世纪 60 年代)开始增修的"石圩子墙",官府在增筑城墙的同时,也组织各类团练以应对义和团、捻军起义。长期对立的社会形态也反映在了城市的空间结构上:官署建筑处于核心位置、干道走向清晰,通向城门、规则理性,便于调兵防御;干道将城市空间切割为自发生长的街廓,街廓内部供平民居住和生活的用地内建设是混乱自发的。并且,封建时期的拉锯式战乱(如清末义和团、捻军起义)或自然灾害(饥荒、洪水及黄河改道山东)也常使难民涌入有城墙的城市中,加剧了城市的自发生长。济南是封建社会时期中国城市的缩影写照。

封建时期的沈阳老城是济南老城的孪生兄弟之一,只不过干道清晰、小巷自发的二元形态更加明显。沈河老城位于沈阳市主城区东部,其在唐代称为沈州,开始有城市建设活动。到了金代(公元 1123 年),这里成为女真族、契丹族和汉族等人民的聚居地。元代称为沈阳路,明设沈阳中卫,清代统治者 1621 年占领沈阳,1625 年把沈阳定为都城,并改建城池(汪德华,2005)。沈阳老城形态上与大多中国古代城市类似,城内街道通向城门,街道是井字结构,将城池切割为若干较大的街廓,中央是皇城(就是沈阳故宫,其作为皇家宫殿,规模仅次于北京故宫),皇城就是内城,如图 2-2 所示。

沈阳老城更加明确地表现了中国古代城市街廓的基本空间特征——粗放大街廓与街廓内部的自发建设相叠加的形态个性。该形态有两个层面的特点:其一,城市干路通畅、规则;其二,城市支路缺失,或者自发生长。从图 2-3 可以看出这种形态特征。这种形态贯穿于我国古代城市发展的整个历史进程,是我国古代城市,特别是封建统治中心城市的典型特征。汉唐时期的长安、洛阳等封建统治中心城市是典型的代表。即使到了后世各个朝代,这种粗放大街廓规划模式也普遍存在,例如明清时期的保定、奉贤,清代的沈河等。

图 2-2　清代沈阳方城图

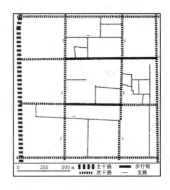

图 2-3　沈河老城空间形态

清代的沈河老城典型街廓尺度(由于在道路系统中没有城市级的支路,因此,街廓被四条干路围合而成)为 400 m 左右,这种模式一直延续到社会主义市场经济的前夜。其较之于太原街商业区(典型街廓尺度为 80—100 m)尺度是超大的。大街廓内部为自发生长的小街巷,走向极为不规则,从图 2-4 可以看出这种建设的自发生长性与自组织性。直至今天,街道和基础设施建设的自发还依然清晰可见,图 2-5 显示了中街钟楼南巷街廓内部街道曲折、设施杂乱的景观。这些小巷极为狭窄,与四条较宽的干路对比明显,小巷与小巷不能构成网络均匀的系统。清代的沈河老城与明清奉贤略有不同,前者是整个大街廓内部结构零乱,与明清保定在结构上具有相似性,而后者是沿着"十字路"进行自发建设。

但是两者在形态二元结构上并没有本质的差别。

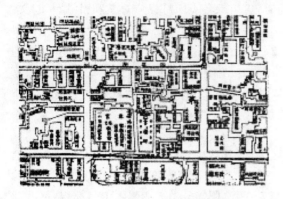

图 2-4　1927 年沈河老城市街图

图 2-5　沈阳钟楼巷内部景观

　　中国城市规划与形态的这种特征并不是偶然出现的,其有着深刻的社会、政治、经济与文化背景。21 世纪的今天,我们审视中国传统城市"天人合一"的城市园林景观难免流连忘返,醉入藕花。可是,在旧中国,除了帝王将相、才子佳人,普通民众能像乾隆老爷子一样有那个雅兴浪漫一把吗?实际上,中国古代的封建社会并非马克思等经典作家所描述的封建地主和自耕农的封建关系,而是带有农奴社会的性质,中国自耕农的出行自由往往都要受到干预。毛泽东的《中国革命和中国共产党》一文中表明,在中国古代封建社会里,封建主与农民的矛盾异常尖锐。农民被束缚于封建制度之下,没有人身自由。地主对农民有随意打骂甚至处死之权,农民是没有政治权利的。地主阶级这样残酷的剥削和压迫所造成的农民极端的穷苦和落后,就是中国社会几千年在经济上和社会生活上停滞不前的基本原因。而在这样的社会中,只有农民和手工业工人是创造财富和文化的基本阶级。当然,也不乏开明士绅或官员同情百姓疾苦,但社会阶层对立一直存在。粗放大街廓与内部自发生长小巷相叠加的二元城市空间形态,如南京鼓楼地区某街廓自发生长过程(1834 年、1853 年、1900 年,如图 2-6 所示),是那个时代政治、经济、文化和社会的综合观相(王富臣,2005)。在此,我们深入讨论形成这种形态模式的原因。

图 2-6　南京鼓楼地区街廓自发生长图

第一,防御入侵和治理城市的需要

粗放大街廓具有树形城市结构,干道通向城池主要城门,因而具有较好的开闭性,能够更方便城市管理者在树形体系的节点上设置安全管理人员和调动士兵。例如,《洛阳伽蓝记》中记载,北魏洛阳居住坊里,四边各设一门,坊门处"置里正两人,吏四人,门士八人"。城市管理者以为数不多的道路交叉口和城门为据点,更方便对城池进行管理,以确保政治性城市的安全,抵御民众起事和蛮兵入侵。

粗放大街廓规划还具有如下特点:可以尽量压缩公共空间,减少道路对用地的分割,缩小私宅的临街面积,降低道路的可达性和渗透性,更利于管理城市空间中的异动(孙晖等,2003)。相比之下,如果使用极具通达性、开放性,具有网络结构的小街廓规划,则会增大控管难度。我们通过比较道路网格的划分状况,就能清晰地看出其差异。在城市用地面积相同的条件下,大街廓出入口较少,控制点数少,易于控制;而小街廓的出入口成倍增长,很难进行控管。

第二,重农抑商治理习惯使然

当我们分析唐长安市场的空间形态时(图2-7),可发现"市"的内部具有相对精细的街廓规划,其大小尺寸约为280 m×280 m,小于长安城典型居住街廓(250 m×500 m)的尺寸。根据史料记载,唐长安市内"街市内货财二百二十行,四面立邸,四方珍奇,皆所积集",一个商店就"日收利数千";洛阳南市"其内一百二十行,三千余肆,四壁有四百余店,货贿山积"。可见,长安"市"的商业是非常发达的。由于相对较小的街廓划分而使得临街面积、交易空间大大增加,因而商业活动比较有活力。同时,商业的发展也能为政府带来较多的财政税收。据《魏书·食货志》中记载,北魏洛阳"又税市,入者人一钱,其店舍又为五等,收税有差"。

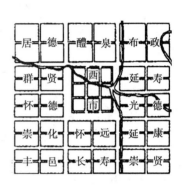

图2-7 唐长安坊市街廓对比图

意思是,进入市场进行买卖的要交入市税,市内的店舍纳税等级又分五等,纳税金额是有差别的。可见,当时是有税务管理的。因而市场的繁荣的确能够为政府带来可观的财政收入。既然能带来商业繁荣和财政税收,城市管理者为什么不在城市其他部分普遍使用小街廓规划来促进商品经济发展呢?

这是因为,在古代封建社会,城市管理者为了保证统治阶层的利益,常常垄断工商业发展。《魏书·世祖记》中记载,拓跋焘曾下令严禁私家占有工匠,并规定了工匠世袭化的严格措施。虽然后世朝代逐步放宽,但足以看出统治者对商业的监管是倾向于控制的。工匠要世代为官服役,"违者师身死,主人门诛"。即使城市里的商业活动迫切需要扩大交易空间,城市管理者也还是倾向于对商业活动进行更有效的调控,并将其限制在了狭小的封闭空间——"市"里,且"朝开夕闭",市外严禁交易;在市内,还要设置"市令""市局"等人员与机构进行管理(北魏洛阳市内设"京邑市令"等官吏,唐长安东西市分别设"市局"等管理机构)。由于官办企业管理效率具有先天缺陷,导致其发育不良,它在国家经济中所占的地位一直无足轻重。在我国封建社会里,实行了"重农抑商""固本逐末"的政策,封建统治者也一般不参加生产,空间相对固定的封建小农经济支撑了国家财政。

宋代以后,坊里制的瓦解为民营工商业创造了生存的条件,从《清明上河图》(图2-8)中我们可以看到封闭型"坊"和"市"解体后的城市街道空间景观。但是,在官办企业的挤兑和摊派下,民营商业的成长空间也十分有限。粗放的大街廓模式正是对封建国家的经济政策以及发展水平的反映。一方面,粗放的大街廓模式使得公共交易空间(如商业街市)大大减少,抑制了商业流通和商业活动,削减民营商人的利益要求,进而消除封建人治政权的隐患;另一方面,它也从城市形态上说明了中国封建城市的实质是以小农经济为基础的,大型民营商业活动对城市空间的要求和对规划模式的影响很弱。

图 2-8 　2004 年中国邮政发行《清明上河图》邮票图案

第三,便于压缩政府运行成本

西方古代城市的市政设施更加强调公共开放属性。例如,古希腊城市米利都(Miletus)有城市广场、商业区、宗教区和城市公共建筑区;即使是作为罗马营寨的提姆加德(Timgad),在其城市中心也有剧场、浴场、广场等公共设施和公共空间,并且城市道路为6—8 m的石板路(沈玉麟,1989)。而中国古代城市的公共基础设施和公共建筑相对匮乏。粗放的大街廓也使得城市道路,特别是市政道路的比例大大降低。此外,中国古代城市道路多为夯土路面,在道路建设、管理、维护方面的投入也较小,使得政府的公共财政开支大为压缩。即使有开明官吏同情百姓"寒温之苦",也还是让沿街各家各户的居民自己负担城市道路附属设施建设的费用。后周世宗柴荣在显德三年(公元 956 年)颁布了城市改建扩建的诏书:

"朕昨自淮上,迴及京师,周览康衢,更思通济。千门万户,庶谐安逸之心;盛暑隆冬,倍减寒温之苦。其京城内街道阔五十步者,许两边人户各於五步之内取便,种树掘井,修盖凉棚。其三十步以下至二十五步者,各与三步,其次有差。"

对于这一诏书,以往的城建史研究者注意到了沿街种树改善环境和当时的街道宽度两个方面(黄天其等,2002)。但是,谁来支付种树、掘井、修凉棚的费用? 显然,后周世宗虽同情百姓"寒温之苦",也没拿出财政收入,来改善居民生活环境,而是让他们自掏腰包。

与之相对,在整个封建社会,城市管理者使用的皇城、宫城、官署用地及其附属设施建设方面的投入则较多。古代城市规划中选择粗放大街廓规划,不仅使城市道路建设的支出大大降低,也使城市道路附属的市政设施,如绿化、排水等的投入降低了,进而减少了因道路对街廓过多分割追加的城市管理成本。这种管理城市的习惯直到今天还能在城市建设中看到。当代城市空间里注重形象和"面子"的大广场、主干路建设,忽视背街小巷建设的取向,就是古代城市建设习惯的历史延续。

第四,人治体制的自然流露

在封建社会,人治政治体制客观上也是需要粗放管理的。例如,在唐长安的永嘉坊,居住了九个达官贵人,这些人官职和地位高低不等。据《唐两京城坊考》中记载,唐长安的永嘉坊内:

"东北隅为太子少师李纲宅。东门之南,侍中张文瓘宅。宅东,兖州都督韦元琰宅。

西南隅申王为宅……十字街南之西，成王千里宅。南门之东，蔡国公主宅。次东，礼部尚书窦希玠宅。西北隅，凉国公主宅……开府仪同三司、行右领军卫上将军马存亮宅。"

可以看出，该坊里内部除了居住着平民以外，更居住着从王爷到地方都督级别不等的达官显贵。到了唐代中期以后，我们现在所讲的"四风问题"（形式主义、官僚主义、享乐主义和奢靡之风）日趋严重，官场上讲究面子和排场已成习惯，有的官员府第扩大到四分之一，甚至半个坊里（董鉴泓，1989）。如果城市规划中划分精细的小街廓，在触及平民利益的同时，也会使得城市管理"自摆乌龙"——对管理者自身及其同僚扩张宅第造成不便。这些官员和贵族势必依附各种社会关系，在缺少监督和法制的状况下，对局部的规划管理活动进行通融和说情。在中国封建社会里，政治伦理赞成"礼不下庶人，刑不上大夫"。因此，从上而下的违法成了合乎常理的现象，"干预执法""违规建设"也成了家常便饭。面对各种人情通融和"递条子"活动，管理者也只能有法不依。平民百姓自然也"解放思想""上行下效"，于是乎纷纷开始"起屋造舍，侵占禁街"，自发的城市空间渐渐生成。所以，规划中采用精细的小街廓无异于自寻烦恼。反之，"抓大放小"——划分大街廓，街廓内部则任其自由建设，才是最为省心的城市管理策略。

《广陵奇才·郑板桥传》中记载了公元 1751 年，郑板桥在潍县（今山东潍坊）当县令，感到"衙斋无事，四壁空空，周围寂寂，仿佛方外，心中不觉怅然"。他想：一生碌碌，半世萧萧，人生难道就是如此？争名夺利，争胜好强，到头来又如何呢？看来还是糊涂一些好，万事都作糊涂观，无所谓失，无所谓得，心灵也就安宁了。于是，他挥毫写下"难得糊涂"四字。这四个字被称为"真乃绝顶聪明人吐露的无可奈何语，是面对喧嚣人生、炎凉世态，内心迸发出的愤激之词"。看来，板桥先生看透了封建社会官场的起起伏伏。在城市建设方面也是如此，规划得越细致越是自找麻烦，规划得粗放些，管理起来反倒更省心。这是审视传统中国城市运行的有趣视角。

2.2 西型东嵌街廓

1904 年 5 月，光绪皇帝收到了来自山东的一份奏折。奏折以北洋大臣兼直隶总督袁世凯、山东巡抚周馥的名义上奏。奏折内容是关于在山东自开商埠的：

"北洋大臣直隶总督臣袁世凯、头品顶戴山东巡抚臣周馥跪奏：为查明山东内地现在铁路畅行，拟请添开商埠，以扩利源，恭折仰祈圣鉴。

"查得山东沿海通商口岸，向只烟台一处，自光绪二十四年德国议租胶澳以后，青岛建筑码头，兴造铁路，现已通至济南省城，转瞬开办津镇铁路，将与胶济铁路相接。济南本为黄河、小清河码头，现在又为两路枢纽，地势扼要，商货转输，较为便利。亟应在于济南城外自开通商口岸，以期中外咸受利益。至省城迤东之潍县及长山县所属之周村，皆为商贾荟萃之区，该两处又为胶济铁路必经之道，胶关进口洋货，济南出口土货，必皆经由此。拟将潍县、周村一并开作商埠，作为济南分关。"

光绪皇帝很爽快地批准了上奏。需要指出，济南的自行开埠同沈阳、烟台、青岛等地被洋人胁迫开埠是不同的。袁世凯和周馥治理济南坚持了抵制外国、发展自我和政府控制的三条策略，在行政管理、市政建设、司法等方面均由国人主导。同时，济南、潍县（今潍坊市）、周村（今淄博市周村区）三地同开商埠，这也是中国城市空间"师夷长技"的创举。

济南商埠区位于老城西侧，胶济铁路以南，其规划设计以"经纬"概念展开，见图 2-9

左侧偏下。去济南旅游的朋友会发现其街道经纬命名与地球仪上的经纬正好相反：东西向的道路称为经路，南北向道路称为纬路。据说这起源于传统纺织业中的"经纬"线路。经路与纬路将商埠区切割成方格网状街廓，街廓尺度不足 200 m。细心的人会发现 200 m 的街廓尺度与其姊妹城市青岛老城，与下文沈阳的太原街商业区，以及与西方城市罗马、巴黎、伦敦、巴塞罗那、纽约等 100 m 左右的街廓尺度相比，依然"大一些"。在规划手法上是中西合璧的，沿街安排商业店铺，街廓里面则规划建设中式四合院或西式住宅。这是一次发生在 20 世纪初的城市"文化假晶"。

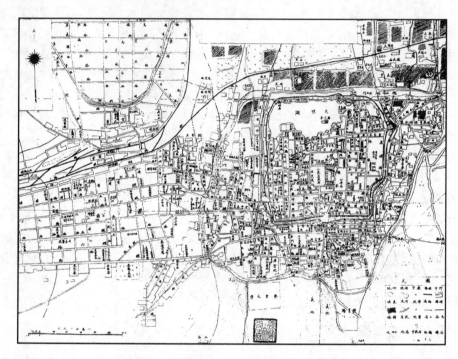

图 2-9　20 世纪 30 年代济南市街道图

济南商埠区的经一路、经二路、经三路逐渐发展为商业繁华之地，这里分布了众多银行、洋行、老字号及商场。有数据显示：到 1927 年，济南仅城关及商埠两地区的商户就达 6 700 多家，成为山东的政治、经济、文化和交通中心，也成为华北区域的集散中心（杨润勤，2004）。1926 年，胶济铁路以北也被辟为商埠，逐渐形成了大型纺织和面粉轻工业中心。1939 年日伪政权又将齐鲁大学（今山东大学趵突泉校区）以西区域开辟为南商埠。清末的济南只是一个华北地区三流的贸易城市，经过开埠，济南一跃成为中国东部重要的经济贸易中心之一，让国人尝到了西式街廓聚集经济和贸易的甜头（鲍德威，2010）。图 2-10 显示了 20 世

图 2-10　20 世纪 30 年代济南商埠区景观

30年代济南商埠区的景观,可见车水马龙的街道空间。左上角的日文大意为:1905年,清政府自开商埠,成为通商之所,商埠东西约十里,南北约五里,大街上的银行、会社、大商店鳞次栉比,甚是繁华。

西式街廓的中国东嵌,在我国东部沿海城市较为常见。沈阳近代的城市空间里也出现了这种有别于传统中国城市空间的新形态。近代沈阳的发展,始于沙俄在今沈阳南站地区修建铁路租借地,习惯上称"铁路附属地"(图2-11)。沈阳老站舍以及附近的主要建筑物、三条放射性的干道均是沙皇俄国时期的产物。这些放射干道至今依然作为城市干道。1905年日俄战争以后,以日本国胜利告终,这是一场在第三国开战的战争,其目的就是为了抢占中国东北地区。日本帝国主义取得了南满铁路的特权,使其成为东北地区典型日占区,从俄国人手中完全夺过了铁路附属地,并继续扩大建设,1910年,兴建"奉天驿"(即今沈阳站的雏形)。"奉天驿"建成后,加速"新市街计划"。所谓新市街,是以"奉天驿"为中心,向东开辟三条干线,即今天的中华路、中山路、民主路,中华路与"奉天驿"垂直,其余两条斜向放射。站前有南北走向的大街,即今胜利大街,与胜利大街平行建有十几条街路,干线路有今南京街和和平大街。今太原街在站前以东、南京街以西,是其中一条南北走向的商业街,原冠名"春日町"。

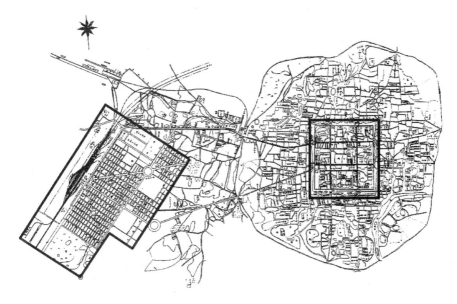

图2-11　奉天市街图

经过了近百年的历史沧桑,如今的"太原街商业区"主要指以中华路、太原街、中山路为主要框架,形成的沈阳现代化气息浓厚的商业中心。1903年,在帝俄修建铁路附属地的同时,英国、美国、日本等国取得了修筑"商埠地"的特权,其位于铁路附属地东侧,沈河老城以西,总面积约10 km²(汪德华,2005)。该区以大型综合百货商店为主体,以专业商店为补充,以露天市场为外围,是集商业、餐饮服务、文化娱乐为一体的多功能的商业社区。中山路上有秋林公司(图2-12);太原街上有中兴——沈阳商业大厦、沈阳萃华金店、东北药房、老光明钟表眼镜店、沈阳风味楼、沈阳工艺美术服务部、商贸饭店;中华路上有新世界大酒店、新世界百货、联营公司等。

图 2-12 2013 年沈阳中山路景观图

太原街商业区街廓尺度肌理完全效仿欧美,是规划严正、密集均匀的方格网模式。在规划手法上,除了继续采用帝俄时期的圆广场加放射性干道外,还采用了密集的小方格网络模式,这些小方格网结构保留至今。放射干道并没有影响到长方形小街廓网络的布局。小街廓长边平行于铁路,尺度匀等,街廓多为 60 m×110 m,有的街廓只有 40—50 m,即使尺度略有差别也不十分明显。道路宽度有级别之分,大致分为 3—4 级,其中放射干道最宽,在 20 m 左右。这些干道到今天虽历经百年,但基本轮廓与尺度还依然能够体现。在小街廓内部布置了一些学校、菜市场、日本庙、公园绿地等各种功能的用地。应当指出,日本获得太原街以后进行了一系列基础设施建设,经历 100 年后,原有的道路宽度(大多为 7—9 m)较小,不能适应现代交通和土地利用的需要。不过,当时的给排水管网还能派上用场。

太原街商业区西侧为铁路,北、东、南三面为商埠地。商埠地虽然市政设施齐全,但是道路网络因受到太原街地区和老城区的限制,多是斜向的道路,南北方向为“经街”,东西方向为“纬路”。如今,市府大路将太原街商业区的胜利街和沈河老城区的北顺城街,十纬路、大西路将太原街商业区的中华路和沈河老城区的沈阳路生硬地连接,就反映了“商埠区”的街廓与沈河老城区街廓尺度的严重不均衡性(前者街廓尺度为 100 m 左右,后者为 400 m 左右),在商埠区出现了大量的丁字路和断头路。

由于太原街商业区受到日俄等帝国主义的控制流转,建筑形式也各式各样,有现代风格,也有新古典主义风格,还夹杂着东洋建筑,中山广场(图 2-13)周围的建筑就体现了这个特点,图中左边是大和旅馆(现为辽宁宾馆),中间是日俄纪念碑(现为毛主席塑像),右

图 2-13 1929 年沈阳中山广场图

边是警察署（现为沈阳市公安局）。

日本善于学习西方的先进城市规划理念,精细小街廓的规划模式发端于欧洲古代的希腊、罗马,其形态上的典型特征是街廓尺度较小,街廓结构呈网状,形成这种形态的原因也有几个方面。

第一,刺激商贸和财富增长

精细小街廓来自于西方,这是毫无疑问的,它是西方重商文化的空间映射,与市场的发达与商贸的繁荣是联系在一起的。这与中国古代重农抑商的发展取向有所不同。精细小街廓能够增加临街面的长度,能够增加沿街高价地块的长度;同时能够创造更多的交易空间。从城市经济的角度分析,市场与商贸的振兴就意味着城市的管理者能够得到更多的税收,并把这些税收再用于城市基础设施建设、城市社会公益事业和市民收入的再分配。市场的繁荣、城市的文明与公民的富裕必须进入一个连续的循环跃迁。

1905 年日本帝国主义得到太原街地区后,采用了精细小街廓的规划模式,就是攫取中国财富、榨取中国官方与民间资源的一种手段。他们通过城市的经营而得到大量的剩余价值收入,为日本本国国民服务,为日本在亚洲的军国主义扩张服务。街道多为 7—9 m 宽,这与日本不愿投入更多的城市建设资金有关。

近代中国半殖民地、半封建城市的财富拉锯争夺战时时刻刻在上演。前述 1904 年北洋大臣兼直隶总督袁世凯、山东巡抚周馥上书光绪帝,在济南仿照西式自开商埠的原因就是抢"德帝国主义"之先,将经济商贸发展权力掌握在国人之手。

第二,西方理性价值的城市空间映射

精细小街廓可以追溯到古代的希腊、罗马,后来为欧美城市普遍采用。古希腊的城市规划,在受到了自然科学、理性思维发展的影响后,也逐步产生另一种强烈人工痕迹的城市规划模式。希波丹姆斯模式就是典型的规划范式。这种规划范式遵循古希腊哲理,探求几何与数的和谐,强调以方格棋盘式的路网为城市骨架并构筑明确、规整的城市公共中心,以求得城市整体的秩序和美的城市规划模式。与中国古代城市的阶级对立一样,西方古代城市空间也有"三六九等"的划分。例如,按照希波丹姆斯规划范式建设的米利都城,把城市分为三个主要部分:圣地、主要公共建筑区、住宅区。住宅区又分为:工匠住宅区、农民住宅区、城邦卫士和公职人员住宅区。

但是这种规划范式本质上滥觞于古希腊民主和平等的城邦精神和市民文化。从下至上的监督、批评与制衡,使得普通市民相对更多地参与城市政治、经济、文化生活。城市规划中采用网络型的小街廓模式,可以保证个体与公民的主体权利,进而又刺激了城市交易,带来了更丰富的公共空间、较强的可达性,导致了公共设施的均等匹配,并激发了城市公民参与公共生活的热情。

实际上,即便是在神权森严黑暗的中世纪新城,作为上帝选民的普通市民之间,在城市权利方面也是相对平等的。其间也孕育了政治的开放、法制的清晰,并与哲学思想理性相结合,形成了社会价值的理性和规则。这种价值观会导致城市规划的理性,在技术操作上会倾向于公民个体宅基尺度的街廓规模。在激烈的阶级冲突和阶级对立的情形下,会用清晰的功能分区(前述的工匠区、农民区、城市管理者居住区等)组织城市空间格局。也就是说,用精细、严谨的街廓规划,反映个体理性与规则。小街廓组合带来的丰富的街道空间,利于承载商业和交易。精细的网格道路系统,又带来了城市空间的可达性与较好的空间渗透性。民主法制政体的外向性,更使得对精细小街廓的管理也是相对公开的。街道不仅成了"街道眼",也成了商业孕育之地和权利公开之所。

2.3　计划单位街廓

1931年日本侵占东北全境以后,对沈阳进行了重大的改建,做了总体规划。在全面占领的14年(1931—1945年)中,日本对位于长大铁路西侧的铁西工业区进行了建设。最初的规划由日本人完成,也是大街廓模式,仿佛"工业农田",目的是发展工业,攫取中国资源。前述的济南北商埠区,也是采用了尺度较大的街廓,目的是发展济南的纺织和面粉工业。

新中国成立后,铁西工业区在原有基础上,进行了大规模的调整与改建,以适应计划经济工业的大规模发展。改建之后有国有企业100多家,是我国最大的综合性工业区,铁西工业区也被称为"共和国装备部"的核心。到20世纪末,在该区建设大路以北的20 km²的土地上,集中了沈阳市60%以上的工业资产、工业产值和75%的国有大中型企业(汪德华,2005)。这些企业为新中国的工业建设做出了巨大的贡献。

然而,由于铁西工业区学习了前苏联产业综合体的基本经验,深受计划经济的制约。这些国家计划调控下的重工业企业,在20世纪90年代后社会主义市场经济大潮的冲击下,反而陷入了困境,表现为两个方面:其一,企业不能适应市场运作,产品在丧失国家统购统销的政策优势以后,不能作为市场主体开拓产品销路;其二,"企业办社会"的弊端逐渐显现,主要是企业要承担过于繁重的职工的生活职能,比如医疗卫生、保险福利、上学教育、市政设施等,这都加大了企业运作的成本,也加大了产品销售成本。

铁西工业区反映了计划经济时期城市的空间结构特征。如图2-14所示,铁西工业区布满了"单位"组成的街廓,其空间组织形式上也具有粗放大街廓与内部自发建设相叠加的形态。铁西工业区的街廓尺度从400 m到1 000 m不等,普遍尺度较大,街廓间有铁路穿越,以便满足生产和产品运输的需要。该区道路较宽,有的路幅宽度达到60 m(图2-15)。每个街廓被一个或者若干个单位使用,如果是几个单位共同分享一个街廓,则用地模式如图2-16所示。

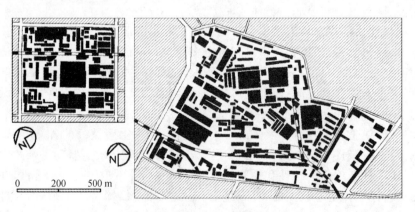

图2-14　铁西工业区街廓模式图

图 2-15　铁西区街廓内部铁路与道路鸟瞰图

该区与其他分区的形态连接模式也有特殊性。其中有三条干道与太原街商业区连接,它们分别是:北一路与胜利街(太原街商业区)连接,北二路与胜利街(太原街商业区)连接,建设路与南五路(太原街商业区)连接。一方面是因为铁西工业区街廓尺度较大,太原街商业区街廓尺度较小,街廓尺度相差 4—10倍,无法"无缝对接";另一方面两区之间有铁路等设施的阻挡,也造成了两区的结构无法融合。由于设置工业用地的需要,铁西区北部与铁西区南部(该区为密集的小街廓模式,街廓尺度多为 100 m 左右)在尺度上也存在差异。计划经济时期的大街廓组织方式也有自己的特点和成因。

图 2-16　单位用地模式图

第一,便于组织计划经济社会生产

新中国成立后,社会生产方式产生了根本性的变革,城市由消费城市变为生产城市。我国在意识形态上全面学习前苏联经验,并且建立了中央集权性质的计划经济发展模式。计划经济制度的基本特点是:政企合一。生产和生活以单位为核心展开,"单位"的建设有的是在新中国成立前的传统街区的基础上进行,有的则是在新开辟的城市建设用地上进行,但用地均由政府无偿划拨。"单位"在空间上常常占用整个或一个不完整的街廓,如果是占用不完整的街廓,则被若干"单位"分割成若干个地块。同时,若历史遗留的城市街廓尺度较小不足以承载单位的庞大功能,则会采用前苏联规划模式中"扩大街坊"的布局手法,将两个或两个以上的街廓拼合在一起,或规划初期就采用大街廓布局模式。拼合完的街廓成为了"麻雀虽小",但功能多元、封闭的"大院"。由于大院内部用地的使用由"单位"主导,建设活动常常是依据企业生产生活的需要而进行。长期的自发、无序建设,最终造就了"社会主义大杂院"。

既生产又生活的空间组织方式,在计划经济调控条件下,极大地提高了生产效率。铁西区享有"中国发动机"的称号,在当时是当之无愧的。这里是中国重工业的摇篮,生产出了我国第一台水轮发电机,第一台快速风镐,第一台自动机床……分布着诸如低压开关厂、锅炉厂、机床厂重型机器厂、冶炼厂(图 2-17)、轧钢厂、冶金机械厂等众多工业企业,这些工业企业也是复合功能的,具有生产、生活综合体的性质。

到了 20 世纪 90 年代,随着我国的经济体制由计划经济向市场经济转变,铁西工业区一方面在产业上不能适应发展的要求,原有的大型国有重工业企业纷纷倒闭,或者转产;另一方面由于城市产业的衰败,其不能为城市提供强大的发展动力,进而影响了城市繁荣。最典型的外在表现就是导致城市空间上的破落,大片的废弃工厂、职工住宅区甚至普通群众棚户区(很多是职工家属区)成为城市亟待改造的焦点。另外,基础设施的改造更是困难重重,粗放街廓的基本形态加大了城市改造的难度。

图 2-17　20 世纪 50 年代沈阳冶炼厂鸟瞰

随着大批国有企业发展出现了严重的经营困难和"供血不足",粗放大街廓内部的建设活动,也日趋自发。巨大的街廓与其内部自发生长相叠加的二元形态愈加明显,基础设施改造日趋困难,居民生活条件日趋恶劣,形成了一片片亟待改造的棚户区。这些区域,在新的时期面临着城市新一轮开发和产业结构调整的双重压力。

导演王兵(毕业于鲁迅美术学院)拍摄的纪录电影《铁西区》(由《工厂》、《艳粉街》、《铁路》三部分组成,2002 年获得"葡萄牙里斯本纪录片电影节"大奖;2003 年获得"法国马赛纪录片电影节"大奖;2004 年获得"加拿大蒙特利尔电影节"纪录片单位奖。2006 年,王兵因之获得"法国文学艺术骑士勋章")用一组组超长的"长镜头",描绘了灰色、暗淡的铁西区在计划经济消退时的"最后的晚餐"。"铁花"的消暗真实显示了共和国重工业发动机发展晚景的步履维艰。导演黄文海有对铁西工业区"晚景"的真实记述:

"当王兵单枪匹马用一台小 DV 摄影机进入铁西区的时候,正是 1999 年末。一位工人躺在凳子上谈他个人的经历,仅仅是 10 分钟之后,这个人命运的改变就开始了,另一个人走了进来告诉他工厂停产了。王兵觉得他拍摄到的那个时刻特别重要,拍摄的时候它是未知的,摄影机和这位工人共同度过了那一刻,王兵对它记忆深刻。因为摄影机的见证,这个时刻在时空中凝固,不再消逝。"

第二,利于进行自上而下的计划调控

计划经济条件下的"规划"可用"国民经济计划—区域规划—城市总体规划"的公式理解。快速发展城市工业的需求,使得政府来不及编制控制性详细规划等微观控制手段对城市支路、生活性道路的具体走向以及道路内部的建设情况做系统、详细、法定的控制。依据城市总体规划,街廓尺度常常达到 700—1 200 m。1957 年的"大跃进"影响了城市建设领域,建工部"青岛会议"介绍了"先粗后细,粗细结合"的快速规划方法,但后来的规划并没真正"细下来",盲目的"大规模、高标准",导致城市道路网格更加粗放,街廓内部的详细设计更少顾及。1966 年以后城市规划工作停滞,例如北京市 1967 年停止执行城市总体规划,并向全国推广"见缝插针"的城建经验(董鉴泓,1989),这种建设模式无疑对街廓内部的自发建设起到了推波助澜的作用。很明显,整个计划经济时期的城市伴随着"单位割据",基于粗放规划甚至无规划的背景,形态上也是粗放大街廓及其内部自发建设相叠加的形态。

20 世纪 50 年代，中央先后派三批专家帮助沈阳编制城市规划，规划没有采用前苏联专家建议的轴线系统，而是在现状的基础上反复做了 31 个方案。如图 2-18 所示，1956 年最后确定了《沈阳市初步规划》。应当说这个规划理顺了原来用地各自为政的状况，使得原先支离破碎的城市结构获得了新的协调。规划主要对城市干道网络进行了规划，这些干道围合成街廓，街廓尺度为 500—1 000 m。这个尺度正好和铁西工业区的街廓尺度相一致，比太原街商业区的街廓尺度大 5—10 倍。但是由于当时的规划模式缺少控制性详细规划等微观手段，成网络的支路划分一直没有到位。因此，街廓尺度参差不齐的状况并没有得到改善，这种状况一直延续到 80 年代市场经济改革。

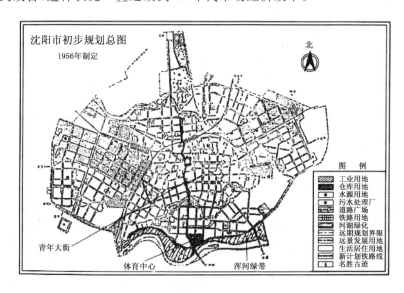

图 2-18　1956 年沈阳市初步规划图

2.4　市场映射街廓

1992 年春，邓小平在"南方谈话"中指出："计划多一点还是市场多一点，不是社会主义与资本主义的本质区别。计划经济不等于社会主义，资本主义也有计划；市场经济不等于资本主义，社会主义也有市场。市场经济是中性的，在外国它就姓资，在中国就姓社。"市场经济，是同商品经济密切联系在一起的经济范畴。市场经济以商品经济的充分发展为前提，是在产品、劳动力和物质生产要素逐步商品化的基础上形成、发展起来的，在这个意义上，可以说市场经济是发达的商品经济。

前述 1904 年济南通过自开商埠盘活和刺激了商贸和交易活动，推动了近代城市的发展，就是商品经济起的作用。中国的大部分城市，回归"市""市场"和"商品经济"，就是在 20 世纪 80 年代，特别是 1992 年邓小平"南巡"之后。

浑南新区前身为沈阳高新技术产业开发区，始建于 1988 年 5 月，1991 年被国务院首批批准为国家高新技术产业开发区。1988 年 5 月，沈阳市决定在智力最密集的南湖地区建设高新技术产业开发区，面积 22.2 km²（以政策区为主）。一方面在产业上选择科技、商贸等第三产业来发展;另一方面在管理上运用市场经济的运作模式,形成"纵向垂直领导,横向相互协调",减少管理层次,形成了初具市场经济雏形的综合管理服务体系。

1992年邓小平"南巡"之后,浑南新区的政策区向产业区转变,同时加大了招商引资的力度。产业由小规模分散向集中优势发展特色产业和主导产业转变。这些变化能够在浑南新区规划中所预留的大片产业用地显现出来,可以知道当地政府希望通过产业的集聚带动城市其他要素的集聚,进而带动整个沈阳市的发展。1996年修编的《沈阳市城市总体规划(1993—2010)》将浑河以南大片未利用的土地规划为城市建设用地,使市区的发展空间大为扩展(在此前,因防洪原因未选择南跨浑河)。2001年1月,沈阳市提出把浑南新区发展提升战略,浑南进入了"二次创业"的发展阶段。经过十几年的开发建设,浑南新区已形成了以民营企业为主体,多种经济形式并存的高新技术企业群体,发展了一批高新技术产业,形成了全球化背景下的产业特色。建成后的浑南新区将成为高新技术产业化基地、用高新技术改造传统产业的示范基地、高科技项目研发孵化基地。浑南新区规划了高新科技产业区、中央商务区、居住社区和大学城4个功能区。

浑南新区总体城市形态呈现"船型"。从浑南新区的街廓形态上看,街廓的尺度、结构与形态依用地性质的不同而不同,依用地区位的不同而不同。中央商务区商业金融用地街廓尺度多为160m左右,如图2-19所示,其外围的商住混合用地街廓尺度为216m,再外围的居住用地(包括一类居住用地和二类居住用地)街廓尺度300—1 000m不等,教育用地能够达到600m(例如沈阳建筑大学一带),工业用地则350—1 000m不等。具体的特点是:商业、金融用地多位于城市中心地段,街廓尺度较小,短边尺度为160m左右;居住用地在城市商业用地外,尺度比商业用地大;工业用地在最外层,尺度比居住用地大。浑南新区在空间形态上的分区规划用地规划图,如图2-20所示。从表2-1中可以看出,上述街廓尺度从商业用地到工业用地的递变性,尺度能够相差将近10倍。

图2-19 浑南新区核心区域早期规划与建成后景观图

图 2-20　浑南新区早期分区规划用地规划图

表 2-1　浑南新区街廊尺度对比分析

街廊性质	商业金融	商住混合	一类居住	二类居住	教育	工业
街廊尺度(m)	146，160	216	300，400	200，620，1 000	600	350，402，850，1 000

从用地上看,如图 2-20 所示[①],浑南新区并非规则的同心圆结构,而是会沿着城市交通干线,或者城市发展走廊而呈现出某种程度的扇形结构。浑南新区城市中心区与沈阳南北城市发展轴线——"金廊"能够有机衔接,产业用地在城市东西方向布局,整个用地布局呈现出东西两翼结构,街廊尺度也从中心到外围依次变大。

产生上述城市形态特点的制度原因是城市土地使用制度的改革与政府职能转变,潜在原因是市场经济条件下的区位差异与地租调节,直接原因是规划手法依照用地性质不同而划分不同的街廊尺度。现在详细分析如下。

第一,市场经济激活的外在体现

街廊模式出现变化有着深刻的制度背景,单位割据和土地划拨的制度坚冰一旦消除,街廊在市场杠杆的作用下,其尺度、结构的变迁就开始了。1979 年以前,城市土地使用制度表现为无偿、无限期的使用,企业通过政府的行政划拨方式取得土地使用权。为了满足单位的"万能"作用,申请划拨的用地较大,街廊尺度也较大,以适应生产、生活"大单位"的需求,规划中的街廊尺度大致为 800—1 000 m 也合情合理。

1979 年后,城市土地使用改革的核心就是变无偿、无限期使用为有偿、有限期使用。我国城市土地有偿使用是从征收土地使用费开始的,亦即城市土地的使用者按照土地的地段、用途每年向政府交纳一部分费用;随后各地制定了土地使用收费的标准;1987 年国家开始在部分省市进行使用权出让与转让的试点;1988 年国务院发布了《中华人民共和国城镇土地使用税暂行条例》,城市土地使用费和使用税的征收,确定了中国城市土地有偿使用的基本模式;1988 年《中华人民共和国宪法修正案》和 1990 年《城镇国有土地使用

---

①　参见浑南新区政府网站 http://www.hunnan.gov.cn/index_01.asp 相关内容。

权出让和转让暂行条例》使得城市土地市场化得到了法律确认,随后又采取了一系列措施规范土地市场秩序。土地的市场运作为土地使用权的转移创造了条件,街廓成为市场运作的核心载体,大面积的街廓模式显然不能适应多元化市场运作的实际需要。一方面,为了市场运作的需要,要求划小街廓以方便土地运作和产权流转。另一方面,残存的"单位"和封闭式"小区"依然是大街廓模式。于是,在城市中出现了街廓尺度的"二元结构",有的街廓尺度较大,例如工业、居住用地等,有的街廓尺度较小,例如城市中心区的商业、金融以及各类服务业用地。

在土地使用制度巨大变革的背景下,政府职能的转变也提上了议事日程。传统的计划经济体制下,政府根据上级指令下达实施国民经济和社会发展计划,政府以行政指令的手段配置各项经济、社会资源。这种管理模式使得政府把主要精力用在计划经济运行过程中的物质供应、资金划拨、人员调度、产品生产和销售等环节上。统购统销、全能包办的计划管理方式,削弱了城市政府作为公共事务的管理者和社会发展的协调者的职能。在计划主导之下,政府就可以将土地作为计划经济发展的配给要素之一,只要企业需要、国家要求,就可以"划地",沿着原有的大街廓模式自然向城市空间外围延伸即可,街廓在尺度上也是 800—1 000 m。

改革以后,随着商品经济和市场经济范式的重新确立,城市政府的"指令包办"职能渐渐弱化。这种转变也有两种体现:其一,政府不再直接控制城市经济的运行,而是让位给市场杠杆的调节作用。但是,政府对市场的不良结果具有改善的作用,例如在城市中心区地段的开发运作过程中,政府已经没办法直接指令,而必须与投资开发的市场主体和实际使用的公众主体共同治理。其二,政府的公共服务职能与协调职能显现,特别是公共服务职能,使得政府能够更加集中精力从事城市公益事业和基础设施的投融资协调和建设。例如,很多城市大街廓外围的"一层皮"开发模式使得设施服务也是"一层皮",沿街地段设施服务水平好,街廓内部服务水平差,引起了公众不满。政府不得不考虑通过规划的手段、经济的手段等来解决公共设施服务的公平问题。浑南新区在 1988 年就在经济上运用市场手段,在管理上运用服务模式,使得其在起步阶段就步入发展正轨。

第二,市场价值规律的空间再现

在城市空间中,地租调节的空间基础是区位的差异。正如人们购买房屋时,房屋的价格会因区位的不同而不同。以城市用地为例,中心区区位条件最佳,因为城市周围与城市中心地段的距离具有相对的一致性和"匀质性",所以其产生的经济地租就越高,相对应中心区能够提供的服务职能和服务的种类就越丰富。为了满足周边地区对中心地段可达性的要求,在交通发生的角度上,要求街廓尺度较小,以适应人流、物流的转移。同时,由于中心地段用地性质的市场运作强度较大,要求地块切割为合理的尺度,以方便市场运作。小街廓便于土地进行梯度运作,这是从交通发生和土地运作两个视角进行的分析。离开中心区一段距离以后,由于交通可达性出现非一致性,顾客的数量会减少,相应其提供服务的种类也变得狭隘,更多的是满足当地的居民,所以,经济地租比中心地段要少。由于不同功能所要求的交通条件不同,在市场完全竞争的条件下,每一功能用地所产生的经济地租是不同的。比如,零售业、现代商贸服务、银行等生产服务业与生活服务业为了体现服务的一致性,一般偏向于城市中心地段,居住功能其次,然后是工业,外围为少量的独立平房和农业。类似于刚才的分析,从交通发生和土地运作的角度,街廓尺度可以大一些,但是,到底大到什么程度,具体应该在何种范围内递变? 我们将在下文详细论述。

从浑南新区功能用地的空间布局上就能看出上述规律:中央商务区在用地的核心区位上;中央商务区外围为居住用地,分列中央商务区东西两翼,用地最东部为大片的预留居住用地;居住用地外围为产业用地,布置一些高新技术产业;绿地嵌在各功能用地之间。在市场竞争的环境下,在土地市场化运作与政府服务取向的背景下,政府作为土地的所有者可以依据区位的差异收取不同的经济地租,土地的使用者能够向土地的所有者支付经济地租,支付的多少也会因区位的不同而不同。这种用地布局的模式为街廓形态的空间分异提供了制度和经济基础。

第三,现代规划范式的空间运用

规划有两个层面的意义:其一,构建某种目标与图景,比如勾勒出浑南新区的空间布局平面图,构建其产业、经济、社会发展的目标等;其二,为实现该种目标而把一系列的活动纳入到系统的工作中去,比如根据区位不同而选择不同的用地功能。规划的手法就是上述两个层面的结合点。

我国的城市空间形态规划在规划手法上存在这样的思维:用地性质不同,所划分的街廓尺度亦不同。这是柯布西耶纯化功能主义规划手法的延续。功能主义规划手法认为产业用地街廓要大些,浑南新区东部产业用地街廓尺度达到 850 m 左右;认为中心商务区的公共服务设施用地街廓尺度要小些,中央商务区街廓尺度为 160 m 左右。这种规划思维模式是对功能主义用地模式的继承。但是,其问题在于,随着城市的发展,当城市的产业结构发生调整和优化升级的时候,当城市的职能与性质发生变迁的时候,或者当城市的某些地段发生区位性跃迁,而另一些地段发生区位性衰退的时候,不能迅速地进行空间调整以适应城市的发展。当城市功能与结构调整的内部张力作用于城市空间形态的时候,其后果最直接的体现就是城市空间结构的混乱、局部地段的自发建设现象明显、土地利用流于粗放且不容易进行控制。这种规划思维模式在新区开发规划中特别明显。

那么,在规划中怎么办? 当然,我国一些成功的案例让我们重新思考这个问题。例如20世纪90年代西安高新区一期工程规划打破传统的用地模式,采用了相对匀质的小街廓布局模式(图 2-21)。本书并非希望世界所有城市的街廓尺度整齐划一,但是在现行的市场经济条件下,街廓应该有一个适应市场经济文化的理性尺度范围。我们的技术评论或者开发实践应该有一个技术参照标准,并在城市发展的动态发展中审视其生命力,也更利于政府进行土地批租和进行各类规划管理。

本章从背景分析、形态特点、形成原因三个层面分别对古代传统街廓、西型东嵌街廓、计划

图 2-21 西安高新区一期局部地段路网结构以及实际批地图

单位街廓和市场映射街廓的模式和特色进行了分析。和济南、沈阳一样,我国很多城市空间里都展现了不同时期的城市表情,每一种表情都代表了一种特定的城市“文化观相”。

正如本书所述,复杂的城市表情也是复杂的城市政治、经济、文化和生态的衍生物。每一种类型街廓的空间形态都不是"空穴来风",都是城市时空背景的深刻体现。这里还有一些补充性解释。

图 2-22 是相同比例下中外城市的平面或局部,第 1 行分别为中国古代城市汉魏洛阳、曹魏邺城、隋唐长安、隋唐洛阳,截取了边长为 2 000 m×2 000 m 的城市局部;由于西方四城市的街道网格太小,为了相对清晰地考察其城市网格形态,第 2 行分别截取了米利都(Miletus)、帕埃斯图姆(Paestum)、提姆加德(Timgad)、若玛涅(Lomagne)的面积为 200 m×200 m 的城市局部;第 3 行分别为上述西方四城市的平面图。

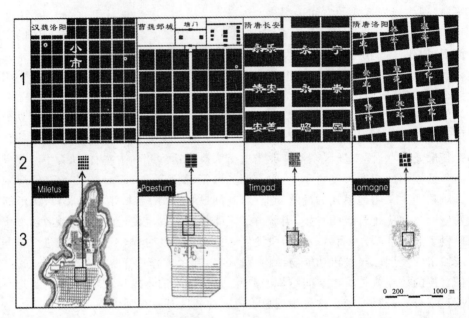

图 2-22　中西城市街廓形态比较

在这幅图上,我们可以清晰地看出,在完全相同的比例下,中国古代城市的街廓尺度较之于西方古代城市是超大的。二者的数理哲学来源是完全不同的。粗略测量,可以得到这八个城市的街廓短边大小,两者相差近 5—10 倍(表 2-2)。由此,我们可以得到这样的结论:中国古代城市采用了大尺度街廓规划模式,而西方古代城市采用了小尺度街廓规划模式。

表 2-2　中西城市街廓尺度对比

类型	中国古代城市				西方古代城市			
城市名称	汉魏洛阳	曹魏邺城	隋唐长安	隋唐洛阳	米利都	帕埃斯图姆	提姆加德	若玛涅
街廓短边(m)	225	280	250	250	30	40	25	50

在中国封建社会的政治性城市里,城市社会空间结构是封建统治阶级与农民、手工业工人的二元对立结构,是一种统治与被统治的关系。城市空间结构上的特点是:皇城、官衙、城市主干道奢侈、豪华,平民住区破落。街廓如尺度较大,既省钱又省心,街廓的二元

空间模式就是上述社会阶级关系在空间上的投影,如图 2-23(a)所示。

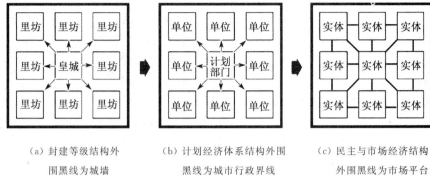

| (a) 封建等级结构外 | (b) 计划经济体系结构外围 | (c) 民主与市场经济结构 |
| 围黑线为城墙 | 黑线为城市行政界线 | 外围黑线为市场平台 |

图 2-23　不同政治经济模式下城市空间结构示意图

计划经济社会的典型生产与生活模式集中于"单位",虽然阶级被打破,人与人之间是平等的社会关系,但是生产上体现着"个人依附于单位,单位依附于城市,城市依附于国家计划生产体系",这种社会、生产模式投影在空间上,就需要用较大尺度的街廓,以满足"单位"的"万能"性,如图 2-23(b)所示。

在西方民主政体与社会主义市场经济条件下,城市社会空间利益主体是平等的公民(当然存在着因收入差异、知识差异等造成的社会空间的分异)以及进行市场运作的独立实体(例如土地开发者、商业开发者等)。他们通过市场这个平台影响城市土地的运作,小街廓模式利用多元实体对土地产生影响,并且能够体现土地使用的公平。特别在社会主义市场经济模式下,城市政府应该是一个协调者和调控者,而非直接插手干预,目的就是促进上述实体的市场化运作,如图 2-23(c)所示。

这里也有一个城市的"文化假晶"问题。城市街廓规划模式受到城市总体用地模式的影响,如果获得的土地面积超大,掺杂上地方政府急功近利的想法,再加上计划经济规划手法较为粗放的惯性,则会影响街廓尺度的状况。例如在计划经济时期,土地是政府划拨的,单位可以使用政府在城市边缘地带划出的较大面积的土地,街廓尺度较大。当然这与当时的"单位"用地模式有关。街廓层面上的开发强度、设施的服务完全由单位说了算,在城市的层面上构不成完整、统一的市政基础设施系统。但是,在市场经济条件下,由于城市利益主体的碎化和多元化,这一招不灵了。

不过,市场经济条件下的新区开发也往往会受到"只争朝夕"发展理念的影响。在沈阳,整个浑南新区规划面积 120 km²,它是集高新技术产业、教育科研、金融商贸、生活居住、旅游观光于一体的现代化新城区。浑南新区的总体土地利用面积大约是沈河老城区、太原街商业区、铁西工业区(核心区)土地利用面积总和的 4 倍,其面积之大令人感到惊奇。在快速城市化的当代中国,浑南新区也并非是"鹤立鸡群"。再如苏州工业园区,其规划用地面积由最初的 20 km²,扩展到 63.4 km²(1995 年),又扩展到 253 km²,其面积相当于 1995 年苏州城市建成区的 3 倍(78.7 km²)(邢海峰,2004)。北京亦庄由 15 km²,扩展至 195 km²;大连经济开发区,也由 20 km² 扩大到 220 km²。中国用土地财政承载了实体经济财政,这也是中国城市发展有别于美国"石油财政"、日本"货币财政"的新型积累方式。若严格和精致的土地利用规划能起到应有的作用,我们对"土地财政"多一分宽容倒也无妨。

但是,纵观全国,以产业开发为主导的新城建设也存在一系列突出的问题,主要有两方面:其一是规划确定的城市规模不准确,变动的随意性较大。用地范围与规模不能适应实际发展的需要,规模、范围经常变动,浑南新区用地规划也是几经变迁。其二是占地面积过大,求大求快的短期行为严重,许多新城是先占地,再发展,其间难免造成大量土地闲置,开发效率较低。由于新区开发的不确定性,政府"自由裁量"导致了土地开发中追求过高的标准、过大的规模。超大规模的土地利用让人联想起计划经济条件下的粗放大街廊和规划模式的"先粗后细"。粗放的总体土地利用造就粗放的街廊模式,这种模式的潜在问题是大量农田被占用,土地开发的效率较低,街廊尺度粗放。

3 街廓的时空变迁

城市像每个人的人生历程一样,会经历起起伏伏和岁月变化。本部分将审视城市街廓的时空变迁。这里依然以沈阳城市空间为主要研究对象,研究其时间层面的演化历程,这对于我们洞悉城市街廓的发展、衰败与未来是非常重要的。

3.1 街廓时空演变

沈阳的城市建设发端于唐代的沈州,经历了金、元、明、清等朝代的发展,城池扩张都围绕今日的沈河老城展开。近代的殖民地历史使沈阳城市空间中引入了欧美模式,这也为后世沈阳的形态发展提供了多种选择的机会,提供了多种形态资以比较的物质基础。图 3-1 显示了沈阳城址的历史变迁。

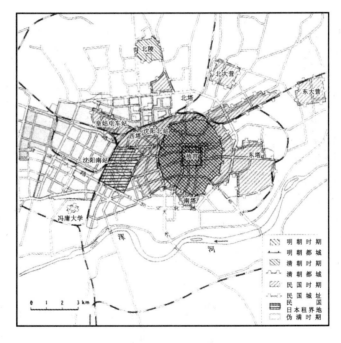

图 3-1 沈阳城址变迁图

沈阳城市发展的新生是新中国成立后获得的。但是,新中国成立初期城市最大的变化是社会结构的变迁以及群众主人翁地位的确立。在相当长的时期里,沈阳城市物质形态上的规划与建设事业与中国大多数城市一样,是在探索与曲折中前进。在那些岁月里,城市形态受到"单位"模式的影响,再加上国家和政府投入与积累更多关注生产问题,以及过分重视意识形态,城市建设和形态发展停滞不前的状况持续了相当长的时间,一直到改革开放之前。

20 世纪 80 年代,改革开放政策的施行,使得经济迅速发展,中国城市发生了重大的变化,这种变化为城市形态的变迁、城市功能的优化和城市结构的调整提供了重要动力。经过 30 多年的改革,中国城市运行的基本背景发生了重大的变化,城市发展的速度在中国历史上也是前所未有的。上一章所列各种不同表情的街廓,在经济、社会、环境可持续发展,城市科技创新与基础设施改造等背景下,是否发生变化了呢?要解决这些疑问,必须将不同类型街廓纳入到同一个时间维度下面,通过横向对比探讨其发展演化的基本规律。

选择 20 世纪 80 年代至今这个时间段作为基本的时间维度是因为:其一,这一时期城市发展的制度性障碍逐渐走向消解。当然,在体制转轨的过程中,由于改革的力度不够,政府的自由裁量权存在过大的状况,会对城市发展产生一些消极影响。但是,市场手段在城市经济的宏观发展中已经深入"人心",并逐渐占据了主导地位,企业和个人开始以主体的身份参与到城市市场运行当中。其二,城市形态、功能与结构的演化面临着城市集聚与扩散的强大作用力,不同形态特质之间的剧烈作用与形态融合已经为城市空间的演化勾勒了粗略的线条。这些背景为我们得到城市街廓尺度、街廓结构、街道宽度的定量评论标准,提供了既相对匀质又变化莫测的背景空间。匀质是指不同类型街廓演化的基本平台走向趋同;变化莫测是指不同类型街廓演化的方向需要城市规划工作者在实践中细心把握。

第一,古代传统街廓——沈河老城

20 世纪 90 年代以来,随着社会主义市场经济的发展,沈阳市对沈河老城地区进行了重新规划,并期冀通过大规模的改造,缓解巨大的城市问题,保护珍贵的历史遗产。现将沈河老城街廓空间形态的变化描述如下:原来的街廓形态状况在上一章已经有所描述,该区被四条城市次干道切割成九个街廓,我们可以形象地描述为"九块蛋糕"的格局,街廓尺度约为 400 m。随着城市的发展,街廓内部出现了自发形成的小巷。这些小巷夹杂在棚户区当中,十分狭窄,不能作为城市支路。规划后,该区大街廓内部出现了城市级支路(除了沈阳故宫等历史文化保护单位内部),亦即出现了街廓再分现象,这是值得关注的问题。"街廓再分"致使局部地段出现 200 m 左右,甚至 80—100 m 的街廓,街廓尺度严重不均匀(差距大者有三四倍),其形态特色可以描述为"大珠小珠落玉盘"的格局;由于街廓再分现象发生在原有大街廓内部,从整个街区的层面讲,虽然"井"字道路还在,但是并没有出现尺度上相对均匀的街廓,反倒出现了不少丁字路、错十字路,这是拓宽原有背街小巷造成的,如图 3-2 所示。

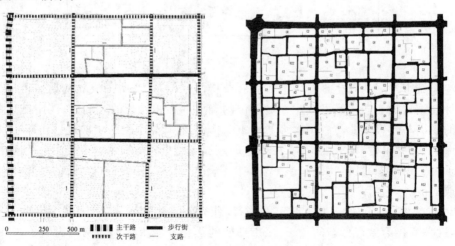

图 3-2 沈河老城区改造前后街廓形态对比

和很多我国城市的老城区一样,沈阳街廓形态演化有三个特征:其一,街廓尺度缩小,有的街廓尺度缩小了近5倍(从400 m变为80 m)。其二,四条干道"稳如泰山",位置、走向都没有发生什么变化,但是街廓内部出现支路,这些支路是由原有的巷道升级而来。其三,该区的城市结构开始出现"网络化"倾向。但是,总体城市结构与太原街初划的"严整网络"明显不同,局部地段可识别和可达性欠佳。

由于旧城改造的压力增大,城市交通问题突出,基础设施改造困难等问题摆在了规划者的面前。该地区街廓形态发生变化的原因是多方面的。

其一,解决交通问题。从图3-2上就可以看出,沈河老城区在未改造以前仅以朝阳街作为北向交通干道,正阳街作为南向交通干道,该地区交通压力主要集中在这两条干道上。该区单向交通受到大街廓(400 m左右)影响,道路交通压力较大,公交站点不好组织;中街等步行街对城市机动车交通系统的潜在影响不容忽视。

其二,沈阳故宫是重要的历史文化遗产,改革开放以后随着以旅游业为核心的第三产业的发展,整个沈河老城地区的商业服务业逐渐形成规模,商业的集聚效应逐渐显现。从中街步行街的经营状况上可见一斑。中街步行街2002年的销售额达到40亿元,是1986年的10倍。从商业构成上看,中街的商业门类更为齐全,饮食娱乐业也迅速增长。特别是办公、宾馆功能的加入,使中街向商业街转化,成为集购物、娱乐和休闲为一体第三产业高度发达的步行街。在市场经济杠杆作用下,商业用地急需更多的临街面以吸引人流。该区用地性质历史上主要是商住用地(历史文化保护地段除外),现在随着城市商业与第三产业的发展,很多用地调整为商业用地。特别是2010年以来,该地区的大型商业综合体如雨后春笋般涌现,给建筑防火和疏散提出了更高的要求。所以,规划中宜提升原来的背街小巷,疏通围绕

图3-3 沈阳皇城恒隆广场街廓景观

大型公共建筑的消防环道,这也使规划依托大型建筑综合体,形成容纳大型公建的小街廓,如图3-3所示。

第二,西型东嵌街廓——太原街商业区

1905年日本取得太原街地区后,在规划中采取了45 m×100 m的街廓尺度作为该地区的基本城市街廓单元。新中国成立后,该地区规划为市级的商业中心,随着城市经济迅速发展,特别是1990年以后的规划,进行了一系列的街廓合并,合并是以45 m×100 m街廓为基本单元,两个、三个、四个或者多个街廓进行合并,出现了一系列短边尺寸约为90—120 m的街廓。

分析"奉天市街图"(图2-11)街廓的基本模式,再对照图3-4中规划前与规划后的状态,可以发现一系列十分有趣的现象。我们也对这种有趣现象的成因进行了推测。1905年初建时街廓的状态是长边(100 m)平行于太原街西侧铁路,到了图3-4(a),街廓长边垂直于铁路,该过程可以用图3-5来解释。1905年初建时,长边平行于铁路时,见图3-5(a),(a)的长边朝向与南北夹角约为60度,也就是(a)中阴影的角度;到90年代规划前,街廓长边与南北向夹角为30度,如图3-4(b)所示。这个过程街廓尺度并没有变化。首

先明确沈阳地区地处寒温带,住宅宜朝南以获得较好的日照。1905 年初建时,街廓内部住宅多为独立式低层住宅,由于住宅尺度较小,朝向平行于街廓短边(50 m 左右)以取得南朝向(南偏西 30 度),并且住宅出入依托长边,可达性较好。随着城市的发展,特别是解放后,我国居住模式借鉴"邻里单位"与"小区模式",住宅单体多为多层行列式,住宅长度有的达到 80 m,甚至 100 m。在街廓尺度不变的情况下,为获得较好的采光,街廓长边方向要发生变化[图 3-5(b)],整个过程可以用图 3-6 的(a)到(c)来描述。另外,由于沈阳地区主导风向为南北向,街廓长边越朝向正南北(由与南北向呈 60 度变为 30 度),整个街区越能减少冬季街道风,起到"保温"效果。

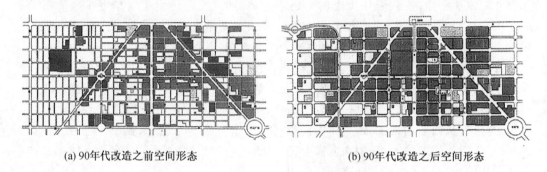

(a) 90年代改造之前空间形态　　　　　　　　(b) 90年代改造之后空间形态

图 3-4　太原街商业区规划前后街廓形态对比

20 世纪 90 年代规划后,图 3-4 的(b)与(a)对比,又出现了一系列长边平行于铁路的街廓。这个过程是"街廓合并"造成的,可以用图 3-6 中的(d)到(f)来模拟,这是土地利用和现代交通发展的结果。街廓变迁可以总结为"尺度不变"型变迁[图 3-6 中(a)到(c)]和"街廓合并"型变迁[图 3-6 中(d)到(f)]。图 3-7 显示了太原街商业区北一马路局部车行路改为步行路,以及透视灭点处原有两街廓拼合的建筑景观图。这两类街廓变化过程显示了太原街地区街廓模式的灵活性。

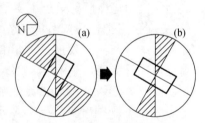

图 3-5　太原街商业区街廓朝向变化原因推测

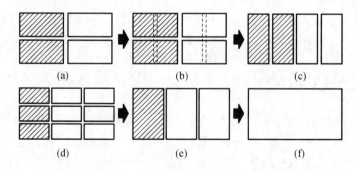

图 3-6　太原街商业区街廓变迁模式示意图

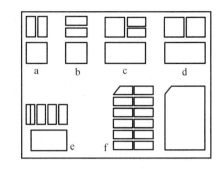

图 3-7　太原街地区北一马路两侧街廓合并　　　图 3-8　太原街商业区街廓合并模式示意图

　　还有一些街廓尺度与街道宽度的变化情况也值得关注。一方面街廓的尺度发生了变化。例如,图 3-8 中总结了六种街廓合并模式:两个 45 m×100 m 的街廓合并为一个100 m×100 m(ab);两个 45 m×100 m 的街廓与一个 100 m×100 m 的合并成一个100 m×200 m 的长方形街廓(c);两个 100 m×100 m 的街廓合并为一个长方形街廓(d);四个 45 m×100 m 的街廓合并为一个 100 m×170 m 的长方形街廓(e);对于更大的用地要求可以进行 f 类合并。另一方面街道的宽度发生了变化,由原来的 8—12 m 变化为12—28 m,其中中华路为 28 m,太原街为 22 m(沈娜,2005)。

　　这些变化的基本趋势可以描述为:街廓尺度由于街廓合并而变大,由原来的 45 m 左右变为 100—200 m。街廓长边的走向发生了有趣的变化,在不同的历史时期长边走向不同。除了整个太原街区宏观结构清晰,干道网络也如沈河老城区干道一样"稳如泰山"外,街区微观网络结构也依然清晰,总体城市结构如故。该区充分显现了街廓结构的生命力,这种生命力来源于初建时较为适宜的街廓尺度。

　　产生上述形态变化的原因除了有建筑模式和气候原因外,更重要的有两个方面:其一,原有街廓尺度太小,导致沿路交叉口过多,不能适应 21 世纪机动车发展的需要。另外,从交通发生的角度,单向交通在街廓尺度为 100—200 m 的时候较为适宜组织,过多的交叉口不利于机动车行车安全和居民出行安全。其二,原有用地尺度过小,不能适应当代土地利用。随着市场经济发展的深化,太原街地区用地性质发生了重大调整,大批居住用地被商业用地置换,大型商业综合体如雨后春笋般涌现,该地区成为更加名副其实的商业中心。

　　上述尺度变化型街廓变迁与街廓合并型街廓变迁都与土地利用有着深刻的关系。应当指出,不管什么原因导致的变化与调整,该地区的街廓形态都显现出了灵活性,城市结构、街廓结构没有发生剧烈动荡的不确定性迹象。

　　第三,计划单位街廓——铁西工业区

　　铁西区城市形态的变迁,拥有着几个重要的背景:其一,城市产业结构的调整。城市产业从以第二产业为主导,第三产业发展严重滞后的状态,发展成为二、三产业并重的状态。其二,依赖国家养活的重型工业企业,在国家统购统销政策丧失后,迅速失去了往日的生机和活力,面临着严重的生存困境。其三,由于企业的倒闭,遗弃和废置的厂房、铁路成为城市产业结构调整、城市土地利用调整、城市空间置换等的严重障碍,但是也成为城市空间结构重塑的契机。

在这种发展背景下,原有的计划经济大街廊为了适应市场和地产开发需求,形态上出现了"街廊再分"现象。图3-9a单一大街廊分为三个小街廊,再分后较小的街廊尺度为123 m×318 m;图3-9b再分后较小的街廊短边尺度为112 m;图3-9c再分后较小的街廊尺度为155 m。铁西新湖片区2002—2012年的十年间,街廊尺度发生了较大的变化,通过打通支路、优化路网等手段,使得原有街廊实现再分,从而出现了适应商业或商住功能的街廊(如罗马假日地块,街廊尺度为100 m左右)。

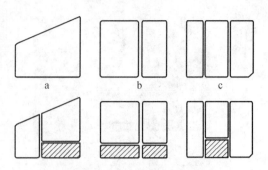

图3-9　铁西工业区街廊再分模式分析

原有700 m左右的工业型大街廊也被再分为300 m左右的居住型街廊(新湖明珠城、中国印象、北国之春南北两区),如图3-10所示。

图3-10　铁西新湖片区2002年和2012年街廊形态对比图

图3-9总结的是铁西工业区典型的三种街廊再分方式:第一种是单一大街廊再分成若干个小街廊,再分后的小街廊尺度不一,结构上的"突然性"较大;第二种是再分发生在不同街廊,但是再分后的小街廊彼此的组合具有网络化趋势;第三种是再分发生在众多大街廊中的一个,或为数很少的几个,可以描述为"万绿丛中一点红",对总体城市结构不能造成较大的影响,只是局部土地利用或交通发展的需要。

从街廊和城市发展趋势上看,由于城市产业结构调整和用地功能的置换,铁西工业区的街廊变化现象必然继续进行下去,出现一系列围绕用地功能而体现尺度差异的街廊。一些临街的商业、商住型街廊尺度一般只有100 m。但是,由于原有街廊尺度较大,再分的不确定性是不可避免的。

总结起来,街廊再分现象的出现有两方面原因:其一,顺延铁西区南部的精细街廊结构,适应城市交通的发展。应当说铁西建设路以南的铁西区南部区域,街廊尺度、街廊结构与太原街商业区类似,都是密集的小街廊结构。而铁西工业区的街廊尺度较大,两区的路网严重不均衡。在交通压力和土地开发的双重作用下,铁西工业区街廊尺度必然存在打通支路、划小街廊的压力。

其二,城市用地性质改变的需要,特别是用地性质由工业变为商业或者商住。铁西工业区很多倒闭的工厂经过拆迁后改造为居住区,如图 3-11 所示。由于工业型大尺度街廓不易提供充足临街面和均质的可达性,不宜发展商业或商住。所以,很多改造为居住或商住的街廓会采用"街廓再分"方式以营造更多沿街的商业空间。

图 3-11　铁西工业区居住与工业用地相参图

例如,兴华北街、云峰北街、小北二路和小北三路围合的地段,街廓个数由"二"变"四",既有用地功能的转移,打造沿街商业方面的原因,也有铁西南区道路自然北延,优化支路网络方面的原因(图 3-12)。

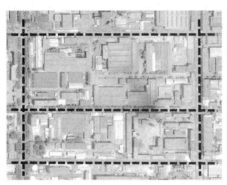

图 3-12　铁西工业区街廓再分景观图(2002 年、2014 年对比)

3.2　街廓演变动因

在城市发展的历史进程中,到底是什么因素推动了街廓形态的演化? 在上述的分析中,我们可以粗略地看出:无论是沈河老城区街廓再分现象,太原街商业中心出现的街廓兼并现象,还是铁西工业区街廓再分的现象,都是为了解决两个问题。第一是为了解决日益复杂的交通问题,第二是为了解决市场经济条件下的土地利用问题。当然,形态变迁的驱动因素具有复杂性与矛盾性,还有其他的因素导致了街廓形态的变迁,现详细分析如下。

第一,直接因素——城市土地利用与城市交通

城市土地利用是城市地域内各种用地类型(主要用地类型为居住、工业、商业、文教、行政办公、绿地、交通、水域以及特殊用地等)在空间上的分布状况、比例关系等。前者为土地利用的空间结构,表现为以城市街廓作为空间核心单元载体,各类型用地在空间上的分布状态,土地利用的多类型特征赋予城市街廓丰富的内容和内涵。后者为土地利用的比例结构,强调各种用地类型的数量的比较与结构,能够反映城市土地利用在时间与空间维度上的变化状况,这些变化体现了城市土地利用结构的调整,与街廓尺度、街廓结构与街道宽度的变化与调整紧密相关。

与城市土地利用互为阴阳关系的是城市交通,城市交通对城市街廓起着核心的分割作用,如图 3-13 所示的土地利用、交通与街廓演化的关系。在上述沈阳实例的分析中可以看出,城市形态演化显性的驱动因素就是城市土地利用与城市交通。而二者又是一个相互约束、相互协调的统一整体,二者共同推动城市形态与街廓形态的演化。

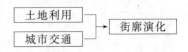

图 3-13　土地利用、交通与街廓演化关系

对于大街廓的街区,例如改造前的沈河老城区,用地多是住宅,并且交通主要集中在两条城市主干道上;改造后,用地很多开发为商业或者复合型的商住。原有粗放街廓内部出现街廓再分后,城市支路对日益拥堵的城市交通起到了一定的缓解作用。对于小街廓街区,例如太原街商业区,在土地利用结构中,商业占主导地位,其次为居住,它是沈阳市重要的商业中心,但是随着低层住宅的减少,居住用地的容积率增加,用地面积总体上减少了。同时,商业用地面积与数量增多,出现了街廓合并现象。这一方面是为了创造相对私密性的社区且利于形成规模;另一方面跨越原有街廓、尺度相对较大的现代社会商业综合体的出现,需要对原有小街廓进行合并。

第二,潜在因素——城市经济发展与城市化水平的提高

随着城市的发展,城市的国内生产总值获得了较大的提高,沈阳市 2000—2004 年的短短的五年里,就基本实现了国民经济翻一番的目标。城市居民的人均可支配收入大大提高,可用于商业消费的资金更加充裕,从而带动了城市第三产业的发展与繁荣,形成了第二产业与第三产业共同推动国民经济发展的新局面。城市中心区域成为商业繁荣和发展的核心区域。同时,城市的繁荣推动了人口的不断积聚,城市的市区总人口是增加的。如沈阳沈河区 1985 年的人口密度为 29.599 人/km²,2002 年达到 34.147 人/km²,增长了 15.4%。与之相对,人口的扩散过程也一直没有停歇,人口从城市的核心地段(比如沈河老城区、太原街商业区)向外进行了疏解,某些新开发的区域(如沈阳的铁西、浑南)成为城市人口扩散的重要方向。这对城市街廓又有什么影响呢?

城市经济发展和城市化进程的深入发展,是城市形态变迁的潜在因素。一方面,城市中心城区交通与土地利用的状况日益变化,例如沈河老城区、太原街商业区在城市用地置换中"商业化"倾向越来越明显。这就必然要求城市的土地利用模式、街廓模式与商业发展、商住变化相适应。另一方面,随着城市中心城区人口疏解到近郊区,如铁西等区(铁西由于工厂的困境,很多工厂用地开发了居住,成为承接城市核心区人口疏解的重要空间)的发展成为焦点问题,必然刺激与城市宏观发展相适应的街廓空间模式的建构。原有的工业用地调整为商业用地和居住用地,势必要求有与之适应的街廓模式,该区出现街廓再分就完全可以理解了。

本章以沈阳为主要案例,分析了 20 世纪 80 年代,特别是 90 年代以来,在社会主义市场经济探索、建立与发展的背景下,城市街廓变迁的特点与原因。综合起来,80 年代,中国城市街廓的空间变迁可以归结为街廓再分和街廓合并(表 3-1)。街廓变迁紧紧围绕着如何解决城市交通问题和城市土地利用问题,是城市经济发展和城市化水平提高的必然产物(图 3-14)。

表 3-1　城市街廓变迁与原因综合分析

项目	古代传统街廓(沈河老城区)	西型东嵌街廓(太原街商业区)	计划单位街廓(铁西工业区)
变迁特点	街廓再分(尺度由 400 m 变为 80—100 m,200 m);城市干道走向没有变化,支路拓宽、数量增加,但是街廓系统依然无法构成清晰网络	街廓合并(尺度由 90 m,100 m 变为 200 m);城市干道走向没有变化,支路系统完整,街廓的组织结构相对稳定	街廓再分(出现了一系列 100 m 左右的街廓);城市干道走向稳定;街区层面上的街廓再分具有地段突然性
原因简析	解决交通问题;该区土地利用的需要,满足商业发展的要求	解决交通问题;土地利用的需要,如商业综合体和具有一定规模的居住小区建设	解决交通问题,与铁西南区道路的衔接;城市产业结构与用地结构的调整对用地提出的要求

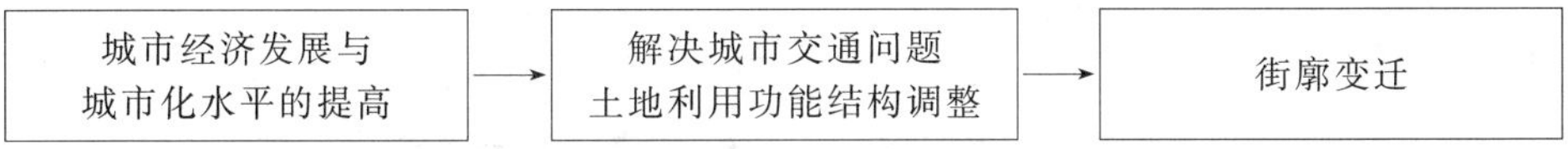

城市经济发展与城市化水平的提高	→	解决城市交通问题土地利用功能结构调整	→	街廓变迁

图 3-14　街廓变迁驱动因素分析

　　城市经济发展和空间集聚在带来街廓形态变迁的同时,也必然导致城市空间触角向更加多维的尺度延伸。城市地下空间的开发就是一个热点,甚至是最为前沿的城市开发问题。我国城镇化水平在 2011 年已超过 50%,进入了城镇化发展的深化加速阶段。可以预计,我国城市在今后 20 年或更长的时间里,将围绕城市地面的“街廓空间”,出现城市地下空间大规模建设的高峰期。

　　据《中国地下空间行业发展前景与投资战略规划分析前瞻》一文分析,城市地下空间是一个巨大而丰富的空间资源。城市地下空间可开发的资源量的计算方法为可供开发的面积、合理开发深度与适当的可利用系数之积。若按照这种计算方法,2012 年我国城市建设用地总面积为 32.28 万 hm²。依据 40% 的可开发系数和 30 m 的开发深度计算,我国城市可供合理开发的地下空间资源量就达到 387.36 亿 m³。在中国人口多、可利用的城市建设用地极端稀缺的发展实际情况下,城市空间的集约发展只有走城市街廓优化、土地高效集约利用与城市地下空间综合开发的路子,才能实现纵深可持续发展。以城市街廓为形态核心,推进地下空间建造与街廓空间形态有机结合,形成与地面建筑相结合的地下人流、物流的公共空间体系以及构筑城市防灾综合体系,是必由之路。

　　这里以地铁地下空间规划和建设为例,简要说明街廓尺度和街廓结构与城市地下空间开发建设的关系。2005 年 8 月 14 日,经国务院同意,国家发展与改革委员会批准了沈阳市快速轨道交通建设规划。2010 年 9 月 27 日起,沈阳地铁一号线正式载客运营。像很多中国中心城市一样,沈阳步入了地铁时代。地铁建设对城市新区建设和旧城改造有利,能够引导城市沿着地铁线路轴向发展,能够刺激地铁站点周边的城市土地开发与利用,对沿线的土地有明显的增值作用(郑俊等,2005)。

　　但是,这里存在着街廓结构的承接能力问题。在开发强度加大的情况下,不同模式的街廓空间也会随着地铁地下空间,特别是站点区域空间的变化而发生变化。特别是对于我国存在多种街廓模式(前述的沈阳、济南均是如此)的多中心城市,小街廓模式区域由于道路网络密集,增大了地铁线路沿道路穿越的选择性。但是,传统大街廓内部道路网络的不规则和较为自发的建设,加大了地铁穿越的不确定性;地铁和轨道交通若沿街廊外围的街道路网走线,由于街廊尺度较大会降低线网灵活性,从而加大成本投入。所以,大街廊片区常常出现地铁穿越街廊地下空间的情况,形成对城市安全的潜在影响,如图3-15中,沈阳地铁一号线斜穿沈河老城区。

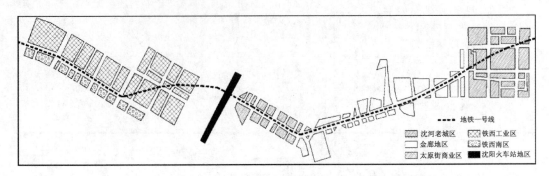

图 3-15 沈阳地铁一号线线路走向与街廊关系图

4 街廓理性范式探索

柏拉图梦想中鸟语花香的理性世界到底是否存在？回到城市空间中，城市街廓的尺度到底有无一个适合当代经济、社会和交通发展的理性取向和评论标准？答案是肯定的。这里从街廓尺度、街廓结构和街道宽度三个方面进行定性和定量的探讨。

4.1 街廓尺度定性分析

街廓尺度的定性分析侧重街廓尺度与城市经济，街廓尺度与城市可持续发展，街廓尺度与开发规模的关系。

第一，街廓尺度的经济分析

现代城市有别于聚落和乡村，其发展本质上是聚集的。聚集能够带来信息的共享、要素的集中，并能带来更多的规模经济和外部经济。因此，从经济与城市文明演进的视野来看，街廓的尺度应该能够引导和激发城市的聚集。大尺度街廓和小尺度街廓在提供临街面方面有多寡的差异，在聚集城市经济要素方面也有一定的差异。这给我们审视街廓尺度的大小带来了价值标尺。

精细小街廓能够提供充足的临街面积。临街面是现代城市要素供给、聚集和商业繁荣的重要物质载体。临街面积越多，容纳的外向型城市实体越多，有门窗开向道路用以经营，是城市商业延续的关键所在。前面我们曾讲述了近代济南自开商埠的故事。商埠区的规划选择了小尺度街廓，较之于老城区传统内向型自发狭隘的小巷，开敞的道路空间、密集的路网、精细的街廓承载了更多的沿路经营和各式商贸店铺，聚集了经济，激发了交易，使得济南从一个普通的二流城市跃迁为区域重要的商贸中心城市。这里用一个简单的图形加以解释（图 4-1），要素集聚数量与作用复杂性图中，可以看出：当有 AB 两个要素聚集的时候，相互作用为 AB 一种；当有 ABC 三个要素聚集的时候，相互作用的方式有 AB、BC、AC 三种；当有 ABCD 四个要素聚集的时候，相互作用的方式有 AB、AC、AD、BC、BD、CD 六种。

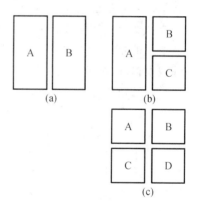

图 4-1 要素聚集模式分析

根据城市外部性与外部经济原理分析，多要素的集聚能够带来更多的外部效应。外部正效应就是对其他生产单元产生的影响或者收益，但是无法得到报酬，是一种潜在的影响。比如沈河老城区通过打造中街等步行空间，使得沈阳故宫等历史文化街区也得到复兴，提高了经营效益。这些外部效应刺激并转化为外部经济，外部经济能够显现为货币。例如太原街商业区商家云集，它们在购货时可以进行合作使成本降低，收益增加，依此良性循环。充足的外部经济能够促使城市低成本高收益运作，这是城市繁荣进步的标志。特别是商业用地，更需要充足的临街面进行经营。临街面怎么提供？那就需要合适的街廓尺度，特别是能够适应市场运作和商贸经营的精细小尺度。

计划经济条件下不存在市场机制，供给与需求全由政府控制，城市土地的供给均由政府统筹安排。在市场经济条件下，城市基本独立用地单元（比如具有独立产权的地块等）的供给是城市物质要素空间供给的核心组成部分。城市要素供给与市场对要素的需求构成了一对经济上的供需关系，如图 4-2 所示。斜率正者为城市要素供给；斜率负者为城市要素需求；纵轴、横轴分别表示价格与数量。城市要素供给与要素需求能够互相满足的时候，称为供需均衡。

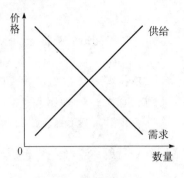

图 4-2　供需关系曲线

城市要素供给量（包括城市基本独立用地单元；可能是产权地块，也可能是街廓或者临街面的数量等）的多寡能够影响需求量的变化。当城市要素供给增加的时候，价格（主要是土地价格）降低，城市的需求量也会扩大，表现为城市的繁荣与活跃；当城市要素的供给紧缩的时候，价格增长，城市的需求量相应减少，表现为城市自身发展的调整与停滞。上述两个过程是一对矛盾的统一体，促使城市形态在调整中发展。前述沈阳的街廓合并与街廓再分都体现了城市经济发展对城市物质形态要素供给需求的变化关系。例如沈河老城的街廓再分满足了商业实体扩大临街面积数量的愿望，是城市要素供需平衡的一种具体体现。

但是，并非城市要素供给数量可以无限制的增长。比如在上述的街廓再分过程中，其尺度需要在一个合理的范围之内，才能促进城市可持续发展。一方面，街廓尺度过大（例如封建社会和计划经济时期的街廓尺度为 500—1 200 m），不能给城市提供更加充足的要素供给——街廓临街面、基本独立的用地单元，不能适应当代市场经济的发展。当然，在封建社会时期的传统城市中也不乏沿路经营，《清明上河图》中就展示了沿路、沿河经营的图景。但是街廓内部小巷空间组织的自发形态并不能承载现代商贸经营。现在我们头疼的城中村问题，就是表面繁荣中的另一面。另一方面，如果街廓尺度过小，则需求量过大，会导致城市中心地段要素的过分集聚。这里的要素包括各类城市要素，比如交通、人流、商业等。例如，在机动车较多的当代社会，尺度过小的街廓会引起较大的城市交通问题。

第二，街廓尺度的可持续发展分析

城市街廓尺度的合理与否，与城市的可持续发展息息相关。首先必须明确什么是可持续发展。城市的可持续发展就是既能保证当代城市发展的需要，又能保证城市未来发展的需要，能够促进城市人口、资源、环境与发展的协调，同时，更强调城市发展本身所具备的能力。从系统的观点看，城市的可持续发展的能力包括资源节约能力、环境缓冲能力和进程的稳定能力。按照人多地少的国情，欲实现上述能力，我国绝大部分城市必须走紧缩型道路。这与我国的能源严重稀缺、土地后备资源不足有关。紧缩型城市的基本特点是节约能源、节约土地资源、节约建设投入。紧缩型城市空间形态的核心就是要有与环境特质相适应的街廓尺度。这里从能源、资源、投入三个角度论述城市街廓尺度的意义。

其一，从能源节约的角度讨论街廓尺度问题。现代城市规划的动力，来自于工业革命后能源的超度开发以及城市环境的恶化。能源，是城市社会经济发展的血液，也是我国城市化进程所需的主要资源。我国人口众多，能源资源相对缺乏，人均能源占有量仅为世界平均水平的 40%（张瑛等，2005）。我国城市化发展正处于加速发展阶段的黄金时期，能源的可持续利用和发展已面临严重挑战,许多城市都出现了能源紧缺的状况。例如,我国华东地区很多城市在夏季都出现过"拉闸限电"的情况。

与能源的紧缺相对应,粗放的城市建设,其消耗的能量较之于集约型城市建设也是巨大的。城市规划工作者迫切需要探索与能源可持续利用战略相适应的城市空间形态,以实现经济发展和生态环境保护双重任务。凯特尔纳等通过实证研究发现城市的空间结构是影响城市内部与上空污染物流动与扩散的主要因素之一。他们以伦敦托特纳亩法庭路、托林顿地区、戈顿街和欧斯顿街为边界构建了一个地区模型。该街区尺度为 408 m×470 m,其内由 13 个相对完整的街廓组成。通过研究发现,影响城市风气流的主要因素为街道及其网络的空间几何结构(詹克斯,2004)。我国城市多处于季风性气候的控制之下,在夏季,精细小街廓城市能够更好地疏解城市"穿堂风",使得城市温度较之于粗放大街廓城市要凉爽;大街廓(700—1 200 m)不能很好地疏解"穿堂风",城市的热岛效应加剧。在冬季,小街廓城市能够及时疏解污染物进入城市的基

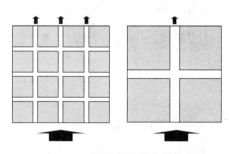

图 4-3　不同街廓尺度城市
环境调控模式分析

质空间,以进行自发的生态净化,图 4-3 简单描述了这个过程。实际上,现在的地理信息与城市规划技术领域的专家已经对街区与街廓层面的环境问题进行了大量的研究,这对我们建构科学合理的街廓尺度是个有力的支撑。

其二,从节约土地资源,促进老城良性更新的角度来看,街廓的尺度也有一定的尺度取向。我们常常会听到城市决策者抱怨城市建设用地不足,这当然有我国城市发展速度较快的原因。不过,我国城市土地利用效率低下的情况较为普遍。当然,我国很多沿海地区大城市城市中心区地段经过近百年的开发,密度已经很高,开发强度的界定需要进行专门研究。从城市中微观形态上来看,原有大街廓虽然外围道路走向规则、脉络清晰,但是街廓内部则缺少较为理性的微观网络路径,自发随意的小巷配合了微观形态建设的粗放。同时,传统大街廓模式建设密度一般较低,建筑的容积率相对较低,建筑群体空间较为散乱,并且越往街廓内部,自发建设和空间封闭情况越严重。这种形态改造起来较为困难,牵一发而动全身。

尺度较大的街廓和相对粗放的用地模式也给"大裙房"留下了生长空间。图 4-4 中,a是大街廓模式与建筑形态的关系。在大街廓形态下,规划中划分的地块也往往较大,建筑所有者与土地使用者通过较大的裙房来使用土地空间。整个街廓被高低错落的建筑围合成了"外紧内松"的"大包子"格局。图 4-5 所示的是 2014 年某城市街廓及其典型景观(街廓尺度约 500 m,其中 a 点为大街廓内部的死胡同,b 点为沿街具有大裙房的高层建筑)。这些被建筑包围的大街廓内部空间,很难成为城市的公共空间,"死胡同"常和杂乱无章的市政管线设施交织在一起。当然由于开发的时序问题,城市空间中也有不少没有"包子馅"的空心街廓——在城市中偶见栽花种草、稻畦麦田就一点也不令人奇怪了。大街廓空间土地供给的相对不足,与城市发展的迫切需求相叠加,使得城市不得不进行水平方向的"摊展",造成了城市越发展,就越需要城市水平扩展的"假象"。城市空间向郊区蔓延,出现了城市蔓延式"摊大饼"和建设用地侵吞农田甚至良田的状况。

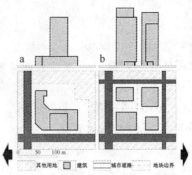

图 4-4　建筑模式与街廓模式的关系分析

图 4-5　某城市大街廓空间形态与景观图

　　实际上,这里还有个规划调控模式的问题。我国 20 世纪 90 年代开始普遍编制的控制性详细规划偏重于物质形态的调控,与美国控规(Zoning)类似的利益博弈平台和容积率奖励措施相对缺乏。这对于激发城市空间的使用效率和活力是不够的。图 4-6 所示的是美国城市设计导则中关于容积率的解释(Garvin,1996)。纽约规定每留出 1 m² 的外部空间,就奖励 10 m² 的建筑面积。图 4-6 中(a)到(c),容积率虽然逐渐增大,建筑面积逐渐增大,但是城市公共空间的面积也逐渐增多。这是"公共"和

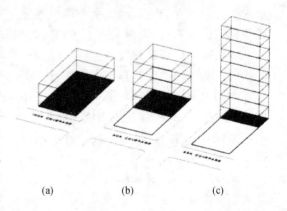

(a)　　　　　(b)　　　　　(c)

图 4-6　美国城市设计导则中关于容积率的解释

"私有"利益平衡博弈的结果,也是现代城市空间运作的重要特征。对于大街廓城市来说,一方面街廓尺度较大,非均质的设施配给("金角银边草肚皮"是对大街廓市政基础配给的形象描述)不容易刺激城市建设在街廓的层面上通过精细化的小型地块切割来提高使用效率。另一方面,控制性详细规划偏重物质形态的调控,常常使城市空间在政府领导的突发奇想或"重要指示"、大师流线的"大手笔"豪情壮志,在注重沿街立面完美连续、高端大气设计手法引导之下,形成了街廓空间的形态固化。最终,压抑了土地市场化平衡的活力,也压抑了开发主体向城市返还公共空间的热情。

小街廓(如曼哈顿)尺度只有几十米到一百米,若有完善的利益平衡和交易机制(如容积率奖励),土地使用者会积极提供公共空间以换取奖励。长此以往,公家、私人皆大欢喜。所以,在曼哈顿,很多高层建筑并没有裙房,甚至底层部分架空为城市提供公共空间。在建设密度极高、寸土寸金的情况下,虽经历逾百年的建设,却并未出现公共空间缺乏的情形。因为建筑业主倾向于提供公共空间,以换取建筑面积。精细小街廓及其集约化的土地利用模式,以及适应市场经济的规划调控措施,反倒创造了很多和谐、舒适的人性场所。这对削弱城市建设用地水平摊展,保护城市周边的生态基质空间是有意义的。

这就形成了一个"用地集约—规划有效—环境舒适"的良性机制。该模式是一种"内生增长"的模式,我们从表4-1中就可以看出"内生增长模式"与"城市蔓延模式"的特点与区别。"内生增长模式"对我国物质形态空间规划的理念与方法具有重要的启示和借鉴意义。首先,城市的发展必须置身于区域整体生态系统之中。其次,城市外延型扩展与粗放大街廓模式相关,城市内涵式发展与精细小街廓模式相关。城市的发展必须走内涵式发展的路子,优先考虑将城市新增用地需求引导到城市已开发范畴之内,集中成片进行城市内部空间的重塑。主要是通过优化微观路网,将粗放大街廓逐步优化为精细小街廓,并进行集约开发的方法。而对于城市新区的发展必须在规划之始就选择精细尺度的规划。

表 4-1 内生增长与蔓延增长的差异分析

项目	内生增长	城市蔓延
城市密度	密度很高,活动中心集聚	密度较低,边缘分散
增长模式	填充式或内聚式增长	城市边缘化,侵占外围土地和绿色空间
街廓模式	精细小街廓模式,建筑、街廓、道路尺度适宜	粗放大街廓模式,大尺度建筑(大裙房为表现之一)、街廓,道路较宽,缺少细部
土地使用	混合式使用	土地单一使用(例如铁西工业区)
公共设施	地方性的、分散布置、适合步行	区域性、综合性的、需要大规模机动车交通
交通模式	多模式的交通和土地利用	机动车为主导
可达性	高度可达的街道、人行道和步行路,能够提供较短的路线	分级道路系统,具有很多的环线(沈阳总体规划中确定了规模较大的环线工程),可达性较差
规划过程	政府部门和相关利益主体共同协商(市场经济下的多元博弈)	政府单一主导(计划经济下的政府主导)

其三,从城市建设费用投入节约与开发时序理性的角度来看,大街廓和小街廓也具有差异性。小街廓在启动阶段投资相对较大,建设相对集约,后续投资较少。不仅是沈阳太原街地区,还有青岛老城区、济南商埠区,一些市政管网逾百年还在发挥作用,相对节省了市政成本。从城市改造的角度来看,小尺度街廓更适应梯度开发与改造,也能适应多元开发主体的共同合作开发,与城市发展投融资渠道的多元化相对一致[图4-7(a)]。

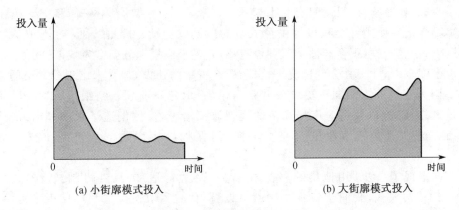

（a）小街廊模式投入 （b）大街廊模式投入

图 4-7 不同街廊模式投入量

粗放大街廊在启动阶段投资较少,常常是仅完成主干道路及其附属基础设施的建设,建设手笔较为粗放。但是随着城市的发展,城市需要改造时,投资门槛渐高,且会出现若干次城市建设投资高峰。例如,很多城市道路被屡次拓宽改造,依然拥堵严重(这实际上蕴含着缺乏支路网,缺乏与街廊尺度相对的支路网问题)。拥堵与大街廊内部的改造困难,又刺激了政府在主干路上做文章,于是很多城市在干道之上又修筑了快速高架路。从改造的层面来看,大街廊由于尺度较大,不易于进行城市梯度开发与改造,改造起来拖泥带水,牵一发而动全身[图 4-7(b)]。从城市总体投入上看,也就是曲线与横轴围合而成的面积,图 4-7 中,(b)投入量要大,(a)投入量要小,(a)更适应城市的可持续发展。

专栏:摇号与限购

2014 年 1 月 17 日新华网云:在广东年度两会上,深圳市长表示,目前深圳机动车拥有数量虽然在全国排第二位,但对私家车不会采取限行、限购,将通过经济手段和规划优化来调节市民出行方式。一方面,通过经济手段增加自驾出行的出行成本;另一方面,进一步优化路网,打通"微循环"和"断头路"。同时,加快地铁施工建设,把施工面尽快缩小。此外,考虑采用技术手段,用智能交通系统进一步诱导车辆更好地选择路径。但是,2014 年 12 月 29 日,深圳突然宣布从 18 时起开始实施汽车限购。这让深圳市民感到万分错愕。看来,深圳真的顶不住了,也让逼着女婿有房有车"高大上"的丈母娘们大骂"政府真不厚道"!

可能政府和丈母娘们都没错,俗语云:早知今日,何必当初。"马后炮"式的应急补救政策,着实让政府和市民感到尴尬。有人会说,如果我国的大中城市在"自行车"王国时代就意识到"路网优化"和"公交支撑"问题,是否能好些?但历史没有假设。很多城市也终于意识到,市政基础设施的匹配需要"补齐欠账,适度超前",在城市建设上多向市民倾斜,为他们花钱下手要狠一点。

改革开放后,特别是 1990 年以后,城市开发多为大规模综合开发和成片区域开发。这种开发具备市场经济开发的背景,立足于改善城市环境和解决基础设施薄弱的问题,特别是为了解决城市街廓内部因长期自发建设而造成的恶劣环境和景观问题。这种开发一般在政府政策的干预下,对历史遗留下来的传统街区,或因城市产业结构调整需要空间置换的"单位"用地进行统一规划、统一设计、统一拆迁、统一建设。虽然见效快,但是不可能完全照顾到各层面的利益需求,特别是很难避免对市民权利的冲击。改造后的建设成果往往功能单一,比如,用作居住或者尺度较大的广场等。应当说,城市空间在本质上应该是多元的、共享的且有人情味的,这也是简·雅各布斯的观点。由于粗放街廓短边尺度多为350—1 200 m,开发在一个或多个街廓层面上进行,工程量与投入均较大,建设周期也较长,整体投入规模较大,资金到位困难,容易造成后遗症。

更令人头疼的问题还在于上述大规模开发与拆迁中引发了以"安置"和"补偿"为核心的矛盾,在这里不对"补偿"过多讨论。有人会问,小街廓(例如短边尺度100 m左右)尺度下的大规模综合开发、区域开发就不会引发矛盾吗?当然也会,只不过相对容易解决。因为"大街廓"相对于"小街廓"更不利于解决开发的"时序性"和"联动性"。"时序性"就是"拆迁—开发—安置"的整体时间顺序性,"联动性"就是不同用地上"拆迁—开发—安置"的相互配合,使得现实供给和潜在供给不易产生对立。"时序性"与"联动性"相辅相成。开发中应尽量缩短时间周期,实现联动开发。小街廓由于尺度较小,可以局部解决"开发"与"安置"的矛盾,在多元开发主体参与下更利于进行大规模的开发。并且,小街廓具备网络化特征,易于营造城市功能的复合性与空间场所的丰富性。由于大街廓的二元特性,街廓内部的产权地块(在我国为土地使用权地块,以下通称产权地块)无论是面积上还是权属上都具有复杂性、不规则性。在缺乏政府微观规划控制的情况下,不容易实现"时序性"和"联动性"开发。特别是在居住开发中,城市土地空间不易联动置换,拆完后无法安置,导致大批群众获得安置的速度缓慢,造成了"拆与安"的矛盾。

既然手笔过大的开发容易引起时序性矛盾,那么在土地开发的过程中,开发一片就能够收效一片是最好的选择。颇具"联动性"的项目梯度开发成了最优的选择,这种开发模式更具有集约化的特征,更利于政府的规划调控。其优势不仅在于市政基础设施改造能够满足设计意图,而且提高了土地利用效率,可以培育城市新的组团中心。小街廓显然容易进行梯度开发,开发区域为相对完整,并由若干级别道路围合、空间上紧密相连的街廓形成的街区。在相同的用地面积下,大街廓用地虽然可以造就复合功能,但在不同性质用地的就地置换方面,由于街廓内产权地块尺度方面的差异,互相置换是有难度的。

小街廓模式适合商业开发与土地运作,当商业规模对用地有特殊要求的时候,比如大型的商业综合体,可以通过街廓合并实现。当小街廓模式用地性质发生调整的时候,比如由商业用地转化为工业用地或者居住用地时,可以通过街廓合并的方式来适应不同用地功能的需要,显示了巨大的灵活性。对于大街廓模式,如果要适应多种土地使用功能的需要,可以采取街廓再分的办法。比如,街廓由工业性质转化为商业性质,必须进行街廓再分。但是,潜在的问题是支路的添加具有不确定性。因此,大街廓进行街廓再分的时候具有空间的突兀性与不确定性。再加上产权界线的不确定性,容易切割出许多怪异形状的街廓,道路出现丁字路和断头路,城市整体空间结构容易走样混乱。与大街廓模式不同,小街廓的街廓合并在原有的若干个街廓上进行,合并后街廓外围道路依然为原来的城市道路,能够顺延原有的城市结构。显然,小街廓模式更适应城市用地性质与产业结构的调整和变通。

我们用实例进一步形象说明。如图4-8所示，(a)街廓尺度为400 m左右，在计划经济时代为工业区。当传统的计划工业出现困境的时候，用地性质要随着城市总体经济与产业结构的调整进行调整。比如若开发为商业用途，则其街廓形态显然不能适应。因为不能提供充足的临街面积以便商家经营，而必须经过街廓的再分。从整个铁西工业区的空间结构上看，如果这些再分都具有空间上的突然性，则总体城市结构就会被破坏，而出现很多空间位置和走向不确定的丁字路和断头路。

（b）在形态上一直为精细小街廓模式，街廓尺度平均在100 m左右，原有街廓的精细模式能够提供充足、合适的临街面积，能够适应商业发展，是沈阳市重要的商业中心之一。当用地性质调整的时候，若干街廓合并后就可以满足居住和一类工业等的用地需求，虽然原有城市道路变为街廓内部道路，但是外围道路的结构脉络依然与城市空间整体结构有机衔接，且容易认知。

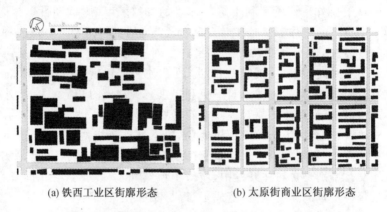

(a) 铁西工业区街廓形态　　　　　(b) 太原街商业区街廓形态

图4-8　铁西工业区与太原街商业区街廓空间形态对比

第三，街廓尺度的开发规模分析

城市产业的发展到底与城市街廓尺度有什么关系？事实上，研究产业结构就是为了产业布局，这种布局常常是根据劳动地域分工理论进行的；产业布局的核心区位是城市，某种程度上研究产业布局就是为了确定开发的规模与区位；开发的规模、尺度等状况最终要落在城市空间上，其核心在于土地利用的模式，在于街廓的划分与组织。即，"产业结构——产业布局——开发规模——街廓组织"本是有机衔接的。欲探究街廓组织的方式与特征，应该从新时期城市与区域产业发展的状况开始。

王缉慈（2001）在分析产业发展时，认为全球化和信息技术革命是城市与区域产业发展的核心背景。在这种背景下，地方产业面临的问题主要有两个方面：第一，全球化背景下，国家层面的调控作用变得相对微弱，而区域与城市在国际要素的竞争关系中变得重要起来。也就是单个的城市与区域产业将在全球化的大市场、大舞台上进行要素竞争。从这个意义上讲，城市与区域成为国家与国家竞争的关键。第二，产业组织的模式从福特制向后福特制转变。这对产业、产业区的发展提出了新的要求。特别是原有带有强烈计划经济倾向的"垂直生产"大企业（铁西区靠国家投入而发展的福特制大企业），已不能适应新时代产业发展的大要求。这些等级制大企业向企业网络转变是核心的表现，以中小企业为核心的"新产业区"如雨后春笋般发展起来，并成为城市发展新的驱动力。铁西工业区的衰败就显示出:靠政府强力投入的产业集聚和产业集群,往往缺少产业上的投入产出关系,缺少社会与科学研发的根植性,当国家统购统销的计划体系崩溃以后,难免会滑向衰败。那么"新产业区"的特性是什么?是紧密的本地化网络和经济活动的根植性(王缉慈,2001)。产业结构和产业布局的变化使得产业空间开发规模大大缩小,以适应后福特制生产,图4-9显示了2014年浑南西区电力、电气与电子产业片区街廓(尺度约150 m)的空间形态。表4-2总结了福特制生产和后福特制生产在城市空间上的差异。

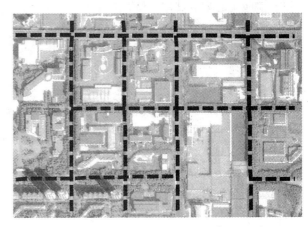

图4-9 浑南某新产业空间街廓形态图

表4-2 福特制生产与后福特制生产的差异分析

项目	福特制生产(刚性生产)	后福特制生产(弹性生产)
经济	规模经济为主	范围经济为主
企业组织	垂直一体化,大企业组织	垂直分离,网络化联盟(如转包、动态联盟等)
区域基础条件	确保供给与需求平衡的宏观经济	确保各类单位间合作的社区公共政策
产业布局	大企业支配的生产系统	弹性的中小企业聚集,地方生产系统
城市形态	粗放大街廓的空间模式	精细小街廓的空间模式

所以,城市的开发规模和街廓组织需突破原有的超大粗放街廓模式,通过精细的小街廓规划,才能更好地承接产业发展趋势。

其一,单个中小企业规模远比原有福特制大企业的规模要小。这些企业在用地上要求有所分割,但也要求在空间上的集聚。精细小街廓能够合理地组织用地,同时避免了土地浪费,能够实现集约开发,以满足"机构稠密性"(同类或相似类别研发生产企业的紧凑集聚)的要求。

其二,中小企业的集聚要求对市政资源进行更加有效的共享,其目的是得到彼此之间外部正效应和外部经济,最基础的就是城市道路交通的共享。

其三,精细小街廓有更强的可达性,与商业、服务业相结合,能够提供更多的交流空间和公共空间。社会交往的机会,也是新产业区社会根植性的重要体现。企业与企业之间,员工与员工之间分享创新成果,就能够刺激员工与企业之间的信息共享和思维创新,从而造就产业区的整体创新能力的提升。特别是对于具有较高创新要求的高新技术产业的空间布局与街廓组织,更需要精细小街廓规划。

4.2 街廓尺度定量分析

第一,基于街廓内部要素的尺度定量分析

决定街廓尺度的内部要素是建筑尺度和产权地块的划分状况。

其一,建筑是街廓内的主要物质要素,建筑尺度直接影响了街廓尺度。图4-10为在沈河老城区、太原街商业区和铁西工业区选取的同比例下的部分建筑,这些建筑在尺度上相对具有代表性。其中体量最大的为C-6。图中标准方格网尺度为250 m,每个建筑的尺度和性质如表4-3所示。如果单纯从建筑尺度的角度出发,街廓尺度需要满足城市中居住、商业、工业类等各类中等以上建筑体量的要求。而对于体量更大的建筑(如C-6)或建筑综合体,可以通过街廓合并而得到。街廓的短边尺度在75—150 m(A-6,C-4建筑短边平均值,C-6建筑短边值)基本可满足各类建筑短边尺度要求。街廓短边尺度直接影响产权地块的布局,合理的街廓短边尺度使得街廓用地内部能够更加匀质地分享基础设施。同时,每个产权地块也能获得条件相似的可达性。从这个角度讲,"街廓短边"比"街廓长边"更具有意义,街廓长边尺度的弹性可以大一些。

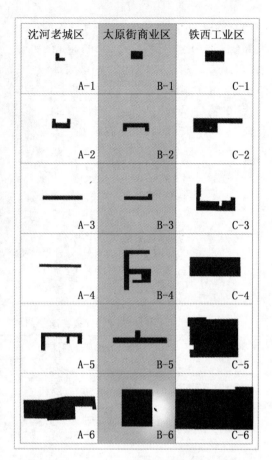

图4-10 沈阳典型建筑同比例形态参考图

表4-3 沈阳典型建筑尺度与性质参考(尺度为m,性质仅供参考)

区域	编号	尺度	性质	区域	编号	尺度	性质	区域	编号	尺度	性质
沈河老城区	A-1	29×27	服务	太原街商业区	B-1	38×28	商业	铁西工业区	C-1	63×39	服务
	A-2	58×33	住宅		B-2	82×28	住宅		C-2	159×49	住宅
	A-3	128×13	住宅		B-3	88×21	住宅		C-3	127×95	住宅
	A-4	134×9	住宅		B-4	85×141	住宅		C-4	165×67	厂房
	A-5	131×62	商住		B-5	172×44	住宅		C-5	157×136	厂房
	A-6	232×82	厂房		B-6	97×132	商业		C-6	254×143	厂房

其二,决定街廓尺度内部因素中的另一个要素是产权地块。具有350—1 200 m尺度的粗放大街廓,在功能上常常是居住、工业、商业、行政办公用地等复合体。这种复合体具有无序、不规则的属性。无序与不规则包含两个层面的意思:首先是物质形态的不规则,表现为建设的自发;其次是产权归属的不规则,一个街廓内常常有多个产权主体构成,产权界线也往往是不规则的。产权边界的无序一方面不利于规划的编制,另一方面不利于政府对土地进行控制和监管。

在市场经济条件下,土地使用权可以通过协议出让的形式转移。由于"炒地皮"能够带来较大的利润,刺激了街廓层面上土地使用权属的"流转"以及部分的"出让"。"转移"在空间上具有不确定性、不规则性,"出让"会使得街廓的使用权变得更加多元。再加上"831大限"(2004年国土资源部、监察部联合下发《关于继续开展经营性土地使用权招标拍卖挂牌出让情况执法监察工作的通知》,规定2004年8月31日为协议出让经营性土地使用权的最后期限)之前,大量土地可以不通过"招投标"出让("协议出让"就是一种),开发主体可以通过非正常手段获得土地。开发主体在开发建设中谋取暴利是有空间的,利益的不确定也导致了地块尺度的不确定。在"拼容积率"、挤占绿地等情况下,创造连续的城市建成环境,形成完整的街道界面和优美的空间环境存在制度性缺口。从政府对土地监管的层面上讲,产权的混乱导致土地监管困难。粗放街廓及其内部的权属混乱造成的土地使用权管理及其流转的混乱,在土地市场运作不透明、不健康的情况下,相对性地制造了政府疏于管理的假象。

精细的小街廓相对于粗放大街廓,产权地块划分可以趋于规则,这更利于规划控制和管理。打一个比方,城市空间区划就像"分蛋糕"。政府的规划调控应该倾向于把蛋糕相对均匀地"切好""分好",而不至于出现一哄而上"抢蛋糕"的情况。所以,规划围绕着城市土地空间问题,应该在保证用地性质兼容性的前提下,进行精细划分、透明调控。这对于抑制城市空间利用中的不公、寻租的"忽悠政府,要蛋糕"的行为是有意义的。欧美市场运作比较成熟的城市街廓尺度在70—100 m,再加上每个街廓由若干个尺度相似、形状规则的产权地块组成,更利于土地公平运作、规划控制、设施匹配和精细管理。这相当于政府用科学合理的规划把蛋糕切均匀,更利于蛋糕的分配,吃起来争议更少更舒心。

随着我国社会主义市场经济制度的逐渐成熟,在规划中也必须逐渐建立更加清晰明确的规划用地产权划分。市场没有有效地配置资源就是因为没有很好地建立产权(曼昆,2005)。产权在城市空间上的核心表达就是"产权地块"的划分。欧美城市和我国很多市场运作较为成熟城市的控制性规划,就倾向于将街廓内部的地块进行相对规则的划分,以使得产权运作更加清晰简便。以单一街廓为核心,常见的产权地块划分模式有:单一地块法、地块两分法、地块四分法、背靠背多分法等(沈娜,2005)。对于描述建筑与街廓划分的情形,可用图4-11表示。75—150 m的街廓尺度能够适合多种类型建筑的布局(图4-11建筑分别为图4-10中的A-6,C-3,B-2,A-1,其中C-3,A-1进行了翻转,显示了用地的灵活性)。

再如北京金融街详细

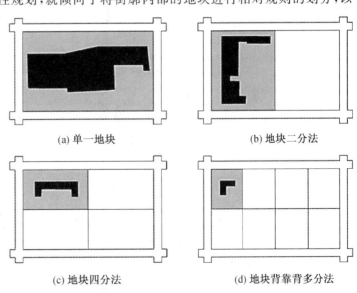

(a) 单一地块　　　　　　(b) 地块二分法

(c) 地块四分法　　　　　　(d) 地块背靠背多分法

图4-11　产权地块与建筑尺度分析

规划中,地块的形式充分考虑了建筑设计和使用的合理性,街廓和地块的划分便于开发操作。街廓尺度在 80—130 m,地块的划分模式采用了上述的"背靠背""二分法""四分法"模式,极大增强了土地市场运作的可操作性。

第二,基于交通因素的街廓尺度定量分析

其一,从交通组织的角度分析街廓尺度问题。图 4-12 显示了沈河老城区与太原街商业区核心区道路单向交通组织的大致情况。沈河老城区单向道路间距平均为 500 m(即正阳街和朝阳街的道路平均间距),交通组织依托其粗放街廓,沿着朝阳街为南向交通,沿着正阳街为北向交通。太原街地区单向道路间距平均为 100 m,交通组织依托其 100 m 左右的街廓短边尺度,交通组织的方式较为复杂,可以通过多种交通管理根据不同的情况改变交通方式。在实际的交通运行过程中,100 m 左右的街廓较之于 500 m 左右的街廓,更利于进行交通管理。大尺度的街廓,城市交通往往集中在一条或者若干条城市道路上,不容易组织单向交通。沈河老城区比太原街商业区堵车更严重,与街廓尺度的结构性问题不无关系。

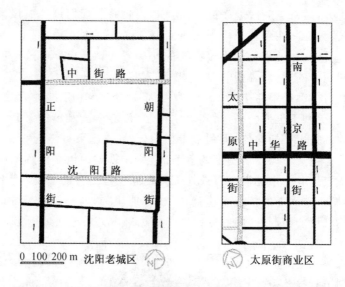

图 4-12　沈河老城区与太原街商业区街廓模式与交通组织分析

其二,街廓模式与交通模式具有阴阳互补关系。市场经济条件下,街廓开发与土地利用(比如产权地块),在多元投资与产权主体参与运作的情况下,要求土地使用模式能够与交通、市政基础设施的匹配有机结合起来,以实现土地使用的均好性和地块可达性。我们能够从深圳道路规划设计规范(从深标 97 到深标 04,如表 4-4 所示)的变化,看到城市用地开发与市场需求平衡的历程:街廓尺度(支路间距)有变小趋势,这种趋势是适应城市微观用地开发与市场运作的结果。深圳城市中心区 22,23-1 号地块城市设计就是一个例子。图 4-13 中,左图为原规划设计方案,右图为美国 SOM 建筑设计事务所规划的示范性规划方案。方案将原来的大街廓划分为较小街廓,增加街区内部支路;典型街廓尺度在80—100 m;每个街廓的设施匹配和可达性水平均提高,交通也较易组织。具体讲有三个方面:首先,划分了相对匀质的街廓,每个街廓基础设施的服务水平相当,不会出现街廓内部基础设施不均衡的状况。其次,支路实现网络化,交通容易组织。再次,便于形成多元开发主体,形成主体多元的产权地块,便于土地流转,便于城市投融资的多元化。

表 4-4　道路交叉口间距对比

道路等级	交叉口间距(m)					
	国标	深标(97)	深标(04)	深标(09)	推荐 1	推荐 2
快速路	2 000—2 500	2 000—2 500	1 700—2 500	—	1 500—2 500	1 500—2 500
主干道	800—1 250	800—1 250	550—800	—	700—1 200	550—800
次干道	700—800	700—800	400—600	—	350—500	350—500
支路	250—300	250—300	140—180	75—200	150—250	100—150

　　注:表中国标为刘坪坪的总结,深标为《深圳市规划标准与准则》中 1997 年版本和 2004 年版本的数据。深标(09)为《深圳市城市设计标准与准则》2009 版中的数据,并且要求:"居住街块面积宜控制在 25 000—35 000 m²,支路网间距 150—200 m,商务办公街块面积宜控制在 4 000—8 000 m²,支路网间距 75—100 m。"推荐 1 为文国玮教授的研究成果,推荐 2 为笔者结合前面建筑尺度、产权地块尺度与沈阳市交通组织的状况,同时结合上述研究判断得到。100 m 的街廓短边尺度适合组织单向交通,150 m 为综合沈阳建筑尺度和产权地块尺度而得到。另外,铁西工业区街廓再分得到的典型街廓短边尺度为 112 m,123 m,155 m,这些街廓的划分情况在上述图中表达出来,体现出根据交通需求与用地发展需求的街廓尺度发展趋势。正如《城市道路交通规划设计规范》(GB 50220—95)中的说明:"城市中支路密,用地划成小的块,有利于分块出售、开发,也便于埋设地下地上管线、开辟更多的交通线路,有利于提高城市基础设施的服务水平。"所以,本书倾向于取较低的值。

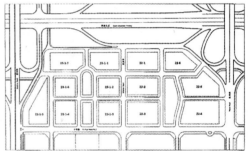

图 4-13　深圳城市中心区 22,23-1 号地块规划方案对比图

　　城市街廓的尺度与城市快速路、主干路、次干路、支路网络的密度和各级道路的交叉口间距有很大的关系。影响街廓尺度的最重要因素是城市的支路间距。当然,支路与快速路、主干路、次干路都可能围合成街廓。但是支路与支路之间的间距由于直接体现城市微观的用地与交通模式,支路间距更有探讨意义。表 4-4 是通过分析前文对影响街廓尺度的各类因素,以及对沈阳实例的分析,对城市各级道路的交叉口间距的总结。分析显示,基于城市街廓尺度与城市支路间距大体相当的关系,街廓尺度在 100—150 m 是个参考范围。若加上深圳经验,则街廓尺度下限取 75—80 m 是具有充分实践基础的。

　　第三,市政基础设施因素对街廓尺度的影响

　　其一,街廓的合理尺度与基础设施的安全供给息息相关。城市的正常运作,比如城市的生产生活活动等,均需要城市基础设施的保障。在古代,封建政府没有投资为市民服务的城市基础建设的习惯。所以,古代城市道路平直、宫殿雄伟,而平民居住区阴暗、狭窄。新中国成立后,我国进行了大规模的城市基础设施建设。但是由于封建社会遗留下来的城市街廓内部用地的复杂性,基础设施的系统、全面建设一直是城市更新改造中的重要问题。特别是"城市棚户区"内环境条件恶劣,城市设施的各种服务很难深入到街廓内部。到了计划经济时代,由于"单位"社会既生产又生活的空间特征,造成了很多基础设施是在"单位大院"内部自行解决。虽然让政府省了心,但是加重了城市基础设施系统化建设的难度,城市资源的集约开发受到了极大的威胁。例如,截至 2003 年,北京尚有 2 600 眼自备井,这些自备井多为单位自己建设且独立于城市自来水供水系统之外。由于气候原因,再加上一些单位过度开采地下水,北京市区地下水水位下降,并且还出现了自备水井供水地区水质逐年恶化的情况,这严重影响了北京市的整体水质①。

计划经济时代的"单位"街廓二元形态使街廓内部缺少规则的、走向清晰的道路网。道路是联系各项工程设施的纽带,要系统地完善基础设施必须先从道路入手。在城市综合防灾方面,由于街廓尺度巨大,遇到紧急情况不利于群众疏散,也不利于消防车辆进入。在基础设施系统维护上,由于街廓内部建设凌乱,特别是埋入地下的市政管线走向复杂,加大了设施系统检修的力度,影响了城市运行的效率,也增大了城市运营的风险。

其二,街廓的合理尺度有利于提高基础设施的保障能力。现以给水工程规划为例分析街廓尺度的问题。如图 4-14 所示,城市给水管网系统包括水厂、干管、支管等。给水管网一般是压力管,安全要求较高,多沿城市道路铺设,街廓的尺度、形态直接影响给水体制(树状还是环状)的选择。给水管分为干管、支管(配水管)、接户管三种。其布置形式有树状管网和环状管网。但是"给水管网布置和计算中,一般只限于干管和干管间的连接管",

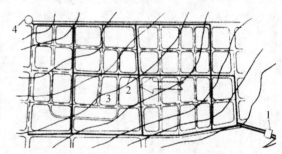

图 4-14　城市给水管网布局模式图
注:1 是水厂,2 是干管,3 是支管,4 是高地水库。

这实际上是由于城市街廓尺度较大,缺少城市支路,从而将分配管略去不予考虑。树状管网的特点是:构造简单,长度短,节省管材和投资,但供水可靠性差,末端水质容易变差,节点流量不均匀,末端的自由水头不能满足各类高度建筑的水压要求。环状管网的特点是:任何一个管道都可由其余管道供水,从而提高了供水的可靠性,环状管网降低了管网水头损失,减轻了水锤,安全性能高,但投资量较大(姚雨林等,1985)。《城市工程系统规划》一书中,关于给水管网布置与街廓直接相关的重要要求与原则是:管网布置必须保证供水安全可靠,宜布置成环状;平行干管间距为 500—800 m(戴慎志,1999)。另外,《城市给水工程规划规范》(GB 50282—98)(以下简称《规范》)中也指出:"市区的配水管网应布置成环状。"

值得讨论的问题是:市区的配水管网应布置成环状。《规范》中没有强调是配水干管还是配水支管。如果是要求所有的管网,粗放大街廓的用地模式允许吗?如前述,干管间

---

① 参见《自备井陆续下岗,北京人明年喝上优质水》一文相关内容。

距为 500—800 m,连通管间距为 800—1 000 m,这显然与封建社会和计划时期的大街廓尺度大体吻合,干管布置成间距 800—1 000 m 的环状是天经地义的。但是大街廓内部(也就是配水管进行铺设的区域)由于长期的自发建设且产权地块不够规则,空间形态上也比较混乱。由于大街廓内部的道路走向不规则,给水管网多选择树状网,否则就会引起不必要的拆迁工程量,"配水管网应布置成环状"的要求变成了一种

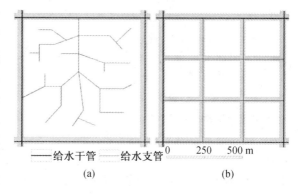

图 4-15 街廓模式与给水管网模式关系示意图

"期望"。如果是小街廓,在不影响干管按 500—800 m 铺设的情况下,依街廓尺度,管网可以布置成环状管网的形式,能够大大提高供水的可靠性。如图 4-15 所示,(a)为大街廓,其内部由于用地结构的复杂性,常常布置成树状管网。(b)为小街廓,在该模式中,管网走向可以依托街道布置成环状。对于一些老工业区,常常是单一入户管连接在干管上接进工厂,配水管(支管)常常是树状管网。树状管网的供水安全性比环状管网要低。从配水管铺设的角度看,用地在 500—800 m 大街廓内部如果有街廓再分,即成系统、成网络的街道穿越,则方便配水管网的环状铺设。从配水支管直接入户,检修起来也十分方便。即使近期布置成树状网,远期也能向环状转变。

《规范》规定"城市配水干管……走向应沿现有或规划的道路布置,并宜避开城市交通主干道",这也意味着欲形成环状管网,必须在次干路和支路上做文章。因而,街廓尺度很重要。大街廓与小街廓两种不同的模式在组织环状支管的时候,显然后者更具优势。同时,小街廓模式也为管网的环状铺设提供了多种可能性。例如,如果干管间距 500 m,连通管间距为 800 m,则配水管网间距在 200—250 m 较为合适。对应的街廓尺度也应该小于 200 m(短边)才比较适宜管网铺设,如图 4-16 所示。

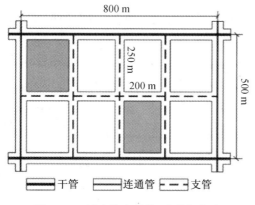

图 4-16 城市给水干管、支管与街廓

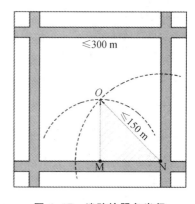

图 4-17 消防栓服务半径

从城市消防与防灾的角度看,沿道路两旁的消火栓间距一般不大于 120 m,保护半径不超过 150 m。设街廓几何中心为消防栓服务半径的最外围,且街廓内部没有道路,如图

4-17 所示。在保护半径不超过 150 m 的情况下，街廓尺度宜在 200—300 m 才能满足消防的需要（依据勾股定理计算而得）。而对于 700—1 200 m 的粗放大街廓，若用地内部建设混乱，再加上小街巷内根本没有消防栓，供水管网多为树状管网，则加大了消防供水风险，降低了城市安全系数。

上面论述了给水体制中的问题，在排水体制中精细小街廓能使排水变得相对容易，也更容易实现由城市排水的合流制（近期）向分流制转变。应该指出，在我国一些人口稠密、街道狭窄、地下设施混乱的老城区，特别是城市粗放街廓的内部，这种情况已经导致了严重的内涝和排水危机。铁西工业区过去大面积棚户区就存在这个问题，纪录片《铁西区》中描述了这些棚户区的破落景象。据《中华建筑报》（2004 年 6 月 23 日版）报道，太原街商业区管网形成最早为 1902 年，管网虽然年久失修，但是历经 100 多年，一部分还在为城市服务。另外，大街廓导致了建设和改造的不平衡性，用地模式的工程管线多沿街廓外围的城市主干路铺设，导致道路沿线成为开发热点。再加上街廓内部拆迁困难，街廓内部的自发建设、基础设施落后的状况严重影响了基础设施的更新，容易内涝便不足为奇了。这就构成了一个二元结构恶性循环。

专栏：内涝与观念

每逢夏季大雨过后，我们常听到我国很多城市大水漫城、内涝严重，地铁瘫痪、机场关闭、车站变泳池，甚至会有人员伤亡。有人总结归纳云，我国城市"逢雨必涝、遇涝必瘫"。这充分暴露了我国城市在排水系统规划设计、建设管理方面的滞后。据住房和城乡建设部 2010 年对 351 个城市的专项调研结果显示，2008—2010 年，全国 62% 的城市发生过内涝，有 137 个城市的内涝次数达 3 次以上。

龙应台在一篇散文中说：如果被带到一个陌生的国度，一场倾盆大雨是检验其发达与否的试金石。龙应台云："如果你撑着伞溜达了一阵，发觉裤脚虽湿却不肮脏，交通虽慢却不堵塞，街道虽滑却不积水，这大概就是个先进国家。"雨果在《悲惨世界》中更是写道："下水道是城市的良心。"

国家防汛抗旱总指挥部办公室的数据显示，当下我国省会以上城市的排水标准一般只有一年一遇到两年一遇，其他城市的排水系统标准更低。而伦敦、纽约、柏林等世界大城市的防雨设施是五年甚至十年一遇。由德国人修建的青岛老城区排水"隧道"至今还在使用，青岛老城区也号称是"中国最不怕淹的城市"。其雨污分流的模式，即使到今天，很多国内城市也没能做到（姜飞云，2011）。

我们并不是崇洋媚外，而是恨铁不成钢。城市市政基础设施的优劣实际上考量着城市市政投入的倾向性。这和前述的大街廓、小街廓投入取向的差异是一样的。即，城市建设的投入是倾向民众生活尺度上的空间，还是倾向于城市形象节点和亮点工程。正如有人指出的那样：在破解城市内涝顽疾的道路上，或许我们最缺的不是资金和技术，而是那颗为城市繁荣、民众福祉深谋远虑的责任心。

以上围绕街廓尺度问题进行了定性和定量分析。在定量分析部分，围绕着街廓的内部要素（建筑和产权地块）、交通组织和市政基础设施的匹配问题，对街廓尺度的大致数理取向进行了深入的分析。澳大利亚学者斯卡纳(Siksna)对街廓尺度也进行了一系列的研究,认为街廓尺度过大会导致用地开发过程中街廓内部不断添加支路或其他街道,而导致街廓肌理混乱。其对美国城市中心区的街廓尺度进行了研究,发现 80—110 m 的路网间距在城市历史发展进程中(时间跨度为 150—250 年)的改变较小(孙晖等,2005)。事实上,前述沈河老城区街道拓宽形成的街廓再分过程,就是对原有不合理的街廓尺度进行修正的过程。只不过,新辟支路在原有背街小巷基础上生成,其走向具有不规则性、自发性,会导致整个街区结构的变化。

在市政因素中,也要求街廓尺度宜小于 200 m(或者 300 m),在本章中我们仅仅探讨了给水系统规划的情况(因为给水系统管网是压力网,并且是城市运行中相对核心的部分)。同时,附带分析了城市防灾与排水系统,对于其他各专项规划还需要进一步探讨检验。

综合国内外的经验和研究,我们大致勾勒出 80—150 m 的街廓尺度是适应城市土地利用、交通出行和市政基础设施建设的。在规划中到底选择上限值还是选择下限值,或者进行参考数据区间外的取值,可以根据土地开发的类型、交通的状况、用地的区位以及基础设施的要求等因素综合研究确定(表 4-5)。

表 4-5 街廓尺度总结

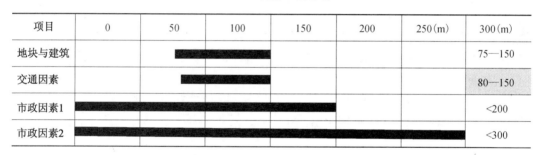

项目	0	50	100	150	200	250(m)	300(m)
地块与建筑							75—150
交通因素							80—150
市政因素1							<200
市政因素2							<300

孙晖等(2005)认为街廓尺度在城市空间中具有深层次意义,所以本部分着墨较多,还可进一步解释:

其一,街廓尺度决定着城市道路与街道的网络尺度以及街道宽度,街廓尺度也直接决定着城市规划选择“宽街道—大街廓”模式,还是选择“窄街道—小街廓”模式。即,街廓外部结构的状况直接受到街廓尺度的影响。

其二,街廓尺度决定着街廓内部用地的使用,例如产权地块的尺度与空间状况,产权地块的区位特点。合适的街廓尺度能够方便产权地块进行有机组合。如果街廓的尺度过大,则街廓内部的产权地块划分容易趋于混乱,不利于后续规划管理。

其三,街廓尺度直接影响了道路交通与其他市政基础设施对城市的服务水平。如果街廓尺度较大,则沿街区位的交通可达性较好,街廓内部的交通可达性较差。同时,沿街区位的市政基础设施服务水平较高。由于大街廓内部建设的无序性,基础设施的服务往往不容易深入街廓内部,存在着从街廓外围到内部服务水平的递减。即,街廓尺度直接影响了作为沟通街廓内部结构与外部结构的市政基础设施的服务水平。

4.3 街廓结构定性分析

第一,街廓结构的理论解释

从哲学的角度分析,结构是表征事物内各要素的组合方式、结合方式的范畴。城市结构是城市有机构成内在逻辑的体现。街廓结构是城市结构的核心部分。同时,街廓结构是一组开放的复杂系统。开放是指街廓随着城市社会、经济、政治、交通等的发展,会发生变化。前文分析了大街廓内部出现的再分现象,由于支路和街道添加的不确定性,城市空间中衍生出一些形态不规则的街廓。复杂则是指街廓变化的趋势与特点具有不确定性,主要是尺度的不确定性和形态变化的不确定性。

那么,街廓结构的基本模式有哪些?什么样的街廓结构才是有生命力的,才能适应街廓所处的开放、复杂的城市发展环境?美国城市设计学家亚历山大·克里斯托夫在20世纪60年代,运用系统观点,以分析自然城市(在漫长岁月中或多或少地自然生长起来的城市为"自然城市",英文为natural city,锡耶那、利物浦、京都、曼哈顿等可称作自然城市)和人造城市(由设计师和规划师精心创建的城市和一些城市中那样的部分为"人造城市",英文为artificial city,昌迪加尔、英国新城、巴西利亚等可称作人造城市)为切入点,运用数学集合理论,把城市结构分成"树形结构"和"半网络结构"。他在《城市并非树形》一书中指出"树形结构"(图4-18a)的含义是:

对于任两个属于同一组合的集合而言,当且仅当要么一个集合完全包含另一个,要么二者彼此完全不相干时,这样的集合组成树形结构。

"半网络结构"(图4-18b)的含义是:

当且仅当两个互相交叠的集合属于一个组合,并且二者的公共元素的集合也属于此组合时,这种集合的组合形成半网络结构。

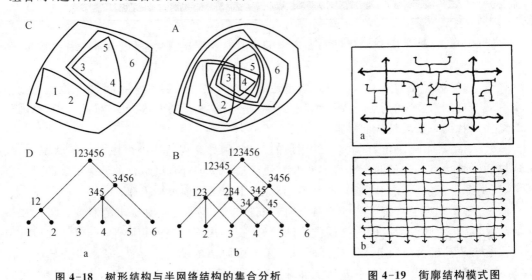

图4-18 树形结构与半网络结构的集合分析　　图4-19 街廓结构模式图

树形结构城市的特点是:等级性、限制性、简单性。半网络结构城市的特点是:平等性、选择性、复杂性(孙晖等,2002)。这两种结构模式在空间上,可以分别用图4-19a和图

4-19b 表示。其中 a 图为树形结构,b 图为半网络结构。

城市应当是半网络结构,而非树形结构,决定城市结构为树形和半网络结构的主要因素正是街廓尺度。街廓尺度大,则随着城市的发展,街廓内部会添加自发的小巷或者城市支路,街廓会出现再分,街廓再分具有空间的不确定性。沈阳沈河老城就具有这种特征。需要指出,小街廓模式不一定就是半网络结构。例如沈河老城区由于街廓再分,出现了一系列的小街廓。但是,由于这些小街廓的尺度是不均衡的,空间是不确定的,再分是不规则的,形成了很多丁字路和断头路。所以,并没有形成老城街区整体的网络匀好性,此种结构只能称作体现了半网络特征的树形结构模式。因此,街廓结构演变成树形或是半网络结构,与街廓尺度息息相关。

合理的街廓结构应该能够适应城市发展,并且随着城市发展,街廓尺度、结构等能够保持相对的稳定性,这是街廓的生命力,也是城市长寿的关键。例如西雅图城市中心经过近一百年的发展,街廓结构还是延续原有的结构。图 4-20 显示了近百年西雅图城市形态变迁的情况(图中分别为 1908 年、1950 年、1991 年街廓形态状况)。图中曲线所围绕的街廓中的建筑几经变化,但是街廓尺度并没有变化。曲线环绕的街廓只是任意选取的,其他街廓亦是如此,整个街区的空间结构依然稳定如初。在沈阳的实例中,沈河老城区由于初建时的街廓尺度较大,经历百年建设(从清末至今),虽然整个街区的基本框架还在(就是四条井字路),但是街廓内部的结构已经发生了重大的变化,城市街道的网络以及空间的可识别性受到了很大的影响。原有粗放街廓内部自发建设的加剧,再加上城市支路的建设,街廓再分已经使得初建时的城市街廓结构发生了根本性变化。

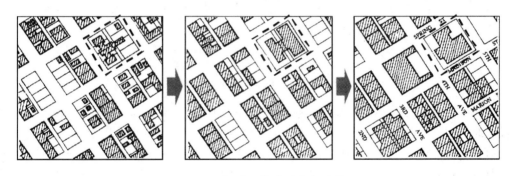

图 4-20　西雅图街廓形态变迁图

第二,街廓结构与用地性质转换

城市用地性质要求街廓结构与之相适应。城市形态的生命力还在于,城市用地性质的频繁调整,不会引发街廓结构的大规模变化。城市用地功能变化有两种情形:其一,城市街廓结构保持基本稳定,如西雅图等城市。即便城市街廓结构发生变化,但是原有的整体结构不发生大的"异动",城市的半网络结构还在。例如太原街商业区虽历经百年,但街廓结构灵活变化中不失稳定。其二,原有街廓外部结构,也就是切割街廓的街道较稳定,但是街廓内部结构变化较大。例如沈河老城区街廓内部结构发生了较大的变异,且空间的可识别性发生改变。这与西雅图、太原街商业区有本质的区别。后两者虽然内部结构也发生了变化,但是由于街廓初建时尺度的合理性,其可达性、可识别性基本得到了延续。我们在城市空间研究和规划中常常会遇到如下问题。

其一，大街廓由于尺度较大，内部结构混乱，不能适应地租的自发调节作用。特别是在城市中心地段，由于需要支付较高的地租，需要适应商业的开发和独立用地单元的出售，街廓尺度宜小，以适应商业集聚和多元投资开发。但是，一些不当规划习惯（例如街廓尺度 500—1 000 m，并且设计成华丽怪异的造型）使得规划"性质落地"后，形成了一系列功能混杂或形态奇怪的大街廓。较大的街廓尺度禁锢了街廓内部用地对基础设施的使用，易形成"一层皮"的沿街商业。这种规划手法，容易导致街廓内部的自发建设和形态混乱，形成树形结构。

其二，可能有人会说，大街廓能满足复合的城市功能用地，也就是混合功能街廓，有什么不好呢？这些想法忽视了城市用地性质与街廓结构的相关性。事实上，虽然大街廓造就了复合的城市用地功能，但是不利于各项功能均等地利用基础设施。同时，由于用地性质在同一街廓内的过分"混杂"，而不是"混合"，给旧区的改造带来了不少难题。

总而言之，城市用地性质随着城市的发展，会发生变化和用地调整。当支撑这种变化的街廓能够更好地适应用地性质和地域结构的变化，保证城市空间相对稳定，不至于造成结构混乱时，我们认为这种街廓结构就具有空间弹性。空间弹性如图 4-21 所示。

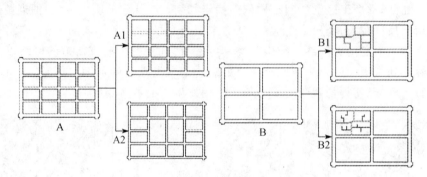

图 4-21　街廓空间弹性分析图

第一种是尺度较小的半网络结构，即图 4-21 中的 A 类街廓。当城市用地性质发生调整时，例如太原街商业区出现了街廓合并，有的居住用地变为商业用地。虽然相比居住用地，商业用地要求更加精细的小街廓尺度，但是，太原街商业区出现了很多功能复合的商业综合体，反而出现了街廓合并的现象。这种街廓合并有两种：其一，原有的城市道路变为街廓内部的步行路，当城市出现紧急情况时，可以作为城市道路，如图 4-21 中的 A1。其二，若干街廓拼合，原有城市道路变为街廓内部用地，如图 4-21 中的 A2。当用地性质发生调整的时候，城市街廓结构能够进行灵活的变化以适应新的用地性质，这种街廓结构具有空间弹性。

第二种是尺度较大的树形结构，即图 4-21 中的 B 类街廓。当城市性质或地域结构发生变化时，例如沈河老城区出现了街廓再分。与太原街地区类似，同是居住用地变为商业用地，但是出现（或为拓宽原有小径）了较为自发的内部道路，可用图 4-21 中的 B1 表示。另外还有一种情形，就是大街廓内部出现一些空间不确定的道路或尽端路，给城市基础设施的改造增添了新的困难，图 4-21 中的 B2 即是。这种模式的特点就是，当城市用地性质结构发生变化的时候，原有街廓结构出现更加严重的碎化，使得调整变得困难。

空间弹性具有两个方面的内涵。其一，基于城市街廓外部结构的空间弹性。"外部弹性"与街廓尺度的匀质性息息相关。其基础是,街廓尺度的相对一致性。我们并不是苛求街廓尺度一模一样,而是建议街廓尺度要在土地利用和交通需求之下,在相对均匀的区间范围内变化。街廓尺度的严重差异会导致城市空间形态的对接困难。例如沈阳金廊地区是连接沈河老城区和太原街商业区的地区,如图 4-22、图 4-23 所示。该区域之间,街廓形态极不规则,有很多丁字路、斜角路等。形成这种形态的重要原因之一就是沈河老城区和太原街商业区街廓尺度、街廓结构不一致,在形态无缝对接上产生了困难。济南老城区和商埠区之间也存在这种形态对接困难的状况,两片区间的过渡地带出现了很多形态不规则的街廓。这种形态易造成土地使用和交通发生的混乱和无序。

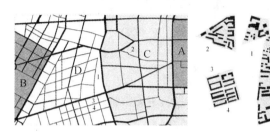

图 4-22　沈阳金廊地区城市形态图

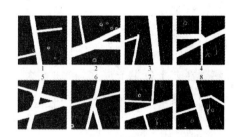

图 4-23　沈阳金廊地区局部图底关系图

　　其二,基于城市街廓内部结构的弹性。决定内部结构是否具有弹性的重要因素还是街廓尺度。具体来讲,粗放大街廓为了满足用地的需求,在进行街廓再分的时候,支路走向囿于原有自发小巷,具有空间不确定性,易导致城市结构混乱。城市发展过程中"腾笼换鸟"的用地功能调整,会使用地丧失空间弹性。而精细小街廓依据产权地块直接与城市支路发生空间联系,街廓内部结构相对完整。用地性质调整后,通过街廓合并手段能够体现微观用地的空间弹性,并且原有的整体结构依然存在。

　　在探索合理城市用地模式的过程中,许多人结合实践给出了某些理想的用地模式。例如,赵燕菁(2002)结合实践提出了土地利用的理想模式(图 4-24),分别为以产业为主的微观用地模式和以居住为主的微观用地模式。这均是非常有益的探索。

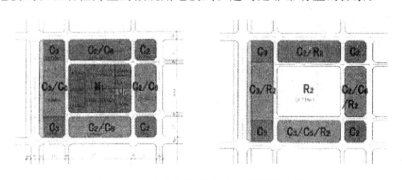

图 4-24　产业与居住为主的街廓划分图

　　总之,街廓结构的空间弹性就是在街廓尺度合理化、精细化基础上的空间形态与街廓结构的匀质性。其好处就是能够与城市用地性质结构的多元化相得益彰,特别是能够适应城市用地性质与物质空间在时间维度上的动态调整。

第三,街廓结构与城市空间的可达性

可达性是交通网络中各节点相互作用的机会的大小,它有三个含义:其一,人们出行选择的丰富程度与便利程度,是反映城市居民生活优劣的重要指标之一;其二,城市中某区位被接近的能力的大小、吸引力的大小,即城市中到达该区位的便捷程度;其三,路径选择模式的多寡,是一点与一点之间,还是一点与多点之间(李平华等,2005)。

街廓结构是影响城市可达性的重要因素。粗放大街廓,在结构上是树形结构,街廓空间的识别性较差,沿对角线方向的交通距离较长,空间比较单调;人们的出行活动主要集中在若干条城市干路上,城市中某一区位的被接近程度较差,路径选择机会较少。粗放大街廓的交通主要集中在若干条主干道上,再加上大街廓内部产生走向混乱的城市支路,再分为若干尺度不一的街廓,于是产生了可达性的严重不均衡,可达性较差,如图4-25所示。

图4-25　大尺度街廓对可达性的影响

精细小街廓,在结构上是半网络结构,与粗放大街廓的树形结构截然相反。不同结构模式街廓可达性可通过表4-6进行对比分析。表4-6中,小街廓模式(半网络结构)出行的方式要比大街廓模式(树形结构)多。另外,小街廓模式易于组织支路、次干路、主干路、快速路相结合的出行方式,可以实现从地块直接到道路的出行。同时,由于街廓尺度的匀好性,整个街区各处的可达性也比较均匀。大街廓具有树枝状的道路,表4-6的A′B′之间的出行中,出行者一般不会选择弯曲的街廓内部小巷。从图4-21的B1,B2模式中可看出,大街廓由于尺度较大,出行方式会集中于主干道上,在城市机动车交通压力较大的情况下,会影响城市空间的可达性。

表4-6　街廓模式与可达性

项目	小街廓模式	大街廓模式
图示		
过程	AB出行:AabcdiB,AabchiB,AabchmB,AabghiB,AabglmB,AabghmB,AafghiB,AafghmB,AafglmB,AafklmB,AefghiB,AefghmB,AefglmB,AefklmB,AejklmB等15种方式	A′B′出行:A′a′b′B′,A′a′d′B′,A′c′d′B′三种方式
出行	支路、次干路、主干路、快速路相结合,出行方式千变万化,多种多样	从支路,到次干路,再到主干路、快速路,出行方式呈现简单性、等级性的树形模式
可达性	可达性好	可达性差

城市街廓结构模式与城市可达性的关系，还可以从多元交通模式的选择上进行说明。培根（2003）在其经典著作《城市设计》中提出了城市活动的"同时运动诸系统理论"。从城市可达性的角度看，就是各种交通与流线模式能够构成一个复杂的、多元的、复合的系统，使得城市充满各种社会生活意义。在城市设计中，小街廓模式由于具备结构上的半网络，可以依托街道网路组织多元交通出行模式，"网络化"是核心之所在。适宜的街廓尺度能够组织车行、步行，地上、地下、空中复合的城市交通方式，进而构筑一个丰富的"同时运动系统"，增强和优化城市可达性。图4-26显示了太原街商业区的地铁交通、地下步行交通、地上机动车交通、地上与空中步行交通依托街廓结构，特别是二层连廊依托网络化的街道进行交叠与复合。与之形成对比，街廓结构具有树形特征的区域，不利于组织地上、地下、空中的复合交通系统，小巷的弯曲、架空市政线网的干扰加大了立体交通线网的组织难度。

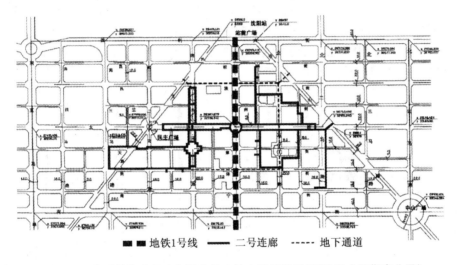

■■■ 地铁1号线　　——— 二号连廊　　----- 地下通道

图4-26　合适的街廓尺度与适宜的立体交通系统规划（沈阳太原街商业区）

4.4　街廓结构定量分析

第一，城市道路结构是影响街廓结构的核心因素

街廓结构强调街廓的空间组织关系和街廓内部的空间特征两个方面。街廓结构的定量分析，主要从街廓外部结构入手。街廓外部结构即街廓与街廓之间的组织关系。街廓外部结构影响街廓内部结构，街廓内部结构反作用于街廓外部结构。表达街廓外部结构特征的重要因素，除了街廓尺度以外，就是城市道路结构。粗放大街廓模式，为树形结构，缺少城市支路，主要的交通集中在城市干路上。精细小街廓模式，为半网络结构，城市主次干路和支路有机结合，相互协调。

支路"系统"建设和土地利用构成互补关系。我国的道路网络结构建设，常常只重视快速路和主干路，忽视城市次干路和支路建设，所以城市内部造就了一系列尺度超大的街廓，原因有三个方面。

其一，封建社会遗留的粗放大街廓本身就缺少城市支路，街廓内部自发生长，城市建成区也只有几条连接城门的主干路。到了计划经济时代，在经济上和社会组织模式上采取了"单位制",即"单位割据""各自为政",单位占用一个粗放大街廓,客观上导致了支路的缺乏。

其二,城市建设投资力度不够,再加上我国城市规划、城市基础设施建设往往只注重城市中的"华彩地段"和"亮点工程",市政道路建设反复集中在城市几条主干道上,城市支路建设力度不够。

其三,我国的城市规划体系中长期缺少微观控制手段,特别是在计划经济时代没有控制性详细规划,城市街廓尺度与城市主干路间距相当,可达 700—1 200 m(赵燕菁,2002),街廓为树形结构大街廓模式。

事实上,城市道路结构从快速路、主干路、次干路到支路,道路结构应该为"金字塔"形,这是《城市道路交通规划设计规范》里的基本要求,如图 4-27 左所示(快速路、主干路、次干路和支路的比例大体为:6%、17%、20%、57%)。城市支路的比例直接影响到了其划分街廓的情况。图 4-27 中,V1 为快速路,V2 为主干路,V3 为次干路,V4 为支路。在快速路、主干路、次干路数量相同的情况下,支路越少,则街廓尺度越大;支路越多,则街廓尺度越小。我国很多大中城市由于历史原因支路比例偏低,街廓尺度巨大,则必然导致街廓表现出树形特征。

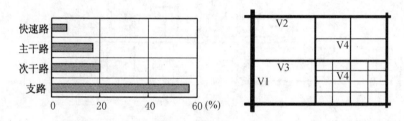

图 4-27　各类道路的结构关系与路网形态示意

如果从街廓合理尺度的角度讲,结合前文所指街廓尺度在 80—150 m 较为适宜,则快速路、主干路、次干路、支路的比例应该分别为 4%、14%、22%、60%,这样才能划分尺度合理的街廓,才能够较好地满足交通需求和市场经济条件下的土地开发与利用需求,并构筑街廓结构半网络化的形态基础。徐家钰(2005)经过分析认为,快速路、主干路、次干路和支路的比例约为 1∶2∶3∶6 较为合适,这与我们的结论相类似。

第二,规整网络化城市支路网的密度是街廓结构的定量参照

实现街廓结构半网络化除了前述的尺度因素外,还有一个不可缺少的因素是:最低级别道路是否能够构成一个规整的网络系统。很多城市在支路建设上也下了不少工夫,支路网密度大幅提升。但是,由于粗放大街廓的历史惯性,导致支路添加和拓宽都具有空间不确定性,严密规整的系统化网络并没有最终形成,反而使丁字路、断头路更多了,甚至有的城市越修支路堵车越严重。王小广(2011)对于支路的规整网络化也有论述:

"高效的交通路网结构需要道路规整,循环畅通。我们的城市道路有的间距大,有的间距小,有的东西、南北大贯通,有的则走着走着断了头,被一些建设物或设施挡住了。于是有了许多不该有的汇流,从而导致交通拥堵。只有路网密度大且规整有序,才是好的交通体系。我考察过美国芝加哥的城市路网,在一条贯穿于市区的河流上,桥的多少与河两边路网是完全一致的,即有多少贯穿东西或南北的路,就修多少桥,不间断。而我们在一

条河上一般仅修少数几座桥,许多条路上的车流汇集在桥上,结果,必然是拥堵不堪。"

在许多城市,导致路经常断头的原因是因为存在一个大的小区、一个大的机关、一个大的厂区或一个大的学校。许多人对国外大学没有围墙、完全开放式不理解,这正是道路整体性的需要,是便民的需要,它带来的是整个城市交通运行的高效率。

显然,成网络的支路网密度的高低是形成健康街廊结构不可或缺的条件。关于支路网密度的参考数值问题,《城市道路交通规划设计规范》(以下简称《国标》)中规定的支路网密度是全市的平均值,扣除了工业区用地、城市绿地、水面、对外交通用地等。另外,还要考虑到居住区道路也可作为城市支路存在。因此,《国标》认为实际的支路网密度可达 $6—8$ km/km²。在城市中心地段支路网密度应该更高,这才能成为构筑半网络结构街廊的基础。

应当说,我国城市与美国、日本城市以及其他欧美城市相比较,道路网(而不是支路网)密度普遍较低(图 4-28),这是由于我国城市长期缺乏占较大比例的支路,影响了街廊结构的健康稳定。当然,《国标》中规定"居住用地内的居住区道路,其功能作为城市支路,其道路面积计入居住用地面积(R13,R23,R33,R43)内"是否会影响统计口径? 这种划分方法会直接影响到规划控制。特别是把居住区当做一个整体进行规划的时候,居住区级道路与城市道路是有机衔接、形成网络,还是各自为政、破坏整体? 如果这些支路不能成为互通的网络结构,则城市结构仍然有流于树形结构的危险。这个问题的确值得进一步商榷。

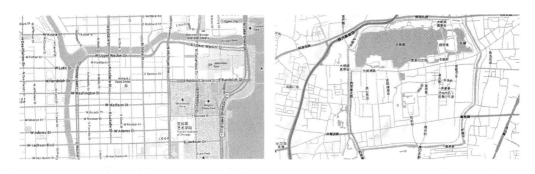

图 4-28 芝加哥市中心与济南老城中心同比例城市形态比对图

从表 4-7 中可以看出,沈阳、南京、济南、青岛的道路网密度普遍较高。其中南京是由于山体和长江阻隔,城市发展限制在相对狭小的空间中,道路网密度较大;沈阳、济南、青岛街廊模式具有特殊性,其中,济南商埠区、青岛老城区等都有大面积的小街廊存在,在客观上提高了这些城市的路网密度,这些地区或者成为城市中十分有活力的区域,或者成为行车拥堵偏弱的区域。

在《深圳市城市规划标准与准则》(以下简称《深标》)中,深圳市对支路网密度的界定从 $3—4$ km/km²(1997),提高到 $5.5—7.0$ km/km²(2004)。显然当地政府和规划行政主管部门认识到了支路网密度过低形成的街廊树形结构会给城市开发和土地利用带来不便。本书认为,成规整网络的支路网密度应该大致达到 $6—7.4$ km/km² 才能保证城市街廊结构的半网络化。该数据在分析支路间距的基础上,根据《国标》、《深标》数据,利用 $y=ax+b$ 线形回归得到,其中 x 为支路网密度,y 为街廊尺度(支路间距)。

表 4-7 2004 年各类城市道路数据参考

国家	城市名称	人均道路面积（m²）	路网密度（km/km²）
中国	北京	10.98	6.73
	天津	8.80	8.38
	沈阳	8.49	11.71
	南京	12.13	12.31
	济南	10.62	10.90
	青岛	11.41	10.93
	广州	11.16	7.52
	深圳	12.81	5.65
	西安	6.24	6.26
	乌鲁木齐	6.20	5.79
	重庆	5.92	6.62
美国	纽约	28.30	13.10
	芝加哥	45.90	18.60
	旧金山	25.30	36.20
日本	东京	10.30	18.40
	横滨	15.50	19.20

4.5 街道宽度定性分析

第一,街道宽度与街廓尺度、街廓结构内在逻辑

从土地利用的角度看,街道宽度和大小与街廓尺度、街廓结构有关。街廓尺度决定了街廓结构,街廓尺度和街廓结构共同决定、影响了街道宽度。

如果街廓尺度较大,则缺少成系统、成网络的城市支路,街廓结构为树形,街廓内部为自发建设的小街巷。例如沈河老城区,交通主要集中在交通主干路和次干路上,为了满足各类车辆出行要求势必要加大道路宽度,街道宽度较大,形成"大街廓、宽街道"模式。为了解决道路上"潜在"的交通问题,特别是步行交通问题,常常使建筑后退道路红线,渐渐地形成了"宽街道"规划惯性,容易使得整个街道空间空旷冷漠,成为汽车的天堂,压抑了生活气息。图 4-29 中左图显示了铁西区保工北街的"大街廓、宽街道"模式。

图 4-29 沈阳保工北街和太原南街景观比对图

如果街廓尺度较小,城市支路较多,街廓结构为半网络结构,交通量在各级别道路,特别是城市支路上进行分摊,容易组织单向交通,街道宽度相对合理。这种模式的特点是"小街廓、窄街道"。当然,这里的窄街道也需在合理的范围内,如果街道过窄,则不能满足基本的交通出行需求和土地利用需要。另外,这种模式街廓内部用地相对紧凑,不易出现尺度较大的后退红线问题。图4-29中右图显示了沈阳太原南街景观,可以看出,建筑沿路布置,整个街道空间内部相对"宽街道"而言,亲和力和人体尺度感明显较强。街道中承载的社会生活也相对增多,对于刺激城市第三产业和商业文明的发展具有操作意义。

"大街廓、宽街道"与"小街廓、窄街道"是两种不同的模式。前者街廓尺度较大,街廓结构常常表现为树形结构,交通集中发生于宽马路上,机动车优先抢夺了城市社会生活的话语权。后者街廓尺度较小,街廓结构常常表现为半网络结构,交通较为分散,并且容易组织单向交通。从土地利用的角度看,前者提供均质性基础设施条件用地单元的数量不如后者,缘于前者沿街道布置的基础设施不容易深入到街廓内部,而后者相反。由于街道的网络化特征,后者街廓内部的交通可达性较强。同时,后者的街道尺度更易于塑造承载社会生活和商业交易的场所。

第二,从街道构成看街道宽度

街道宽度实际上就是道路的红线宽度,只是这里的道路为城市支路和部分生活服务性次干路,强调从土地利用和街廓结构的角度分析其数量的大小。图4-30街道宽度为道路红线宽度S1,建筑后退红线情况下后退的距离S2不能计入街廓间距,S2为街廓组成部分之一。因为从产权的角度看,S1为城市公共基础设施,产权一般归政府所有,而S1以外的部分产权使用权属是多元化的。图4-30中两条虚线是产权的边界线,其宽度就是街道宽度。另外,S1的大小为规划控制的大小,近期建设会在S1的范围内进行,近期建设的道路宽度叫做路幅宽度。

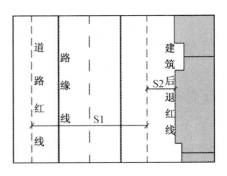

图 4-30　街道宽度示意图

从城市道路交通的角度讲,街道宽度的构成要素主要有人行道宽度、非机动车道宽度、机动车道宽度、道路设施的侧向带宽度,还有道路绿化的宽度。红线宽度(道路宽度)的确定公式一般为:

$$W = (W_1 + W_2 + W_3 + W_4)/A_G$$

其中,W——红线宽度(街廓间距);

　　W_1——人行道宽度;

　　W_2——非机动车道宽度;

　　W_3——机动车道宽度;

　　W_4——道路设施的侧向带宽度;

　　A_G——道路绿化宽度系数。

红线宽度大于50 m,取0.7;红线宽为40—50 m,取0.75;红线宽度小于40 m,取0.8。考虑到本书的街道宽度的状况,因此如果未加特殊说明,都是取0.8(图4-31)。

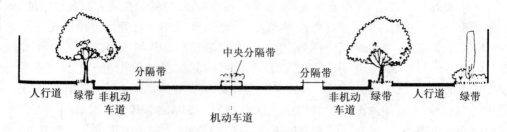

图 4-31　街道宽度构成要素横断面图

如前所述,"大街廓、宽街道"模式街廓尺度较大,缺少足够的支路分流交通量,交通出行相对于"小街廓、窄街道",更集中于若干条街道上。同时,这种模式的初期投资也容易集中且见效快,很快形成景观路、华彩路。在道路红线相当宽的情况下,一些城市除了机动车道条数较多外,往往将绿化景观带建设得非常宽,投资的力度也非常大。当然这里面有地方领导急功近利、领导干部考核依靠政绩等制度方面的原因。另外,还有我们的规划习惯问题,认为只有较宽的道路才能解决交通问题。特别是我国的一些新区开发,"大街廓、宽街道"模式依然比较常见。如图 4-32 所示,宽阔的道路两旁是超宽绿化带,建筑掩映在绿化之中。因此,我们必须要提前对新区的道路或者街道宽度进行论证与控制——核心是要研究合适的街廓尺度,街廓尺度过大与道路过宽是城市形态未来发展缺乏活力的重要原因。

图 4-32　某城市新区街道空间形态图

4.6　街道宽度定量分析

第一,街道宽度的道路交通分析

本书主要对围合街廓的道路,特别是城市支路和部分城市次干路进行研究,发现街道宽度与支路的宽度和次干路的宽度直接相关。当然,传统城市街廓由城市主干路围合的状况另当别论。从用地的角度分析,支路和次干路主要是为了满足商业和市民生活的需要。因此,道路的性质以生活性道路和商业性道路为主。

第一种:生活性道路。生活性道路主要是为了满足居民日常的生活出行,这类道路伸入街廓与街廓之间。道路上行人较多,一般以上下班交通为主,也包含一定规模的购物娱乐等。它相对而言更多考虑人的需要,因此也必须考虑公共交通的问题。生活性道路的总体特征是人车同样优先,需要考虑人行道及相对较好的步行环境。如果是次干路应该考虑机动车和非机动车分离,支路则可以机非混行并视交通状况路边停车,行人可采用平面直接过街。此类道路可采用一幅路或两幅路的布置形式。一幅路可以用作单向交通支路,例如沈阳太原街商业区的单向交通组织就很好。

第二种:商业性道路。这种道路两侧商业发达,或间隔拥有多处大型的购物或者娱乐场所,例如太原街商业区。由于利益和临街面的需要,其对道路的通达能力有一定的要求,也必须为行人提供充足的步行空间。考虑人群的安全与购物环境及交通目的,机动车道不应太多,一般为双向四车道,也需设置公交站,同时人车间应有隔离,自行车也应与人群隔离,减少干扰。此类道路可采用一幅路或两幅路的布置形式。

结合上述分析,加上区位不同,例如处于城市中心区的次干路其交通通达的要求相对较高,对围合街廊的次干路和支路的宽度分析如表4-8所示。

表 4-8　次干路、支路宽度分析

性质	分类	人行道	非机动车道	机动车道宽	最小侧带	街道宽度	折算街道宽度
次干路	中心区,不与主干路平行相邻	2.5×2	3×2	3.25×4	1.0	25	32.0
	其他	2.5×2	3×2	3.25×2	1±0.5	18	22.5
支路	一般支路	2.5×2	2×2	3.25×2	0.5	16	20.0
	单向交通支路	2.5×2	2×2	3.25	0.3	13	16.0

对于机动车道宽的问题,弓秦生(2003)通过分析美国《通行能力手册》中的有关规定,认为:设车道宽度3.66 m的通行能力为1,车道宽3.36 m时为0.96,车道宽3.05 m时为0.89,车道宽2.75 m时为0.78。可以看出,当少量压缩宽度时,通行能力减少不多。城市道路通行能力主要受交叉口控制,对于设计车速小于40 km/h的生活区支路和生活性次干道,小车道宽可以为3.25 m。另外,洪铁城(2005)在对比中日道路规划模式的时候,发现机动车道宽度为3.25 m和3 m是十分合适的。在这里机动车道宽度选择3.25 m。

因此,可以得出这样的结论:街道宽度在16—32 m是合理的,具体取上限值还是取下限值,可以根据土地利用的情况而定,留有充分的余地。

第二,街廊间距的实例考察与尺度判定

土地利用的核心层面就是街廊的利用情况。我们对街道宽度的分析往往单纯从交通发生的角度进行,而对土地利用的强度和开发的模式不太关心,或者笼统地一概而论。但是城市道路、街道不仅仅是为机动车服务的,还为街廊的开发与利用服务。街道宽度要充分协调其与交通出行和土地开发强度二者的关系。

20世纪90年代,沈阳市通过规划,街道宽度发生了重大变化。具体分析如下:沈河老城区主干路、次干路都有不同程度的拓宽,支路在7 m、9 m、10 m的宽度基础上,不少拓宽为12 m、16 m、18 m,以适应因用地性质大规模调整(例如很多旧居住用地置换为商业用地等)而出现的日益复杂的交通问题,同时也是改造市政基础设施的需要。但是该区域有很多历史保护用地,同时原有粗放大街廊内部自发建设现象较明显,支路宽度与走向都很复杂,为了解决居民出行和适应土地利用的变化,设置一些7—9 m的支路,同时也有一部分12—18 m的支路,形状不规则的街道宽度也从7—18 m尺度不等。

太原街商业区原有道路比较狭窄，街道宽度多为9—12 m。后来随着城市的发展，特别是土地利用过程中出现了街廓合并，当然也是为了解决基础设施问题，再加上一部分道路为了与城市总体路网衔接并作为城市主干路、次干路，所以，规划中主干路出现了36—40 m的情况（图4-33），支路和次支路则一部分延续原有的9—12 m的尺度，一部分做了局部拓宽，出现了16 m、17 m的街道，支路网络比沈河老城区密集。

铁西工业区主干路、次干路尺度有较大的变化，由20 m左右提升为22—64 m不等，是为了解决日益复杂的交通问题。从土地利用的角度看，局部有"街廓再分"的状况，新添加支路宽度（多在商业建筑周围或商住综合体周围）多为12—16 m。浑南新区是从生地上建设起来的，主次干路宽度从24—50 m不等，但是微观划分街廓的支路多为18 m，局部为24 m。

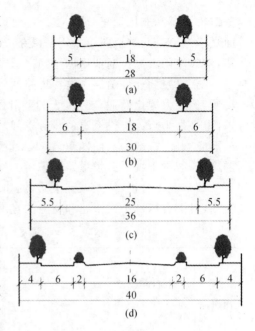

图4-33　太原街街道断面图

从上述分析中，可以看出在城市空间中，7—12 m的街道宽度已经不适应当代土地利用和交通发生的需求。因此，街道宽度都有不同程度的增加，综合起来，12—40 m的街道宽度较为适宜。对于老城区受用地限制可以取12 m；对于城市新区，局部为了解决交通的需要，街道宽度可以取到40 m，但是宜进行专题研究确定。

《深标》04版将97版中的道路宽度进行了较大的调整，如表4-9所示。其中，快速路由60 m调整为35 m，主干路由40 m调整为25 m，支路由15 m调整为12 m，目的是"将目前宽而稀的路网布局模式逐步调整为窄而密的路网布局模式，以适应不断提高的城市化和机动化水平下城市交通的需要"。另外，"道路宽度的上限值很高，是为了跟《深标》97版及现状道路宽度等保持指标的合理衔接，但在规划新建道路时，应避免将道路定得太宽"。《深圳市规划标准与准则(2014)》继承并强化了这些思路。显然，标准的动态调整是为了适应新的土地利用模式，并且在实践中总结出支路的宽度最小为12 m比较合理。由于这里的道路宽度没有包括道路两侧绿化等因素，运用公式 $W = (W_1 + W_2 + W_3 + W_4)/A_G$，可得到换算后的街道宽度为15 m，如果是次干路围合街廓，则换算后的宽度为32 m。

表4-9　规范道路宽度分析

项目	国标(m)	深标97(m)	深标04(m)	深标14(m)
快速路	40—45	60—80	35—80	35—80
主干路	45—55	40—60	25—60	25—50
次干路	40—50	30—40	25—40	25—35
支路	15—30	15—30	12—30	12—20

另外,国外的一些城市街道的宽度情况也可以供我们参考(表4-10)。我们选取了巴塞罗那、巴黎、柏林、伦敦、奥克兰的部分街道,这些街道都是经历了历史考验而富有生命力的街道,其街道宽度平均在29 m左右,既满足了基本的交通需求,又富有社会生活的意义。

表4-10　国外部分城市街道宽度与性质

城　市	街道宽度(m)	街道性质
巴塞罗那(Paseo de Gracia)	17.6—18.3	交通与生活服务
巴黎(Boulevard Saint-Michel)	30	交通与生活服务
柏林(Kurfurstendamm)	48	商业
伦敦(Regent Street)	26	商业
奥克兰(Richard Road)	23	生活服务
平均	29	—

从沈阳、深圳和国外的实例中,可以总结街道宽度平均在12—40 m内。同时,根据国外的经验,例如首尔等城市原有街道宽度小于20 m,在城市交通与土地利用等因素作用下,已经发生了变化,而20 m是相对稳定的。

综合起来,我们认为街道宽度在12—40 m是比较合适的,20 m较为稳定。当然,规划师并不是神仙,城市空间更无铁定的确数,具体确定的时候到底是取上限值还是取下限值,应该根据用地的性质和开发强度结合交通发生的需要进行专题研究,特别是要根据街廓尺度的情况来分析确定。

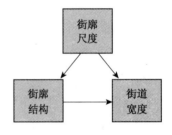

图4-34　街廓尺度、街廓结构与街道宽度关系

我们以街廓尺度部分研究为基础,建构了街廓结构和街道宽度的性质取向和定量标准。可以得出:街廓尺度、街廓间距、街道宽度是一个完整的模式系统。街廓尺度决定了街廓结构,街廓尺度和街廓结构决定了街道宽度,如图4-34所示。我们结合诸多城市案例,得到了街廓尺度、街廓间距和街道宽度的定量评论值,如表4-11所示。

表4-11　街廓模式系统总结

项目	街廓尺度	街廓结构	街道宽度
定性描述	宜小,以适应土地利用和交通需求	应为半网络结构;街廓结构具有空间弹性,以适应城市用地性质的复杂性和城市的可达性	由"大街廓—树形结构—宽街道"过渡为"小街廓—半网络结构—窄道路"
定量推荐	80—150 m(街廓短边)	道路结构(快速、主干、次干、支路)为:4%、22%、14%、60%;支路网密度:6—7.4 km/km^2	12—40 m,20 m较为稳定

合理的城市形态模式只有付诸实施,使之具有可操作性,才有意义。对城市街廓尺

度、街廊结构、街道宽度的研究贯穿于城乡规划编制、实施和管理的整个阶段。俗话说："三分规划，七分管理"，合理的规划模式必须通过程序化、法制化的规划管理才能实现。街廊尺度、街廊结构和街道宽度，一方面面临着规划模式的理性化，另一方面面临着要将街廊模式纳入到规划管理程序中去，使得规划与管理结合起来。但是，在过去，无论是在封建社会还是计划经济条件下，我国粗放的（规划）行政运作模式，导致产生了粗放的土地利用。粗放的土地利用又适应了粗放的规划运作模式。在社会主义市场经济的条件下，为了更好地适应市场在资源配置中的基础性作用，必须建立适应市场运作的规划模式和管理模式。

什么样的城市才是有生命力的？这是一个古老和俗套的话题。但是，城市，应该让人的生活更美好，在变迁中获得永生，让经济的发展和社会的进步更具有可持续性。街廊尺度、街廊结构与街道宽度，作为一个模式系统，共同影响了城市形态、功能与结构的调整，共同推动了城市土地利用演化与城市交通的发展。

街廊，作为城市的细胞，承载了异彩纷呈的文化观相，这个尺度上折射了最多的人类生活和文明精华。古代街廊的有机形态已经不能适应当代快节奏的城市生活；现代城市规划粗暴的过度技术理性也扼杀了传统城市的复杂有机。我们探索"完善的街廊"并无确定答案，但是自然的律令时刻警示我们：街廊的形态孕育于按逆幂律分形的城市复杂网络之中，这种复杂网络提示人类行为要在"无为"和"有为"之中寻求一条"中间道路"。显然，无论是规划师还是普通市民，"街廊"都值得深入玩味。我们期望通过对街廊理性形态的探索，建构一个探讨平台和技术评论价值尺度，为当下的城市规划提供参考。

5 都市缝隙中的街廊

世界上千千万万个城中村都是一首首无题的史诗。之所以无题，源于它们凝结着人类发展和城镇化进程中的千姿百态，形成了无比庞杂异化的社会图景。其中的主人，怀揣各自的梦想，在罅隙中穿行——他们像自己制造的产品一样被命运的传送带输送到未知的将来，有的跃到了空中，有的则滑向了深渊。物质与非物质因素交叠融合，铸就了城中村的多种多样。

5.1 揭开城中村的面纱

如果说世界上最大的城中村在肯尼亚，城中村最多的地方在南美，那么最富传奇色彩的城中村莫过于 20 世纪末在香港被拆除的九龙寨城。该地拆于香港回归祖国之前（现为九龙寨城公园），因此在中国内地并没有太大的知名度。但在西方世界，该地被不断地"神话"——遍布的管线霓虹，奇妙的末世氛围，肮脏的黄赌毒，无奈的生活挣扎，再加上连警察都不敢涉足的"三不管"之地，使得九龙寨城成为了"史上最富传奇色彩"的主题城中村。该地历史最早可追溯至宋代，初为官富盐场驻军（图 5-1 中左图为最初形态模型），后因各种政治历史原因成为了"东方明珠"的暗疮之地（图 5-1 中右图为拆除前形态模型），至 20 世纪 90 年代初人口近 5 万人，人口密度高达 125.5 万人/km²。

图 5-1　九龙寨城形态图

城中村多种多样，其命运也多种多样。2009 年起，笔者承担了山东大学建筑学系城市规划课程的教学工作。学生常常谈及校园（图 5-2 中右图 a 区域，处于济南市区南部的

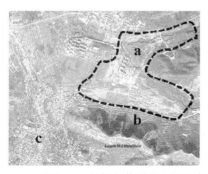

图 5-2　山东大学兴隆山校园内外形态变迁图（2003 年和 2013 年）

城市边缘区)外、山脚下的"神秘建筑"(图5-2中右图b区域)。这些建筑是图5-2中c村庄聚落的有机组成部分。笔者对这些建筑也常怀"期待"。那些区域还有乡村的朴素气息吗?

2013年夏天的某个下午,笔者在当地一位远房亲戚的建议下驾车进入了图5-2中的c村。汽车在村中小路缓慢爬行,笔者心情也越发紧张。建筑和街道的形象与笔者想象的完全不一样。这里不是梦想中充满欢声笑语和垂柳摇曳的乡土中国。图5-2中的b处原为梯田,现已被原住民"开发"为"建筑"。这里正在上演一场竞赛——建筑在用空间争取时间,用时间来抢夺空间,用时空来争取利益。原来,c村被某大型地产公司拿下,大型生态旅游地产开发在即(图5-3中左图)。利益的"拔河"开始了。原来的民居也已经被加建行为包裹得面目全非,原有建筑上被堆砌了没有门窗的片墙和空壳,街道也被加建挤压出现了死胡同,绿植几近绝迹,如图5-3中右图所示。

图5-3 开发规划沙盘与村落加建景观图

从亲戚处得知,拆迁补偿正在进行。将获得三套住房补偿的亲戚,喜悦之情溢于言表。但是在他们村,这只算中下等水平。突然而至的"新型城镇化"开始让原住民告别农用三轮和土地,嗑着瓜子、开着"宝马",当"包租公"和"包租婆"的生活大幕,即将开启。不过,年轻人们也开始理性地思考:醉生梦死毕竟不可取,要选择更有意义的生活——新的城市生活。这个过程,让我想起了道格·桑德斯在《落脚城市》一书中的一句话:"未来的后人对于21世纪最鲜明的记忆,除了气候变迁造成的影响之外,大概就是人口最终阶段的大迁徙,彻底从乡间的农业生活移入城市。"

城中村到底是怎么形成的?这并没有铁定的答案。不过,城中村是特定政治社会发展和城镇化进程中,多种因素交互作用而产生的特有城市空间现象,以物质空间与社会空间的双重膨胀与分层为特征。下文通过对济南沃家片区的调研和理论分析,发现形成城中村形态困局的因素是多方面的,主要表现为城镇化进程中的利益驱动,制度因素导致的政策真空和身份认同,以及粗放、失效的规划控制与管理等。城中村的改造需要重新检核时代的话语权以及空间的公平、正义,并进行物质空间与社会空间的共同重构。城中村的演化与更新,是快速城镇化进程中的复杂命题。其间,物质和社会空间形态表现出的总体与局部纠结、空间与时间错位、拆迁与改造争议,常使规划活动陷入泥淖。也说明,单纯的改造物质空间无法解决城中村的所有问题。

济南市天桥区沃家城中村由原沃家庄、张家村、邵家庄、黄家桥庄、镇武庄等村庄组成。由于该片区自20世纪90年代以来自发加建活动难以控制,所以诸"村"在空间上彼此连接,成为一个形态相对完整的片区(图5-4)。该片区东至历山路,南至胶济铁路,西至东泺河,北至北园大街,面积约31.6 hm²。

图 5-4　沃家片区空间形态与肌理

　　沃家片区是一个改造起来比较困难的案例,从图 5-4 中我们可以看到,由于其内部改造渐趋困难——沿北侧的北园大街已经形成了"一层皮"开发,一些商业建筑已经开始了针对沃家庄的"围追堵截"。沿路的形态固化,无疑对大街廓内部的改造"雪上加霜",强化了街廓内外的形态无序。下面对沃家城中村案例详细加以探讨。

5.2　城中村的特征与困境

　　第一,城中村的物质空间形态

　　城中村的物质空间形态演化是长期发展与建设的产物。沃家城中村的建筑与道路系统,历经了 20 世纪 30 年代到 90 年代 60 年的自发建设,空间形态渐趋稳定和紧凑。但是,90 年代中后期,片区空间开始发生急剧变迁。形态急剧变迁表现为膨胀与分层两个方面。方式有二:第一种是重建型膨胀,即在原有宅基地的基础上推倒老旧建筑,新建建筑通过提高层数和提高建筑覆盖率实现,较之于老建筑,新建筑表现为院落内的空间"膨胀"和垂直方向上的空间"膨胀"。第二种则是以原有形态为基本内核的"膨胀",具体表现为包裹旧建筑的水平方向的"侵街""侵院",垂直方向的"侵空",如图 5-5 及图 5-6 中 a、b、c 所示。其中,以原有形态为内核的"膨胀"明显出现了以建筑建造年代为断面的分层。对于一些基础较好的建筑,直接在上加建,形成了不同年代建筑组成的建筑"综合体"。

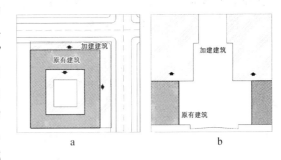

图 5-5　建筑空间"膨胀"示意图

图 5-6　沃家片区实景照片

沃家村的建筑、道路、绿化和公共空间等物质形态要素有别于其他城市住区。空间构成的主要部分是建筑，并且建筑层数 1—4 层不等。由于建筑空间的膨胀，整个片区建筑密度甚至达到了 90%，在空间上成为"盒状"，其间为道路通入。由于道路两侧建筑突破"红线"，整个道路空间受到不均匀的建筑挤压而出现局部尺度不均，甚至在街道空间上部形成"握手楼"（图 5-6 中 a）。片区只有两条弯曲的干道与城市道路相连接，其余则为鱼骨状遍布的弯曲小巷。其中主干路的尺度 3—6 m 不等，而小巷尺度则在 1.5—4 m。道路基本不能通小汽车，机动车以出行和经营的机动三轮、摩托车、电动车等为主。由于空间的"膨胀"，原有道路上的或者院落中的植物被砍伐，仅有零星的树木点缀（图 5-6 中 d）。片区中没有集中的或者尺度较大的公共空间；道路边缘或者街道的"阴角"成为具有人体尺度的小型公共空间（图 5-6 中 e）。这些空间中充满着市民们的休憩活动（图 5-6 中 f）。市政基础设施的服务水平低下，排水设施雨污合流，街道上生活污水横流；居民生活燃气以灌装煤气为主，城市采暖管道无法通入，冬天采暖多使用燃煤炉或者电暖气。

第二，城中村的社会空间形态

城中村的社会空间形态也表现为分层和膨胀两方面，具有复杂性、流动性。沃家城中村的人口结构中，原住民约占 30%，外来人口约占 70%，外来人口超过原住民数量。外来人口的数量增长和"膨胀"是以物质空间形态的膨胀和加建为基础的。随着自发加建的进行，原住民可以提供更多的住房用以出租，低廉的价格吸引了很多外来人口。具体原因下文再述。从就业和收入结构上来看（图 5-7），原住民的家庭结构以核心家庭为主，通常居住着老人或者年轻的就业困难者，而稍有经济实力的子女都去环境较好的社区购房居住。对于外来人口，通过考察其收入、就业的状况，可以归结为三类：第一类是外来的就地经营者，多以济南市辖郊县或山东省内欠发达地区外来人口为主；第二类为居住在本片区，而在片区外就业的外来人口；第三类为私自租房的学生以及社会闲散人员。第三类存在着正在择业或择业困难的状况，对大都市的美好憧憬，使他们在这里"低成本"地生活。

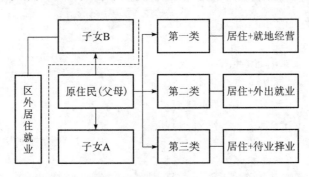

图 5-7　社会空间结构分异

城中村居民的收入结构也存在着较为明显的分层。原住民的收入由三个部分组成，分别是：集体分红、房屋租赁和自谋收入。其中通过房屋租赁而得到的收益视其加建的房屋数量及所能提供的出租房屋的间数而定。部分房屋间数较多的原住民，由于能够获得较多的房屋租赁费用，成为片区的中上收入阶层。但是，很多人的生活形态可用"房租＋麻将、扑克"的形式展现——这蕴含着严重的社会价值危机，与文明发展的趋势相背。外来的就地经营者,通过经营餐饮、通讯、杂货、旅馆等成为另一类收入群体,该群体收入除了经营收益,主要垫付房租和生活经营成本。另外,在片区外就业的外来人口、租房的学生或待业的社会闲散人员的收入则带有很大的不确定性。片区总体收入水平较低,社会保障、医疗保障长期不到位是一个不争的事实。部分原住民甚至生活在城市低保、医保和农村医保的罅隙真空之中。对于片区中居住的外来打工农村人口,并不是失地农民,其医保、社保则由原籍负担。这种复杂的社会空间形态使得社区管理变得异常复杂,衍生了很多社会治安和计划生育问题等。

5.3 城中村的成因分析

究竟什么原因导致了上述城中村物质空间形态和社会空间形态的复杂性?现分析如下。

第一,快速城镇化进程中的利益驱动

1998 年济南市的城镇化水平为 36%,处在快速城镇化发展初级阶段,市内及省内人口向中心城区集聚的趋势大规模显现,城市人口数量大规模攀升。沃家片区所在的天桥区 2005 年人口机械增长率为 19.87‰,高于市区总体 14.28‰的平均水平;而济南市的四个郊县(平阴、济阳、商河、章丘)的人口机械增长都维持在较低的水平,有的县甚至出现了负增长。这个时候就出现了人口大规模向中心城区集中和城市所能提供的居住场所相对缺乏的矛盾。这是沃家片区在 20 世纪 90 年代中期开始大规模加建和空间膨胀的内在触媒。

大量人口,特别是农村人口的涌入给城市的基础设施和居住空间带来了极大压力。城中村低廉的房租成为"进城"外来人口、打工人口理想的栖息地。其中,有部分人开始在片区租赁沿街的门面房从事经营。这些经营活动,一方面满足了城中村片区严重缺乏的公共服务,餐饮、娱乐、日用百货、旅馆等如雨后春笋般出现,沿片区主路形成了富有小市民气息的商业空间;另一方面解决了外来人口的就业问题,成为他们进城后的小天堂;但是最为核心的是,为提供房屋出租的原住民带来了可观的租赁收入,进而刺激了他们"见缝插针"进行房屋建设,直至无所不用其极。正是如此,城中村片区在出现比较特别的、具有社区氛围的街道商业生活空间的同时,也出现了一刻没有停歇的空间加建与膨胀,这些活动使得居民生活的潜在隐患(消防、市政服务等)日益加大。

除了上述由于城市自身发展而产生的内在影响之外,另一个导致空间膨胀的重要因素则是 1998 年开始的住房制度改革。这次改革,使得房地产领域发生了彻底深刻的变化。同时,停止福利分配住房实行货币化住房补贴的政策,也彻底改变了人们的住房消费观念,社会内需广泛显现。城中村片区中的居民也看到了住房制度改革对自身所能带来的巨大潜在利益,并开始大规模加建以期待在"市场化"拆迁中得到优厚的利益和补偿。于是,大规模的加建活动被"美好的利益期待"助长,持续了将近十年。例如,1998 年以前沃家片区中的主要道路尺度为 6—8 m,可以并排开行两辆重型汽车;而到了 2009 年,由于"违章"建筑,造成局部街道过于狭窄,开行小汽车都极为困难。开发"成本"水涨船高,开发实体望而却步。

第二,制度因素导致的政策真空与身份认同

新中国成立后,为了快速发展工业的需要,国家采取了农业支持工业的政策。在人口政策上,限制人口流动,并制定了严格的城乡二元体制。而城乡二元体制中的一个重要方面就是土地制度的二元:农村实行土地集体所有制,而城市实行土地国家所有制。在土地产权结构上也形成了两种产权,分别是集体土地所有权和国有土地所有权。由于所有权的差异,造成了国家可以相对容易地征用农业生产的农用地,而征用农民生活的宅基地相对困难。特别是《中华人民共和国物权法》的颁布,使得宅基地的征用更加困难,未经村民同意是不能执行的。这是城中村产生和改造困难的关键所在。

当农业生产用地经过补偿转换成国有用地并用于城市建设之后,农民生活的宅基地则成为城市里的失落空间。即使政府负责将集体用地转换成国有用地,却无法避免地籍与户籍错位的状况。再加上城中村处于城市管理和农村管理之间,造成很多村民无法享受到城市的就业、社保、医保政策,甚至也享受不到农村社保、合作医疗的好处。失地村民由于大多没有工作单位,他们的生活出现了严重困难,身份上出现了严重的认同危机:到底自己是村民,还是市民?这是我国"城中村"的普遍问题。很多村民仅以集体财产市场化运作的微薄分红来维持"城市"生活。沃家片区的村民平均每月获得仅 400 元左右的集体分红。所以,他们通过现成的"经济增长点"——"以房生财",来弥补收入不足,这并不难理解。加建住房并出租给外来人口,而得到"可观"的租金收入,成为"脱贫致富"、应对城市高成本消费的一条好出路。

第三,粗放与失效的规划控制与管理

在计划经济时期,城市空间缺少详细规划微观控制手段。强势政府一元主导,通过自上而下方式包办一切空间建设活动,城市空间的变迁相对单纯。20 世纪 90 年代以来,随着城镇化进程的加快,政府、市场、资本、公众等均成为空间的重要利益主体。市场导引下的多元主体共同参与的城市拆迁改造,成为城市空间环境变迁的独特风景。除了城市中具有历史保护意义并成为城市严格控制的特殊地段外,很多城中村成为改造的对象。其中也不乏无法平衡各方利益而延续存在的"烫手山芋"。这个过程中,政府规划控制与管理不到位,是与村民利益诉求高涨、开发商开发不经济相伴而生的。

在加建冲动极端高涨的情形下,如果缺乏有效、严厉的规划控制与管理,缺乏疏导村民合理社会与经济需求的途径,违章建设活动是无法避免的。这个过程可用物理学中的热力学第二定律来解释:在封闭系统中,如果没有外部能量的持续供给,物质会趋向于无序。即,如果缺乏有效的规划控制与管理,在内在因素的驱动下,规划初创的严整也会衰退为无序。有无规划,以及有无加建诱因,成为高覆盖率、低容积率片区空间分异的核心影响因素(表 5-1)。在城中村片区中,虽然存在很多私自搭建的状况,但确实也有房子需要整修和重建。从规划与建设管理上看,很多城中村根本没有规划控制,村民盖房的审批权也一如城乡二元体制带来的政策真空,更无相关细则出台。这种状况导致该建不该建的都没有合法手续和渠道;执法部门若厚此薄彼,则会导致执法不公。村民在规划失控和管理混乱状况下纷纷加建以牟取经济利益。并且,"法不治众",城市管理者无力再进行挨家挨户的管理和控制,落入只能下"停工通知"的窘境。片区出现无法遏制的膨胀与分层就不难理解了。另外,从市场的角度来看,开发商也实在无力承担城中村开发成本不断攀升的状况。单靠政府的力量也存在着投资与融资的巨大困难。最终,城中村在空间上越来越膨胀,安全隐患越来越大,开发门槛越来越高。

表 5-1　同比例下村庄或"村庄型"片区形态肌理对比

项目	类型一	类型二	类型三
空间形态示意			
特点	初始形态为自发生长模式；有规划控制，肌理能够长期保持稳定；利于进行改造	初始形态按照宅基地规则排列；无规划控制，尚未出现刺激空间膨胀的因素	初始形态规则与自发参半；无规划控制，经历了空间膨胀，形态肌理更加自发
备注	济南芙蓉街—百花洲片区	济南付家庄	济南沃家庄

5.4　城中村的改造讨论

第一，价值视野的检核

从世界城市更新与社区演化情况来看，扭转城市空间的连续衰败，以及弥合邻里或者城市社区发展的差异是规划公共政策的普遍追求。城市物质空间形态与社会空间形态的发展都有其自身的辩证法。当其面临选择困境之时，需要在检核时代及空间话语的基础上，回答快速城镇化进程中的利益驱动、制度因素导致的政策真空和身份认同、粗放与失效的规划控制导致的空间混乱问题。一个规划意识形态或者方案想要健康地发挥作用，那么其必须考虑到城市发展的特性、与生俱来的能力，并合理引导城市变化的内在动力。

物质形态的改造必须与社会形态的改造同时进行——单纯的物质形态改造漠视了社会形态的进化与发展，单纯的社会形态改造漠视了物质形态的改良与变迁。20 世纪 60 年代以来的城市开发与更新历史表明，以权力和资本主导、以土地空间效益为目标的"经济型模式"，由于遭遇到了社会和社区的强烈反弹，多转变为以市民、社会为主体、为目标的"社会型模式"。与我国大多数城中村一样，沃家村的"经济型"改造也遇到了"收益"困境。所以，商业开发大多"望而却步"。但是采用"社会型模式"又使得作为强势主体的"发展型"政府和"赢利型"开发商无利可图。这里涉及了改造中的空间政治社会价值定位和话语权问题：规划师、公众、政府和开发商的价值观点是不一样的；但由于经济型改造在中国城市空间更新中的价值主导定位，再加上公众话语权的羸弱，使得很多城中村因"收益"之争而改造停滞，并很难走向"社会型模式"。基于权力和利益均衡的改造共识和始基很难出现，与之相对的则是非理性的空间"膨胀"，并一直无法遏制。

第二，辩证方案的讨论

现代城市规划对城市形态的改造常常以物质形态的改造为核心，以解决处于困境之中的城市社会问题。城中村改造所面临的最大困难不外乎上述所论及的物质改造成本的"膨胀"，以及社会的复杂化和分层深化。改造思路多种多样，不过常见途径有如下几种。

第一种改造途径：以较为典型的城市居住区模式为样板改造城中村，如表 5-2 中的途径一。这种模式在物质空间形态上，用较高的容积率、较低的建筑密度来进行空间改造。

改变原来绿化空间、大尺度交往空间长期匮乏的情形；打破原有居民"自住""商租""住租"的三元格局；改变原有的小尺度、低档次的沿路商业空间格局；提升片区的基础设施水平。但是，这种改造也面临着原有居民社会形态有机跃迁的问题。一方面，原住民会得到相对合理甚至是客观的拆迁实物与货币补偿，但是从"半村民"到"市民"之后，依然面临着城市保障（就业、社会、医疗等）的各种门槛，相对高昂的物业管理费用对很多原住民来说并非小数。另一方面，进城务工或其他外来"村民"，会被无形"驱赶"，他们在城市空间中的利益被挤压，势必造成这类人群对其他廉价城市空间的找寻，而造成其他具备"膨胀"条件的城市空间的生长，新"城中村"又无形中加大了城市发展的总体成本；《中华人民共和国城乡规划法》中"必须统筹兼顾进城务工人员的需求"也会变得更加具有悬念。

第二种改造途径：留存原有的街道肌理，按照传统的历史街区模式进行改造。这种模式在基本不改变现状容积率、建筑密度的情形下，按照济南传统历史街区的建筑形态模式和街道模式适度改造，与大明湖以南的芙蓉街、王府池子片区形成古色古香的风格一致，如表5-2中的途径二、三。同时，提升其基础设施的服务水平和片区的公共安全与防灾能力。这种改造延续了原来的居住形态、社会结构形态、收入形态等；再加上规划控制的强有力介入，使得空间的"膨胀"停止。但是，存在的问题是改造价值主体的选择面临巨大的不确定性；政府和开发商这两个强势开发主体的"经济型"利益考量，也会使这种保守开发陷入困境。

表5-2 同比例下多种改造途径的空间特点

项目	途径一	途径二	途径三
图示			
特点	低密度、高容积率	适度降低密度、提高容积率	高密度、低容积率

显然，在快速城市化进程中，对"膨胀"空间的消解、对城中村的改造是很艰难的。但是，最辩证的方案要通过利益主体之间的"博弈"，为空间的第一价值主体（原住民、外来人口）找到合理的空间实现解决途径。同时，注重空间的有机更新，使之避免成为城市空间结构总体健康演进的障碍和城市里的失落空间。在改造中，可以集中建设廉租房、微利出租小区和小户型房，并加强房屋出租税和"村民"个人所得税的调节。形态上要适度延续上述"三元"格局、充分考虑原有的空间感和街区肌理，这是渐进式疏解社会空间形态的重要道路。在空间上适度提高容积率、降低建筑密度、提高层数、拓展新的公共空间、注重地域建筑符号的使用、对接城市路网和市政基础设施等。一方面可以解决现在城中村中租住的收入较低的外来务工人员的栖身问题；另一方面可以抑制城中村的乱搭乱建，降低村民对不良生活方式的依赖。但是，值得强调的是，改造更新的过程中，必须实现强有力的规划控制和规划管理介入，这是避免后续空间膨胀的根本保证。

"城中村"是我国快速城镇化背景下，由于制度缺失、规划无效、管理真空而引起的特殊城市空间现象。物质与社会空间的"膨胀"与"分层"是其最典型的形态特色。城中村是城市空间的一部分，其中也不乏社区氛围与空间多样性。笔者曾带领外国友人去城中村闲逛，友人说看到了不一样的"市民中国"，他们认为很有魅力。更进一步来看，在城镇化进程中，如何把握改造价值和深刻理解话语权，并探索理性的规划价值观是进行城中村改造的必由之路。综合了物质形态因素和社会形态因素的辩证策略，是减少规划"乌托邦"（单纯地依靠市场或者单纯地依靠权力），疏解"膨胀"与"分层"，延续"社区网络"和"城市多样性"的正确途径。本质上，"社会公平"是现行体制及规划公义的核心价值。政府该如何作为？市场该如何介入？公众该如何面对？这些问题非常棘手。在实践过程中，价值主体力量不均导致的拆迁与改造重物质利益、轻社会关怀的现象，也常使得"规划"成为众矢之的。不过，从关注弱势群体的层面来看，公众的确无力，也不应为城市发展的客观困境"买单"。

　　20世纪90年代以来，基于"城中村"所引发的城市问题，以及其更新改造的实践需要，学术界已进行大量的经验研究、理论分析和对策探讨，根本就找不到唯一答案，更无灵丹妙药。原因很简单，正是"城中村"面临了纷繁复杂的利益网络，对于网络的梳理不是依靠传统的物质形态规划就可以解决的——这需要价值主体的远见，更需要规划之"术"的远见。

　　（本章主体内容原载于《城市问题》杂志2010年第10期，原标题为《城中村的形态解析与改造策略——济南市沃家城中村调查》，作者：王金岩）

第二篇　中国古代人居世界

导论 B：幻方

中国古代的人居世界有别于其他地域，有自身的典型特征。中国古人在长期的生产和生活中，形成了一套完整、自洽解释周遭世界的框架，本篇将对中国古代的人居价值进行尝试性探讨。

1) 始诸饮食

2012 年、2014 年，中央电视台播出的美食类纪录片《舌尖上的中国》引起了华人世界的共鸣。这部纪录片通过中华美食的多个侧面，展现了食物给中国人生活带来的仪式、伦理等方面的文化影响；也通过中国特色食材，展示了中国美食的精致和渊源。实际上，人类的饮食行为在跳脱了果腹和充饥之后，随着生产力的发展，便具有了地域文化意义。从东方到西方，从沿海到内陆，从平原到高山，不同的自然地域环境孕育了不同的饮食文化。

在古代中国，饮食文化与农耕、宗法社会形态息息相关。《礼记》中所云："夫礼之初，始诸饮食。"说的就是饮食活动中的行为规范是礼制的发端，揭示了文化现象是从人类生存最基本的物质生活中发生的，这是中华民族顺应自然生态的创造。《礼记·乡饮酒礼》中记载了在举行饮酒之礼时"四人宴"席次，宾客坐于西北方，宾客的辅助者坐于西南方，主人坐于东南方，主人的辅助者坐于东北方。中国古代的饮食范式饱含"天人合一"的色彩，坐法和席次被赋予了广泛的自然主义意义，正所谓：

"天地严凝之气，始于西南，而盛于西北，此天地之尊严气也，此天地之义气也。天地温厚之气，始于东北，而盛于东南，此天地之盛德气也，此天地之仁气也。主人者尊宾，故坐宾于西北，而坐介于西南，以辅宾。宾者，接人以义者也，故坐于西北。主人者，接人以德厚者也，故坐于东南，而坐僎于东北也，以辅主人也。仁义接，宾主有事，俎豆有数，曰圣；圣立而将之以敬曰礼，礼以体长幼曰德。德也者，得于身也。故曰古之学术道者，将以得身也。是故圣人务焉。"

这非常完整地解释了上述席次坐法的缘由，将自然宇宙时空特征融入了饮食行为，实现了天人的有机链接。至今，在传统文化厚重的山东，宴请饮食的坐法席次在开席之前，是主宾默认的常规礼节。山东宴请多用圆桌，以一个八人宴会为空间单元例：主人四人、宾客四人，主人按照年龄、职位或尊贵程度分为主陪、副陪、三陪、四陪，宾客同理分为主宾、副宾、三宾、四宾。图 B-1(a)显示了这种格局。八人围桌而坐，坐法有着深刻的中国时空文化特征。以坐北朝南宴席为例，主陪、副陪南北相对，主陪坐坎宫居北，端庄主持，显水之情谊绵绵；副陪坐离宫居南，与主陪一唱一和，显火之热情；三陪坐兑宫居西，不时补充话语，显金之言辞乖巧；四陪位次在陪宴方最低，坐东列震宫，则态度谦虚夹菜添酒，显木之灵动生发。尊贵的来客则列乾坤艮巽，均有一一对应的时空意义。这也与图 B-7

中"后天八卦方位图"相对应,其文化的意义在圆桌坐法之中体现得淋漓尽致,餐饮中的文化意义完全地表现出来。

当然,在古代主宾常坐左,即今之副宾位置。《礼记·少仪》云:"尊者,以酌者之左为上尊。"古代城市规划的"左祖右社"即依此理。左祖,即在宫殿左前方设祖庙,祖庙是帝王祭拜祖先的地方,因为是天子的祖庙,故称太庙。右社,即在宫殿右前方设社稷坛,社为土地,稷为粮食,社稷坛是帝王祭祀土地神、粮食神的地方。此外,我国古代建筑一般坐北朝南,前堂后室,有"登堂入室"之说。古人在堂上以坐北向南为尊,在室内以东向为尊,即以左方为上。饮食意义已经延伸至城市和建筑中。

而西方宴席一般用方形长桌,座位排次与中餐差别也较大。西方宴席一般男女混坐,这与西方人喜欢结交友人有关。且饮食一般人手一份,每人菜品相同,这与中国用圆桌旋转上菜、扎堆食用差别很大。图 B-1(b)示意了西方的宴席坐法规则。

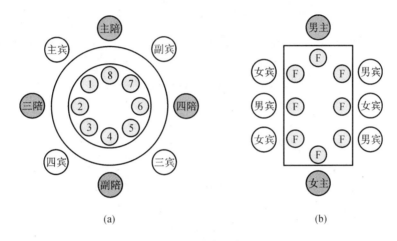

(a)   (b)

图 B-1   中西宴饮座次差异图

我们再回到城市。在街廓层面的城市微观形态上,中国城市更多体现大尺度街廓与内部相对自发的二元形态,宏观秩序与主宾坐法理性相对应;而螺旋上菜集体食用,则与微观相对自发相对应。西方城市无论在街廓和地块划分上均体现了个体的利益,前述地块划分的二分法、四分法、背靠背分法等均与个体价值相观照。这种文化取向发端于古希腊的个体传统,至中世纪之后个体理性的解放愈加强化,演变成了普世伦理。文化的差异显然是诉诸各个尺度的。

2)九宫幻方

我们将"饮食"中的文化扩大,继续推进探讨,而至更广的领域。阿尔弗雷德·申茨(Alfred Schinz,德国著名汉学家、城市规划师)在他的名著《幻方——中国古代的城市》一书中认为,人类在天地间生存,是各种力量的平衡者和协调者,这一点早在先秦诸子时期就已经深入人心。作为栖息的耕者和自然社会协调力量,对于中国人来说,精神和物质世界被寄托于一个神奇的自然、自在、自为的九宫数字"幻方"之中,并形成了人居模型,如图 B-2 所示。如前述饮食活动就是"寄托"的一个层面,城市更是寄托的宏观层面。

无独有偶,瑞士人卡尔·芬格胡斯(Carl Fingerhuth,瑞士建筑师、城市规划师)在表

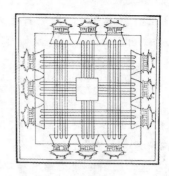

图 B-2　中国"幻方"与周礼王城

达了对文丘里等人的《向拉斯维加斯学习》一书的诙谐敬意的基础上,认为中国之"道"能够在城市规划层面带来变革,以保障城市在社会、经济、文化和生态方面的平衡。那么这个魔幻现实主义的"幻方"和"道"到底因何而来?

这里有必要回溯"幻方"的源头。《易·贲卦·彖传》中云:"刚柔交错,天文也。文明以止,人文也。观乎天文,以察时变。观乎人文,以化成天下。"其意是说,天生有男有女有刚有柔,刚柔日月交错,这是天文,即自然;人类据此而结成夫妇家庭,而国家,而天下,这是人文,是文化。人文与天文相对,天文是指天道自然,人文是指社会人伦。治国家者必须观察天道自然的运行规律,以明耕作渔猎之时序;又必须把握现实社会中的人伦秩序,以明家庭关系,使人们的行为合乎文明礼仪,并由此而推及天下,以成"大化"。化者,划也,有构建社会秩序之意。而构建的依据在于"天文"至"人文"的过渡,也标志着人类文明时代与野蛮时代的区别,标志着人之所以为人的人性。

有人或许会问,中国人为什么喜欢看"天"的脸色?惯常的观点认为"观乎天文,以察时变"的价值导向,与中国的农耕文明有着深厚的联系。先秦时期民间流传的《击壤歌》云:"日出而作,日入而息。凿井而饮,耕田而食。"这种生存方式需对自然规律有着精确的把握,需要顺天应命,需要守望田园,需要辛勤劳作,需要建立完整的天文历法系统,以循"天时""天道"保证农业收成。二十四节气的理论与实践总结,就是先民观测自然物候以指导起居农耕的重要成果,并沿用至今。如立春分为三候,"初候东风解冻,次候蛰虫始振,末候鱼陟负冰"。这个道理很好解释,东风解冻,意思就是冰冻遇春风渐渐融化。《吕氏春秋》中认为:"东方属木,木,火母也。然气温,故解冻。"蛰虫始振,意思是秘藏的虫儿因阳气至而开始萌发。鱼陟负冰,则是指鱼当盛寒的时候伏在水底,而到了正月,阳气来到则上游而近冰。为了迎接新一年的到来,立春这一天古人吃春饼(麦子薄饼,卷新鲜蔬菜),代表"咬春",寓意包裹春天、祈盼丰收。

李约瑟(Joseph Needham,世界中国科学技术史的著名专家,英国皇家科学院院士,英国文学院院士,英中友谊协会会长)对中国古人"看天"行事做法成因的解释,影响了全世界:

"对于农业经济来说,作为历法准则的天文学知识具有首要的意义。谁能把历法授予人民,他便有可能成为人民的领袖……在上古和中古时代的中国,颁布历法是天子的一种特权……人民奉谁的正朔,便意味着承认谁的统治权。"

实际上,古代中国较之于古希腊和古巴比伦,对太阳轨迹的观测比对月和行星的观测要迟缓得多。这也说明,在农业经济与农耕文明渐趋稳定之后,"历象日月星辰,敬授人时"(《尚书》)的核心动力不再是农业生产,而是——星占。由于太阳单一天体相对固定,星占应人事的重要参考更多考虑月(日月交食)和行星的运转与方位(江晓原,2007)。并且这项观测技术常为官方垄断,以推及政事、国运,但是也难免流传民间。《尚书》中多论"天命转移,立国为政",而鲜谈"农事安排"即是高级化了的"天文"应"人文"。

老子和孔子曾有个关于"时"的精彩讨论。这里的"时",显然不是简单的"下地干活、春种秋收"了。老子认为,"君子乘时则驾,不得其时,则蓬蒿以行"。换句话说,君子有机遇就作为一番,不得机遇就潜心学习,低调做人。孔子疑问,怎样才能了解"时"?老子认为无外乎"天道"加"人道"罢了。古人把得到人生机遇归结为"道"。"道"又何来?"道"正是潜生于自然天时的阴阳五行变换之中,并与人文社会相对应,这就是前述幻方的理性与人文之光。幻方包含了天地自然的象数逻辑,阴阳五行变幻与天地日月人文变迁相对。这一系列逻辑被两张图概括了,这两张图就是"河图"与"洛书"(图 B-3)。

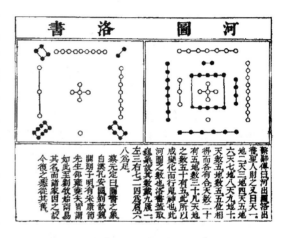

图 B-3 朱熹《周易本义》的河图与洛书

关于这两张图有个传说。相传,上古伏羲氏时,洛阳东北孟津县境内的黄河中浮出龙马,背负"河图",民众将之献给了伏羲。伏羲依此而演成八卦,后为《周易》来源。又传,大禹时,洛阳西洛宁县洛河中浮出神龟,背驮"洛书",献给大禹。大禹依此治水成功,遂划分天下为九州,正所谓冀州、兖州、青州、徐州、扬州、荆州、豫州、梁州、雍州。大禹又依洛书九章之法,治理社会,并收入《尚书》之中,名《洪范》。《周易·系辞》中云"河出图,洛出书,圣人则之"就是记载河洛得用的故事。

然而,宋代以前河图、洛书多流传其名,而未见其图,因而备受指摘。据朱震《汉上易传》所载,第一个把河图洛书图式公之于世的是北宋的刘牧,并认为"刘牧传于范谔昌,谔昌传于许坚,坚传于李溉,溉传于种放,放传于希夷"。希夷即陈抟(五代宋初时道教名家和学术大师),遂使河洛之学大白天下。至朱熹,正式将河图、洛书置于其作《周易本义》之首。因在宋之前的文献中未明确绘制二图,"河洛"之图的真伪之争一直绵延不绝。及至 1977 年春,在安徽阜阳双古堆西汉汝阴侯墓中,出土了一件"太乙九宫占盘",如图 B-4 所示。据《文物简报》记录,该图中九宫的名称和各宫节气日数与《黄帝内经》中记载完全一致,一至九数字排列(占盘圆圈内数字)与洛书数字排列完全

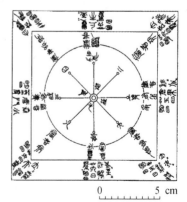

图 B-4 西汉太乙九宫占盘

一致。这证明了早在西汉初年,并上溯到先秦,洛书已存在图像实物,更说明河洛九宫幻方的基本概念历史渊源已久。

3）天地数理

河洛幻方中到底有什么玄机？黄圣谦在为清人江永所著《河洛精蕴》所写的"跋"中云：河图、洛书统卦象之全，极天文、地理、人文之变动，可得万理之根本，可悟术数之始终，可导万法之权舆。其学术意义非常明显，到底是什么数理？

先看河图，如图 B-3 中右图所示。河图以十数合五方，五行，阴阳，天地之象。图式以白圈为阳，为天，为奇数；黑点为阴，为地，为偶数。并以天地合五方，以阴阳合五行，所以图式结构分布为：

一与六共宗居北方，因天一生水，地六成之；

二与七同道居南方，因地二生火，天七成之；

三与八为朋居东方，因天三生木，地八成之；

四与九为友居西方，因地四生金，天九成之；

五十同途，居中央，因天五生土，地十成之。

前文已述，农业生产需要循"天时"，以周期性指导作物收种，同时，占卜推测吉凶，也需要有精密的象数依据，因此准确把握"天道"并建立较为精确的历法系统意义非常明确。河图正是依据五星出没时节而绘。五星古称五纬，是天上五颗行星，木曰岁星，火曰荧惑星，土曰镇星，金曰太白星，水曰辰星。五星运行，以二十八宿为区划，由于它的轨道距日道不远，古人用以纪日。五星一般按木火土金水的顺序，相继出现于北极天空，每星各行 72 天，五星合周天 360 度。

河图结合了五星出没的天象，二十八宿依据五色的光能而辐射于宇宙空间，再结合地面地理物候差异的对应，共同构筑了五行的来源——每年的十一月冬至前，水星见于北方，正当冬气交令，万物蛰伏，地面上唯有冰雪和水，水的概念就是这样形成的。七月夏至后，火星见于南方，正当夏气交令，地面上一片炎热，火的概念就是这样形成的。三月春分，木星见于东方，正当春气当令，草木萌芽生长，所谓"春到人间草木知"，木的概念就是这样形成的。九月秋分，金星见于西方，古代以金代表兵器，以示秋天杀伐之气当令，万物老成凋谢，金由此而成。五月土星见于中天，表示长夏湿土之气当令，木火金水皆以此为中点，木火金水引起的四时气候变化，皆从地面上观测出来，土的概念就是这样形成的。

同时，古人观测天象，发现北极星（太乙）之位恒居北方，相对固定不动，可以作为中心定位的标准参照物。北斗七星环绕北极星旋转，九宫是据北斗斗柄所指，从天体中找出九个方位上最明亮的星为标志，配合斗柄以辨方定位、辨别四季。天象中显示九星的方位及数目，即洛书中数字的方位和数目。对于天文的北斗与地理的四季对应关系，《鹖冠子》中说："斗柄东指，天下皆春；斗柄南指，天下皆夏；斗柄西指，天下皆秋；斗柄北指，天下皆冬。"如图 B-5 所示。这均是天文及地理，地理及人文的重要"自然依据"。古人把天象的轮转动力进行了拟人化的比喻，把北斗形象比喻为皇帝所乘之车，寓意"北极帝星"乘车临御八方。《史记·天官书》中记载说："斗为帝车，运于中央，临制四乡。分阴阳，建四时，均五行，移节度，定诸纪，皆系于斗。"

若根据斗柄旋指的八宫方位，再结合前述四时八节的季节物候变化，一年四季时序关系和盘托出。这个比喻在山东嘉祥武梁祠石刻图（图 B-6）中刻画得活灵活现。

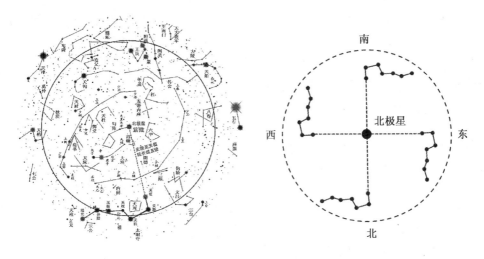

图 B-5　紫微垣天象与北极北斗配四季图

图 B-6　山东嘉祥武梁祠北斗帝车石刻画像

洛书九宫数,以一、三、七、九为奇数,亦称阳数;二、四、六、八为偶数,亦称阴数。阳数为主,位居四正,代表天气;阴数为辅,位居四隅,代表地气;五居中,属土气,为五行生数之祖,位居中宫,寄旺四隅。《大戴礼记·明堂》记载了古代礼制建筑的建设形式:

"明堂者,古有之也。凡九室:一室而有四户、八牖,三十六户、七十二牖。以茅盖屋,上圆下方。明堂者,所以明诸侯尊卑。外水曰辟雍,南蛮、东夷、北狄、西戎。明堂月令,赤缀户也,白缀牖也。二九四、七五三、六一八。堂高三尺,东西九筵,南北七筵,上圆下方。九室十二堂,室四户,户二牖,其宫方三百步。"

这里的"二九四、七五三、六一八",与前述的洛书数学模型是对应的,是自然原理在汉代通过建筑手段礼制化的结果。有学者认为洛书表达了自然规律的全部。这虽然很难定论,但其九宫数字组合却有特定的自组织规律。哈肯(Haken,德国理论物理学家,协同学的创始人)认为,如果不存在外部指令,系统按照相互默契的某种规则,各尽其责而又协调地自动形成有序结构,就是自组织。利用现代数学分析,在洛书九宫图中,可以看到这种自动形成的有序结构——将图 B-2 九宫格中各行列数字之和相加均等于 15:

4+9+2=15;3+5+7=15;8+1+6=15;4+3+8=15;9+5+1=15;2+7+6=15;4+5+6=15;2+5+8=15。

若把九宫图用行列式的方法进行计算,可以得到一个周天数360(天体圆周的360度),即:

行列式:det[4,9,2;3,5,7;8,1,6]=360

但是,若将1至9数字顺序计算行列式值,即:

行列式:det[1,2,3;4,5,6;7,8,9]=0

则可理解为世界时空未组织时"无"的境界。

河图洛书还与先后天八卦规律一一对应。依据考古发现,最早的太极八卦图出现在公元前3450年左右的安徽"含山玉版"。八卦表示了世界阴阳进退变化过程,用"—"代表阳,"— —"代表阴,用三个阴阳符号,按照大自然的阴阳变化平行组合,组成八种不同形式。每一卦代表一定的事物。乾代表天,坤代表地,震代表雷,巽代表风,坎代表水,离代表火,艮代表山,兑代表泽。八卦就把宇宙中万事万物都包括了进去,八卦互相搭配又变成六十四卦,用来象征各种天文、地理和人文现象。南宋朱熹、蔡元定在《易学启蒙》中载:"河图之虚五与十者,太极也。奇数二十,偶数二十者,两仪也。以一二三四为六七八九者,四象也。析四方之合,以为乾、坤、离、坎,补四隅之空,以为兑、震、巽、艮者,八卦也。"

河图中生数一二三四,各加以中五为六七八九,即为四象老阳、少阴、少阳、老阴之数,为四象之数。四象生八卦,分北方一六之数则为坤卦,分南方二七之数则为乾卦,分东方三八之数则为离卦,分西方四九之数则为坎卦。其余各居四隅之位,则为兑、震、巽、艮四卦。艮卦之数由一六北方分出,兑卦之数由二七南方分出,震卦之数由三八东方分出,巽卦之数由四九西方分出。表明乾、坤、离、坎四正之位,左方为阳内阴外,阳长阴消,右方为阴内阳外,阴长阳消,像二气之交运,如图B-7中左图所示。

图B-7　先天与后天八卦图

洛书中九与离卦配,一与坎卦配,三与震卦配,七与兑卦配,二与坤卦配,四与巽卦配,六与乾卦配,八与艮卦配。火上水下,故九数为离,一数为坎。燥火生土,故八次九而为艮。燥土生金,故七、六次八而为兑、为乾。水生湿土,故二次一而为坤。湿土生木,故三、四次二而为震、为巽。以八数与八卦相配即符合后天之位,如图B-7右图所示。清人李光地在《周易折中·启蒙附论》中记载:"后天图之左方,坎、坤、震、巽;其右,离、兑、艮、乾,以艮、坤互而成后天也。"前述的山东宴请席位坐法就依循了后天八卦。

从先天到后天,古人精确地表达了"北极帝星游宫"而形成的四时八节及二十四节气的节令转移和气象变化。中国古人拟人比喻的栖居于天地的帝车周期运行,生生不息。于是,由自然而人文的有机交通,中国古代人居模型系统就依"卦、象、数"而建构统一起来。天地转移变化与城池、建筑及人体吉凶祸福息息相通相应,被纳入同一个原理的自组织框架之中。如中医学经典《黄帝内经·金匮真言论》中记载了人与天地的相系：

　　"东方青色，入通于肝，开窍于目，藏精于肝。其病发惊骇，其味酸，其类草木，其畜鸡，其谷麦，其应四时，上为岁星，是以春气在头也。其音角，其数八，是以知病之在筋也，其臭臊。"

　　将天地赋予生命，将生命系于天地，正所谓"神生数，数生象，象生器"，"天地人自洽泛生命系统"成为了农耕生产和社会秩序的基础，也成了演绎和建构世界的逻辑基础。

4）演绎世界

　　上述自然逻辑有别于西方将人生的意义诉诸"神"的判定和个人意志的胜利，而是求诸于自然应人文中的进退，这是中国哲学的根源，是仰观天文，俯察地理，近取诸身，远取诸物，长期观察的结果。他们最终梳理出了天地人事现象背后的隐约规则，在自然不变的天极之中生出了阴阳的两仪，两仪再变生四象，四象演化为八卦，八卦再演化成六十四卦。天文、地理和人文现象均恰如其分地自组织于其中。这种自然主义观念经历代发扬诠释，使得后人可以一登堂奥，一窥天地之妙。大至国土疆界、王朝兴衰，中至起屋造舍、城池营建，小至生活家事、饰品器物，都会蕴于并自组织于这种逻辑之中。

　　申茨也在他的《幻方——中国古代的城市》一书中描绘了中国古代依据上述自然逻辑堪舆选址兴建城市的全过程，建设城市的价值关键就是：寻求人类世界与自然力量的内在统一，并把这种有效的寻求定义为得"气"。第一步是要测绘所规划区域的总体地理特征，以便阴阳平衡、得气。很多城市的营建被选在了山南以避寒风，河流之北以便城市获得充足的水源。第二步则是要测定具体的土地形式，以与地理环境产生协调的关系。第三步则是将基址的详细规划设计融合到八卦的宇宙体系之中。经历这一过程，理想的城镇规划就会出现。与自然的关切相对应，申茨也认为非自然的因素也导致了城市的兴起：泰山以及泰山脚下的岱庙朝圣，曲阜城中的三孔寻圣，同样造就了城市的发展。

　　有读者可能会发现，申茨与规划理论大师格迪斯把城市现状和地方经济、环境发展潜力与限制条件联系起来进行有机研究，再做规划的思想逻辑是相似的。的确如此，这也恰恰反映了申茨作为一名西方学者，在理解中国古代天地数理思想时依然遵循西方视角。进一步讲，在中国古代人居范式之中，还有两个隐秘的层面值得关注。其一，由天文而地理，由地理而人文的自然主义逻辑是不断演绎的，如"黄河之水天上来，奔流到海不复回"。正所谓"生生之谓易"（《易经》）。其二，中国的自然主义逻辑与西方线性"救赎"的终极式时空观有所不同，是将事物的得气失气、吉凶悔吝，蕴于时空轮转之中。两个层面相得益彰。

　　例如在地理堪舆的理气派玄空风水中，以前述的洛书九宫方位为基础，每二十年一运，由一至九共分为九运，自然与人文在时运之中"生生"展开。九宫对应天文之九星，正是天文应人文，逢某运即以某数居中宫，然后顺飞九宫，得出每个方位的数字及其生旺退煞死等吉凶状态。所有方位的生旺退煞死状态，每二十年一变。由一运至九运，一百八十年一个大循环，周而复始。吉凶与实际的自然、人文相对应，达到"数"与"卦""象"的三位一体，以实现系于天地的思想价值，洞悉其规律可知进退，进而提前规划，趋利避害。这正是孔子求之若渴的"时"，也是中国古代人居规划范式有别于"强力改造"型人居范式的核心特征。

　　从更大的文化意义上看，对于任何民族，思想范式一旦成为群体的重要文化心理与终极关怀，价值取向就会诉诸各个尺度，并和每个人的生活结合起来，演绎并解释周遭多姿的世界。这也是中国历代各类数术民俗兴盛的重要原因。无论是统治者,还是普通百姓,都会从中寻找思想价值与客观存在关系的特定解释。

这让笔者想起了一件往事:若干年前,笔者与妻子去厦门鼓浪屿游玩,一位"地摊儿"老者(估计在和城管捉迷藏)竟然说出我们的姓氏,提醒我们"算算",其实我们与之并不相识。当时流连于鼓浪屿悠扬的钢琴声,就一笑而过了。若干年后在读书小憩时,方知这是流传于民间的数术民俗,亦时有不验。但是,其运算机理是依循上述自然逻辑而延伸的。宋代邵雍在《梅花易数》一书中多有类似案例:

"壬申日午时,有少年从离方来,喜形于色。问其有何喜,曰:'无'。遂占之,以少年属艮,为上卦,离为下卦,得山火贲。以艮七离三加午时七,总十七数,除十二,余五为动爻,之六五爻动,曰:'贲于丘园,束帛戋戋,吝终吉。'易辞已吉矣。卦则贲之家人,互见震、坎,离为体,互变俱生之。断曰:'子于十七日内,必有币聘之喜。'至期,果然定亲。"

邵雍的运算过程大致为(图 B-8):少年属性为艮,取为上卦;从南方来属性为离,取为下卦,总象为山火贲。以时间的壬申日午时为基本参照,确定第五爻发生变动,即从山火贲第五爻"— —"变为风火家人卦中第五爻"——"。从卦象上看,体卦为山火贲中之下卦离卦,得互卦、变卦相生,可判为吉利;再依据《周易》爻辞判定为吉利;另依据少年走走停停,判断事情发生不会很快,而定"壬申午时之数"事情发生。后来,"果然发生"。

山火贲(本卦)　　　雷水解(互卦)　　　风火家人卦(变卦)

图 B-8　邵雍梅花易数运算图

赵麟歧(2010)也列举过一次社区公园规划建设中的微观人文小事。深秋,宅东建公园,赵先生协助照看建筑工具——拉铲车。但因事晚到,四处寂静,月光洒地,独不见铲车。于是着急自问:"你去哪里了呢?"心想而象出,将这六个字拆分而起卦。"你去哪"按三字声调得"兑卦";"里了呢"按声调得"巽卦",上下相合得泽风大过卦。又依据上下卦数得动爻为泽风大过中之第三爻,可参见图 B-9 中的过程性分析。

泽风大过(本卦)　　　乾为天(互卦)　　　泽水困(变卦)

图 B-9　周易卦象运算图

在泽风大过卦中,体卦为"兑",为铲车,用卦为"巽",为公园东南的小树林。互卦中为"乾",乾为西北;变卦中有"坎",为北边水,而"兑"在"坎"上,所以在水的北边。因此,赵先生走入东南小树林又往西北走,在林北的池塘北岸找到了铲车。

以上两个有趣的生活时空小游戏,均表达了人类栖居和自然环境的高度动态融合。

其中的元素：少年、时间、空间、动作；树林、池塘、铲车，以及参与游戏的邵先生和赵先生都作为这一事件的主体融入其中，都被赋予了相同的自然主义意义，是前述"帝车巡游"逻辑理性应人文的极微观化。这是一种自然与人文高度一体，时间与空间高度统一，情感与理性高度交融的认知观。

对于"一体"，这里再举一个趣味小例。核桃是大家日常生活中熟知的坚果。中医认为，核桃入肾，肾应于冬，冬季常吃核桃可补脑益肾，其素有"长寿果""万岁子""益智果"之美称。观其形态，也不难发现，其像大脑，核桃和人脑情理确有相通之处。《易经·系辞》中云："是故，易者，象也；象也者，像也。"即，自然界讲究一个形象，神似，其情、其理相合，感性和理性相融，自然和人文相得益彰。在地理堪舆的"形势"理论中，对于情理有机和合的价值取向更是突出。《水龙经》中记叙了风水弯曲来朝、环抱有情之优，弓背反跳、去势斜直之劣的差异（常旭，2009）。图 B-10 中"曲水单缠"据说为吉利之所，而"金城反弓"据说不吉。正所谓：

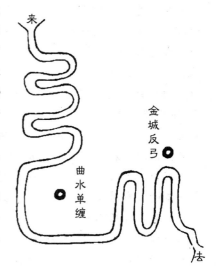

图 B-10　《水龙经》城池建筑
选址吉凶图

"山水之势，无非要屈曲有情意。来不欲冲，去也不直。横不欲反斜不急，横须绕抱及弯环，来如之字或玄字，顾我欲留，眷恋有情，回龙顾祖，与穴有情，此为有情意。反之，水似朝来，又如弓之背面反跳而去，或水虽绕穴，去势斜直，皆不可取。"

1923 年康有为登上了济南千佛山，坐于千佛阁凭栏远眺，云：

"此城虽高大巍峨，然居处山脉之一隅，南有千佛山耸立，北有黄河远来，为弓背之反，阴阳既误，流水又反，城市发展受到地形的限制，故都市人口算不上繁盛啊！"

康氏认为，济南城池巍峨，但地形狭隘，阴阳反弓，欲发展需"开一新济南，尤美善亦"。此后，济南商埠发展，至今天的"东拓、西进、南控、北跨"格局，无不验证了康氏的河山情愫。从当代的观点来看，情理与形象很难用数理逻辑验算，虽可白纸黑字，但说服力依然有限。这也是由天文而地理，由地理而人文自然逻辑的弱点之一。不过，西方人可以从"上帝"那里寻找心灵"情理"的慰藉，我们用当代的城市规划技术手法，在编制城市规划时，对于高度和合的自然逻辑，多一些宽容和审视，又有何妨？

中国古代的人居范式，对帮助我们更好地理解城市和乡村，对重塑人与环境的关系，均有一定的意义。这种范式的最大依据正是：人蕴于其中，生生不息的自然。蕴于自然的自组织规律在城池景观、聚落堪舆、医病避害方面的有效性，也是现代人难以回避的客观事实。否则，我们应该首先将"中医院"当做封建迷信活动之所，全部关停。其实，自然主义迷信，往往是科学的起源。按照马克思的观点，的确存在着我们还没有认识到的事物——通过辩证唯物的实践，终究可以廓清其内在逻辑和奥秘。

几千年的历史进程中，受特定时空条件所累，自然逻辑也难免纠缠于各种活泼、真切的政治社会运行，而变成外在的仪式，或被各类江湖术士、命理大师攫取成为敛财工具。同时，自然逻辑一旦落入僵硬的教条和僵化的意识价值，必然阻碍科学和理性的发展。过度的人为"神秘化"和"迷信化",也使得自然逻辑本身极易受到批评,也易受到诟病。

2013 年,韩国电影《观相》(Gwansang / The Face Reader)男主人公"观相师"金乃敬有一番富有哲理性的台词:

"我只是看到了人们的面孔,而没有看到时代的车轮,就像只看到了时刻变化的海浪,其实应该看到的却是风向,海浪是因为风而起的。有的人暂时乘上了最高的那个浪,而有的人只是搭上了低处被牵着走的小浪,不过总有一天小浪会变成大浪,如同大浪总有一天会变成无数水滴一样。"

金乃敬的意思是自然唯物大势,不是观相、卜筮等数术所能抗衡的。规划师、建筑师所做的种种预测、规划和设计,就好比不停地对着潮起潮涌的大浪推测水情,但是浪花翻飞,难免流于表象。如果能看到和把握水浪背后真正起作用的劲风,这才洞见了自然的本来力量。华丽的城市和建筑形态往往并不能直接推导出自然的原理和人生的幸福。规划需要做的就是在努力发现客观的文化内核与自然规律基础上,寻求规范人类行为之道。申茨在他的论著中不只一次地表达了对当代城市发展范式的忧虑,他担心当代的人类以定居者的妄自尊大,持续想当然地超越自然极限,容易丧失本真的自由。

本篇内容从不同角度论述了中国古代人居范式的特征,主要从中国古代人居范式的泛生命特征,"道"对当下城市规划的影响,我们审视中国古代人居规划的视角及古人具体的城池营建案例等四个方面展开。

6 生命理性与古代城市

中国古代并没有现代意义上的规划体系,但却存在着规划体系隐性框架,其是千百年来古代先民协调人居环境和制度博弈的产物。其价值观来源于相天法地思维下"天人合一"的"易礼"空间认知范式,该范式下的规划体系与现代单维时空下的规划体系框架有所不同,具有多维生成和类似生命生长的特点。

按照托马斯·库恩(Thomas Samuel Kuhn)在《科学革命的结构》(*The Structure of Scientific Revolutions*)中关于范式(Paradigm)的观点来解释,空间的"范式"会因文化背景与发展阶段的不同而表现各异。有别于现代西方,古代中国的空间认知和人地关系观念是基于"天人合一"理念的。该框架体现了传统中国所特有的物质与人文存在方式,是"天人合一"及"易礼"认知观的衍生物,并在协调人居环境实践中,在时空多维尺度上,塑造了独特的东方景观。本章避免用西方范式来评论中国传统,在明确中国古代空间范式的基础上,揭示了隐性框架的形成过程及其特点。

6.1 从易到礼

第一,相天法地与生命主义空间观

中国先民认为"人、地、天"自然一体、秩序共同,"人法地,地法天,天法道,道法自然"(《老子》)。董仲舒在《春秋繁露·人副天数》中解释:"天德施,地德化,人德义。"这里董氏表达了"天地人"具有从"施"到"化"再到"义"的层次性,蕴含了人是天地人空间系统中的组成部分和层次延伸。只有承认古人所推崇的人与自然、人与空间的一体性和层次性"范式",才能对孔子"与天地合其德,与日月合其明,与四时合其序"的时空意境,对孟子"尽其心者,知其性也;知其性,则知其天矣"的天人统一观念产生认同。这种空间观念的始基是上古先民对日月运行、寒暑往来等天地物象的观测、总结和自我比对。

正所谓"仰则观象于天,俯则观法于地,观鸟兽之文与地之宜,近取诸身,远取诸物……以类万物之情"(《周易·系辞下》)。先民们发现,通过观物、取象,进而组合、演绎、推理的方法,在当时的自然地理和生产力水平之下能够有效地认识和解释周遭现象。"易"也正是基于此种不断的"观测"和验效,概念化为朴素唯物的河图、洛书等,于是自然规律了然于人心,并有了各种后续运用。

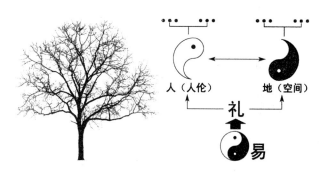

图 6-1 从"易"到"礼"空间生成与生命理性

这种思维方法不仅基于"自然构成"(天地人),更饱含"生成"观念——从洞察自然,到发现自然与人的统一性,进而导引人的行为。与之相对,自然也如人,具备生命化特征,因此天地之"向背者,言乎性情也"(《地理发微论》),并且"天与人同,亦有喜怒之气……天人一也"。"生成"意味着由剖析万物运行之规律,到认识到"天—地—人"的同构性和层次性,进而在时空的生生不息之中,认识事物具有生命化的盛衰、治乱的循环性与往复性,具备生长、生发的生命理性内涵。仿佛树经历了破土、成苗、参天、枯死、化泥的生命历程,如图6-1左图所示。一系列被验证"有效"的规律被渐渐总结,形成了诸多规则(易与礼)。

第二,空间观的人伦化与固化

人区别于其他物种,能够把自己的目的、意志以相应的能力实现在生存对象上,并按照自己的方式来改变环境。空间规划的隐性框架如何造就?这里就涉及了空间认知向空间规划的过渡并与之衔接的问题,即通过空间的认知指导实践,形成空间规划范式。这种衔接是通过"易"与"礼"的统一而完成的。古人将"天地人合一"的最高空间哲学——"易",贯穿于空间造就,并逐渐形成了一套"制礼作乐"的规则。"礼"最初为中华先民在趋利避害、协调人居环境进程中所形成的朴素生活规则,正所谓"夫礼之初,始诸饮食"。"礼"是"易"的哲学价值观在人文—自然空间系统层面上的最初生成和外显形态。图6-1展示了此种"类树"规律生命化演进过程。

王夫之在《船山全书》中也讲到:《易》与礼相得以章,而因《易》以生礼,并且,"盖《易》著其理,而礼则实见于事"。随着生产力与生产关系的分化升级,本原的"礼"超越了"生活尺度",具备了阶级性并上升为政治意志。如周代的周公旦将之整理为"五礼"(吉、凶、军、宾、嘉),这种整理贯穿于中国的整个封建社会时期。"天降下民,作之君,作之师"(《孟子·梁惠王下》),"礼"逐渐演化成了尊祖敬天的"等级名分制度"和"阶级统治工具",超越了初意。

具有"知所先后""演绎推理"属性的空间规划成为"易"到"礼"进而到空间的实际操作。只不过其随着"礼"之演化,而尺度变大、含义变广、日趋理性——从"起屋造舍",演化成"天意"贯彻。一方面,其反映了本原性"天地人合一"的空间特点,强调天地人的和谐统一及万物有情的生命化特征;另一方面,由于统治者的推动,而以"礼"制形式反作用于人文和时空,按照尊卑,形成了以"君君,臣臣,父父,子子"(《论语·颜渊第十二》)理性层次为主导,以辨方正位、体国经野、井牧田野、匠人营国……为技术内容的空间规划体系隐性框架。

6.2 隐性框架特征

从时空范畴上来看,古代的空间规划实践中,在落后的生产力条件下,"辨方正位""井牧田野"应为最初;随着时空的扩张,"体国经野"的城镇居民点体系逐渐构筑;时空进一步渗透,则是对空间细微之处——建筑营造的规则化和理性化。这一套"空间规划体系"在初始逻辑上是一体和连贯的,是如"树"而具备"生命"理性的。其是"易""礼"或固化了的"易""礼"的多维空间渗透。

第一,初始的生成:经界营国

"天地人合一"下的空间规划活动的首要内容就是选址、土地经界划分和"营国"制度的构筑,仿佛种子破土成苗。约瑟夫·里克沃特(2006)认为,《周礼》中所论及的城市与天下的中心是天地相交、阴阳和谐的"天意之所"。另外,实现和谐沟通的人只能是天子或者具备沟通"天人"能力、会占卜的"巫"。古公亶父效仿殷商,在相地营城的过程中,"卜龟问天意"。一旦"卜龟"的结果顺乎"天意",则说明已"沟通天人",营建就可在"吉日"开始,并首先"作庙翼翼"。《诗经·大雅》中也描述说，"筑城伊减……考卜维王，宅是镐京"。这些选址活动带着天伦、地伦与人伦统一性的原始宗教色彩。选址"理性"不仅被理解成"顺天意"，也被认为是"延天命"——一种生命的需要，仿佛空间的种子。

周初无市场，所有产品都是用来消费的。但随着生产的不断发展和城市定居生活的深入，剩余产品增多，简单血缘关系社会的类阶级分化也不断加深，人口和地域规模不断扩大，生产和统治的社会性、空间性关系不断扩展和加深，生产关系也日趋等级化，政治文化渐渐具有空间扩张性。在社会层面上，一个趋于家长制和服从性的社会秩序愈加明显，并向"专制"演进，以维护社会空间稳定。这种社会情形并非中国独有，在世界上的其他地域城市——如苏美尔，亦是如此。

在空间层面上，随着时空的生长和扩展，政权需稳固的财政来源和稳定的空间统治秩序；同时，农业生产也需安全保证以防蛮夷劫掠，也要有"公正"尺度解决民事纠纷，否则不易耕种①。这里存在互相"搭便车"问题。制度化的"经土地""牧田野"能够带来官民双赢。《孟子·滕文公上》中载："方里而井，井九百亩。其中为公田，八家皆私百亩，同养公田。公事毕，然后敢治私事。"井田制的数理逻辑十分清晰和易于操作。"夫仁政者，必自经界始"（《孟子·滕文公上》），"经界"实际上是国家秩序的空间生成物或是秩序的自然选择。

这个秩序就是"礼"。因为"礼"具备"夫礼者，所以定亲疏，决嫌疑，别同异，明是非也"（《礼记》）的属性。同时，"礼"又可"序上下、正人道"（《白虎通德论》），对维护庞大国家的地域秩序和等级宗法分封的意义重大。于是，"礼"在周代作为超越其自身"饮食"意义的规则，辐射了空间的塑造和相关的规划制度。春秋战国以后，"封建生产方式"的土地分配制度虽代替了"井田制"，但是作为国家规则并固化了的"礼"却一直扮演约束和规范统治秩序的角色。空间也在"礼"的作用下渐渐生成，其对秩序主导性一直延续到清末。中东的苏美尔无"礼"为纲、无统一尊崇的强制性规则，因而没有如中国城市空间范式一样的理性并相承千年。

与土地分配制度相似，国都或者封建统治中心城市一旦受到"自上而下"规则理性——礼的概念性约束，则都以"承天"为名，按照"礼"的要求分等级进行"营国"（与"治野"相对，"枝"与"叶"相对，与井田的"公私"模型类似，采用"九经九纬"），不可僭越。《周礼》中记叙得相当详细。从沿承、对接天命的角度（仿佛大树自然生长），"礼"确保了"枝干"的安全生长——"筑城以卫君，造廓以守民"。对于"奉天承运"，这种做法是实现空间"生命"安全繁衍和秩序实现的基础途径，更是带有生命化特征的从"天"到"地"及"人"的"自上而下"的理性范式。"经界"与"营国"在空间上也均为"礼"的产物。

第二，时空的扩张：五服制度

随着时空的扩张（"生长"），"易"之于"礼"的表达也不再局限于城与市，而是扩展到区域、全国甚至世界，由"中央之国"，演化为"中华帝国"，形成了全国的城镇体系。在数理结构上，宛如细胞分裂、枝叶生长：一井的面积是方一"里"；一百井是方十里，叫一"成"，可容纳九百个劳动力；一万井是方百里，叫一"同"，可容纳九万个劳动力。国家城镇居民点与

---

① 杨志文在《井田制的兴起和衰落》一文中，运用制度经济学理论指出，在周初商品经济欠发达、人口稀少、土地极多的情况下，由于实物消费组合契约谈判成本过高，导致了西周井田制的产生。

行政体系,也是依这种固化的、具备礼制要求的数理模型展开的。如《周礼·地官·小司徒》载:"乃经土地而井牧其田野,九夫为井,四井为邑,四邑为丘,四丘为甸,四甸为县,四县为都。以任地事而令贡赋。"

这种划分是与赋税和行政上的管制有着紧密联系的。这也进一步解释了上述关于"礼"的固化过程:松散居民点和"安全保护"费用收取的制度化规定,渐渐演变成了对"礼"的服从以及层次鲜明的"君臣关系"和各种"贡赋"关系。"层次鲜明"表达了"易礼"生成在水平方向(区域空间的扩大)与垂直方向(具备或者类似血亲关系的隶属关系)的有机统一;在时间层面上是一种多维的渐进过程,最终导致了"五服制"城镇体系的形成。

"五服"实际上就是行政区域划分以政治中心与周围区域的远近亲缘关系为标准。如《禹贡》中所列举的两种城镇体系模式。除了我们熟知的自然地理模式(冀、兖、青、徐、扬、荆、豫、梁、雍)外,更重要的就是"五服制",即,甸(中心统治区)、侯(诸侯统治区)、绥(需绥抚地区)、要(边远地区)、荒(蛮荒地区),其实质就是"礼"依空间和亲缘远近的落实。当然,《周礼》与《国语》中的"侯、甸、男、采、卫、蛮、夷、镇、藩"九服说,《礼记·王制》中的"甸、采、流"三服说,以及后世林林总总的划分方法在本质上是无异的。古代中国的城市均是以"五服"为价值导向,在等级规模、职能和空间结构上均是"礼"之"生成"的体现。除此之外的"城乡",在空间结构上相对自发,仿佛枝叶的凌乱,当然也受"礼"的无孔不入的辐射。

第三,微观的渗透:建筑营造

随着时空的进一步"生成","礼"作为国家的"礼"的重要内容,也会在微观空间上继续渗透,而进入"细枝末节",以约束营造活动。当然,一方面,建筑形态也客观地体现了原本的"师法自然"属性。如中国传统建筑的屋顶形态,"如跂斯翼,如矢斯棘,如鸟斯革,如翚斯飞",体现了建筑形象与自然动物(庙底沟凤鸟图形)之间的统一性,大屋顶形式某种程度产生于原始的自然图腾崇拜,其实质是对万物同构性和"天地人"一体性的实践运用。另一方面,建筑形态更受到了官方的"礼"制限定。与《周礼》中的规定类似,《明史·舆服》中依据"君臣"人伦关系,对从"宫室之制""百官第宅",到"庶民庐舍"的各级城池形制、建筑形制都有明确的规定,显然是对已经固化了的"礼"的强调贯彻。

建筑营造的技术问题,更像政治问题,或者说是"礼"作为固定模型的重新"生成"和下达。刊行于宋崇宁二年(1103年),由宋人李诫所撰,并由朝廷颁布的《营造法式》(主要分为五个主要部分,即释名、制度、功限、料例和图样共34卷),初衷就是对建筑设计与施工中的各种"违规"现象进行规避。正如官员出身的李诫在上书皇帝的《进新修营造法式序》中开头所写:"臣闻上栋下宇,《易》为大壮之时;正位辨方,《礼》实太平之典。'共工'命于舜日……"这里,建筑营造完全是"朝廷"指导下的工作,规划师与建筑师担当了"礼"的落实者与执行者的角色,规划设计活动要遵循"易礼"而行。

《营造法式》中所梳理和强调的"模数制"(所谓"模数",即按照礼制规则所设定的建筑营建技术标准,如王府、寺庙、次要宫殿等为三丈,主要宫殿、坛庙、陵寝为五丈,个别特大型宫殿为十丈等),在本质上就是"礼"的秩序在微观空间上的二次固化和规则化。这反证了"礼"的变迁过程:作为最初"易"与具备生命"生成"特征空间的产物,超越了原本的朴素生命化意义,也超越了较小的交往与人文尺度上的文化规则范畴,而上升为固化的、大尺度的国家政治"规则"。这些规则在历史发展的过程中逐渐固定,又进一步反作用于微观空间,并通过强制的手段重新实现了空间上的从宏观到微观的渗透与尺度缩小。这个过程在空间发展与社会治乱的历史进程中通过官方的强力推动,经过"匠人"的落实而实现,某种程度上抑制了微观、甚至超微观空间的创造性和多样性。"匠人"也并非完全现代意义上通过认识空间背景,反馈和创造空间景观的建筑师、规划师,而是贯彻"礼"者。

6.3 泛生命的哲学

经界营国、五服制度和建筑营造三者构成了我国古代的空间规划体系。表 6-1 用图示的方式,在宏观、中观、微观相对单一的维度上形象解释了该空间规划体系。表 6-1 中,空间规划在中观维度上对城市景观的塑造体现了规则与自发的不同,王金岩等(2005)将之归结为在古代封建社会中,以统治阶级为中心的政体导致了城市空间结构的二元性(规则的宫室和平直的城市干道与自发建设的民居和弯曲幽深的小巷的二元对比)。如果进一步用本章的生命理性的作用与反作用来分析:"礼"在城市空间结构中的延伸与作用强度,如前述生长中的大树——枝干与末端的树叶获得的"礼"的作用方式以及"承天"的程度是不同的,正所谓"大君有命,开国承家,小人勿用"(《易经·师》),这与宏观与微观尺度上空间外在景观的等级性、层次性表现是相似的,也说明了我国古代空间规划体系隐性框架在价值取向上的逻辑统一性及作为"礼"的衍生属性,不同的只是时空尺度。

表 6-1　单维视角上规划体系的隐性框架

维度	宏观维度	中观维度	微观维度
名称	《书经图说》五服图	明清北京	不同材等的建筑
示意图			
说明	依"礼"而确定城镇体系的等级和"远近"关系	总体空间和紫禁城理性规则;大多数的民居空间与胡同小巷,较为自发随意	依据"礼"和使用功能确定建筑用材等级,不能越级

初始的生成、时空的扩张和微观的渗透是我国古代空间规划体系隐性框架的过程特点,与当代空间规划体系单维界定(采用横向部门"块块"、纵向层级"条条"的单一时空规划体系)的思路是不同的。换言之,该隐性框架蕴含着生命理性或者固化了的生命理性,在时空的多维视角上,以"易"和"礼"作为价值内核,经历了不断的生长、膨胀、破裂、再生长、再膨胀……的循环往复过程。这个过程中,时空构筑仿佛生命生长而具有机性,这实际上就是中国古代"天地人"一体化、生命化的时空逻辑。"礼"在该过程中因不同的社会、政治、经济环境会表现出不同的内涵,本原的"礼"很容易演变成一种僵化的外在需要、封建礼教的"礼"。若"礼"丧失原本意义上的"天地人"的系统延续与自然流露,则具有了统

治意志性。其间，落后生产力背景下的阶级剥削是主因，中国古代的空间兴衰、国家治乱、社会贫富在"生死"间的循环往复也是"礼"之生死的重要表象。

如今，禁锢规划理论与实践的封建礼教已经消失，规划体系的运转在民主、法制框架下渐入良性循环。回溯和探究古代空间规划体系的本来面目，能够帮助我们重新认识和理解古代空间认识范式下，具有生命理性且具有多维生成特征规划体系隐性框架的特点，进而在"鉴古兴今"的进程中取其精华、重塑特色。

（本章原载于《规划师》杂志 2010 年第 8 期，原标题为《生命理性与多维生成——中国古代空间规划体系隐性框架探源》，作者：王金岩）

7 道与超现代规划范式

卡尔·芬格胡斯 1936 年出生于瑞士,在瑞士联邦技术学院(苏黎世)(Swiss Federal Institute of Technology in Zurich)学习建筑学,后长期从事建筑、城市设计和城市规划工作。他担任过很多学校的客座教授,以及数个城市的规划与设计顾问,并且与很多著名的建筑师合作过,其规划和设计工作遍布欧洲、非洲和亚洲。在《向中国学习——城市之道》一书中,他建构了一个时代转型期的"超现代"城市规划框架。该书受到了文丘里等人的《向拉斯维加斯学习》一书的启发,其名体现了对《向拉斯维加斯学习》的"诙谐敬意"。该书不仅界定了"超现代"时代的"城市格式塔"认知模式,最具意义的是该书推出了一个与时空发展以及地域特质相适应的"超现代"城市规划运作的"道德"框架,该框架由"道""字""阴阳""无为""风水"和"德"这六个要素来组成。并且,在时空视野上,城市的格式塔本源"无所不在"。该框架体现了作者对现代主义城市规划的反思和对中国道家哲学的深刻理解。由于该书与中国文化紧密相连,因此很值得中国的规划师思考与玩味。

7.1 城市与格式塔

"格式塔"诞生于 1912 年的德国,是德文"Gestalt"一词的音译,意思为"形式""形状",在心理学中用这个词表示的是任何一种被分离的整体。格式塔研究者考夫卡把环境分为地理环境和行为环境。前者为外部实际的环境,后者为个人心目中的环境。他认为,环境是自我的环境,自我是环境里的自我,并以此为基础用来说明心理、行为和环境之间的关系,这就是一种"格式塔"关系。

那么城市的格式塔关系是什么?芬格胡斯从讲述一个瑞士阿尔卑斯民间传说开始,表达了一个亘古的信念:在日常生活的真实之外还有一个平行存在的世界;城市的存在与其环境互为格式塔关系。芬格胡斯的格式塔与传统意义上的城市空间格式塔不同。城市规划与设计中,我们常用"格式塔"的"图底关系"来审视城市,并将建筑与空间作为"图与底",通过图底翻转来考察城市空间的完整性与场所的意义。芬格胡斯突破了这种物质性理解,把城市本身和与城市并行的元素当做一对格式塔关系。一方面,同一时空范畴下,城市游戏来源于这种格式塔游戏。另一方面,在不同时空层面上,城市社会与空间存在着持续的格式塔演进。

芬格胡斯一直在传达"城市是我们存在的一种方式"的理念。即,在不同的时空背景下,城市与人类的存在具有不同的作用"范式",城市与人类是一种演化的格式塔关系。所以,芬格胡斯认为时空的结构关系在不同的时期、不同的空间背景下具有不同的意义。探究芬格胡斯的思维源泉需要回到格式塔和"道"。格式塔的图像在同一时空层面上虽然能够使人们在"图底翻转"中很好地解释空间的意义,但是其在解释不同时空"图底关系"的时候,依然具有静态的特征。其解释的是"人"与"杯"的互换,建构在单维时空上。与之对比,中国道家中的阴阳鱼则体现了一种动态的、生生不息的空间特征。这种空间构图在时空层面上是连续运动、有始有终的。同时,道家"阴阳鱼"的"鱼"与"眼"本身还是一种不同层次的格式塔,体现了时空单维与多维的复合"格式塔"关系。这种"象也者,像也"的构图在对世界的解释上超越了格式塔空间构图的静态性,如图7-1所示。中西方文化以及城市空间的异质性也在于此。

如果用格式塔"图底关系"方法来对比中西方城市空间结构中"街道"(公共空间)与"建筑"的关系,会掩盖中国城市精微层次上的空间现象。西方城市为门窗开向街道的建筑,街道、公共广场空间与建筑是格式塔互换关系。中国城市除了

图7-1　阴阳鱼与格式塔

街道、极少的开敞空间外,建筑组合的内部还有作为"半私密"空间的"院落"来连接建筑,比西方城市多了一个"过渡空间"层次;"院落"与"城市",正像"阴阳鱼"的"鱼身"和"鱼眼",体现了中国城市的复合格式塔结构和社会的层次性。把"阴阳鱼"的时空格式塔认知无限延展,就是"无所不在的格式塔"。

当然我们无从知晓,阴阳鱼给了芬格胡斯多大程度的暗示。但是,他已经认识到了在不同时空结构下,城市存在"无所不在的本源",具有时空上无所不在的异质性;格式塔不是戛然而止和走入极端,而是对时间和地点的极大尊重。这是它在时代递进的基础上认知"超现代"城市规划框架的价值支撑。

7.2　从现代到超现代

芬格胡斯通过借鉴让·盖博瑟的"时空结构关系"(盖博瑟在《无所不在的本原》一书中提出了"初始期、魔幻期、神学期、精神期、整合期"五个时空结构关系),总结了人类认识时空的完整序列,这就是"初始期、魔幻期、神学期、精神期、整合期"。这种划分并不能理解为芬格胡斯背离了"无所不在"时空本源的初衷,而是其为"超现代"框架的提出做一个铺垫。这些时期的异质性体现了格式塔游戏的异质性和永恒性。20世纪是现代理性精神的博兴与主宰期。这个时期的人类对理性具有强烈的迷恋,同时城市规划和艺术从君主们的集体统治中解放出来,个人理性摆脱了集体主义的枷锁。

芬格胡斯认为,现代主义的范式追求"一种毫无争议的完美和无冲突的纯净",但是走入极端就表现为:僵化的教条主义,对原有结构的极度无礼,对新结构的极度偏爱,对非理性的公然冒犯。现代主义城市规划对理性的强烈追求,导致了城市空间的呆板、单调、千篇一律和缺乏人情味。巴西利亚、昌迪加尔,以及遍布世界的方盒子建筑都体现了"伟大真理的轻率",如图7-2所示。20世纪60年代以后,城市规划的人本追求,就体现了城市规划对理性"轻率"的反叛。这本身就是一种时空上的格式塔游戏。芬格胡斯认为,每个时代都有每个时代的格式塔,每个时代都有每个时代的尊严。超现代时代的城市主题包括"重新整合人类生存的非理性维度","重新整合所有存在物的极性意识","重新整合人类与自然的意识","重新整合美学的本质"。这个时代的城市空间结构形态不存在一个普适的状态和终极的蓝图,城市规划也不再是一个轻率的、纯粹的等级制模式,而是一个有"无数结果"的"格式塔游戏"。虽然"反叛",但它并没走极端。

芬格胡斯赞同文丘里等人的《向拉斯维加斯学习》一书里的"混杂甚于纯粹,折中甚于明晰,曲折甚于直白"。芬格胡斯将文丘里定位为"一个彻头彻尾的道家"。但这种定位并

图7-2 巴西利亚城市中轴线和昌迪加尔行政中心景观

不准确。文丘里反对密斯·凡德罗的"少就是多",认为"少就是光秃秃",因而他的复杂性与矛盾性更多的是对现代主义的一种反叛。芬格胡斯从文丘里那里学习到的,更多的是"如何去应对这个世界的复杂性和矛盾性"。

后现代主义地理学家爱德华·苏贾(Edward W. Soja)认为现代主义强调时间序列,而后现代主义强调对空间以及多元的肯定;空间不再是纯自然的"空间",而是人化的多元"异位"空间,强调"同存"而不是"序列"。后现代主义完全打破了现代主义对理性与规律的狂热追求。也有后现代城市规划学家,如迪尔(M. Dear)建构了后现代城市规划模式,并认为后现代城市的特点就是在全球化视野下,在边缘组织城市中心,强调片段和特定。

比较起来看,芬格胡斯的可贵之处在于对世界复杂性、矛盾性本原的挖掘,没有强调具体的模式,也没有人为地追求复杂与曲折。其似乎是一种对"中间景观"的追求。所谓"中间景观",人本主义地理学的旗手段义孚认为,人类总是在上帝与自然之间寻找中间景观。中国道家哲学在认知世界的复杂性与矛盾性上具有的不强调极端的"和合"之路,正是一种"中间景观"道路。芬格胡斯与"道"寻找到了共鸣。他没有像现代主义和后现代主义倡导的那样,建构纯净或者碎片的"乌托邦",而是试图建构一个城市游戏和运作城市规划的框架。在"超现代"城市规划视野下,现代主义与后现代主义也有可能成为"超现代"的特殊情况。这一点,芬格胡斯自己可能已经意识到了,但并没有表达出来。

7.3　超现代城市规划

"作为大宇宙的有机体系,中国哲学与希腊哲学是不同的,中国的道家思想追求一个有机的概念。"李约瑟如是说。芬格胡斯引述了卫礼贤对道的理解,把"道"理解为有意识的路,或者有意识的行走,是"意义",但是卫礼贤把"道"等同于"上帝"。卫礼贤1899—1921年期间生活在当时的德国殖民地——山东青岛,他是个传教士,更是德国著名的汉学家,在他57年的人生历程中,其中有20多年是在中国度过的。他翻译了中国的古典哲学名著《易经》,他对"道"的理解很深刻,并且不把"道"理解成"way",而是理解成神秘的"意义"(meaning),这显然还未接近"tao"。关于"道",《老子》开篇第一句话就是,"道可道,非恒道"。道是一种朴素、自然的辩证体验,是一种宁静中的感悟和认知观,并非西方宗教哲学中的神学教旨主义。

芬格胡斯也并没有延续卫礼贤对"道"的神秘主义认知,而是把道看作与我们生活息息相关的"另一部分"。同时,芬格胡斯依然用一种格式塔模式来表达"道",并把"道"理解成"一种物质、情感和精神方式的相互关照"。按照这种观点,人类是城市的一部分,城市是我的城市。正像老子所说，"人法地，地法天，天法道，道法自然"。芬格胡斯继续解释说，道就是"人类的一切都应该在都市生活中被考虑到，而不仅仅是理性的东西"，这与"天地与我并生，而万物与我为一"如出一辙。这里，他用西方语言解释了老子"道"的含义，并抓住了我们认识城市、规划城市的"天人合一"本质。"道"是我们认识城市的总的世界观和指导思想。

随后，芬格胡斯提到了"字""阴阳""无为"和"风水"。"字"就是城市的物质格式塔——城市的空间结构与形态，格式塔的美学越精妙，城市的实力越强。芬格胡斯认为，每个中国汉字就是"一幅图像"，如图7-3所示，每个汉字格式塔图像代表了一个意思或多个意思。一个西方规划师能认识到这一点，颇具趣味。我们看个小例子。

图7-3　汉字的格式塔结构
与图底翻转

公元1082年，苏轼因"乌台诗案"而谪居黄州，为排遣心中忧愁，四处游山玩水以放松心情。某日，他来到黄州城外的赤壁矶，此处壮丽的风景使他感慨颇多。于是他把酒作诗，提笔写就《念奴娇·赤壁怀古》。正如他自己所说："久不作草书，适乘醉走笔，觉酒气勃勃从指端出也。"于是，落款"东坡醉笔"。苏词气势磅礴，笔韵铿锵，如行云流水。字如其心，情由字出，内心感慨和盘托出（图7-4）。

图7-4中的英文，包括其他印—欧语系的字母文字，很难像图画一样，以"象"来折射和"格式塔"作者的内心世界。中国文字的这种格式塔结构，是中国文化的浓缩。若把这种格式塔结构放大，正是认知世界和城市空间结构的另一种方法论。

"阴阳"与"字"相对，体现了城市意识形态之间的博弈，体现了城市规划的"游戏性""平衡性"。而现代主义

Life is but like a dream. Oh moon, I drink to you who have seen them on the stream.

图7-4　苏轼手迹拓片及英文翻译

更多侧重个体游戏，城市的阴阳以及意识形态的平衡时有被忽略。那么，在复杂的城市环境中，规划师怎么办？规划师要在纷繁复杂的社会价值游戏之中，找到一个芬格胡斯称之为"无为"的平衡支点，这个平衡点"不偏不倚"。是不是在分析了"字""阴阳""无为"之后，新的城市规划的框架就已经圆满了？如果说"无为"是芬格胡斯对规划师在战略上提出的新要求，那么战术上的新要求就是"风水"。当然，这里的风水并非"古代的迷信"，而是认知城市空间和进行空间规划的一种技术路线。即，"天人合一"——人地关系的和谐观，必须整合在城市的格式塔中。在上述概念得到重视以后，芬格胡斯的超现代"城市主义"技术路线的归结点为"德"。老子说，"道生之，而德畜之"。万物生于"道"，而由"德"来承接和蓄养。"德"就是我们承接世界的态度。芬格胡斯实际上想传达"德"的美好和谐境界，这个境界是人类与世界和谐共存的境界，更是规划与设计的落脚点。

因此，"道""字""阴阳""无为""风水"和"德"共同构建起来了"超现代"城市规划运作的框架。在这个框架中，"道"是认知城市、规划城市的核心方法论和逻辑起点。"字"与"阴阳"是研究城市、认识城市空间与城市结构的根本技术方法；"无为"和"风水"则是对规

划师提出的具体要求,更是规划实施和运作的战略战术。城市空间的归结点:"德"——人与自然的和谐共存。这个框架体现了一种"道德"对称、人地和谐的格式塔"美",也反映了芬格胡斯缜密的逻辑思维过程,蕴含着道家从"从自然中来到自然中去"的认知取向。如果我们把这种"超现代"城市规划模式用图7-5来表示,就可以清楚地看出其逻辑框架。

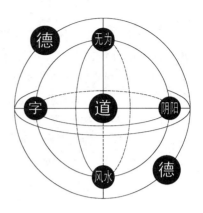

图7-5　超现代城市规划框架图示

与之类似,大卫·哈维认为,城市的发展应该挣脱资本的束缚,回归人类与自然的历史地理本原,哈维称之为"生命之网"。规划师应该像工蜂一样,在资本和现代性的冲动中把握自我。但这种对规划师的过高要求可能没有芬格胡斯的框架更严密、更系统、更具有可操作性一些。

专栏:"字"中的"超现代"思维

关于"字",中国古人的"超现代"思维,较之于当代的"概念思维"是动态的。正所谓时空无定型,令人无法扑捉,使用当代的"逻辑"与"哲学"更不易推理。这也是芬格胡斯关注中国"流水之道"的重要原因。这里列举一个中国古人"住宅规划建设"的小故事。

邵雍在《梅花易数》篇中记载了市井之中,三户人家同时起屋造舍、规划建设自家住宅的案例。故事讲的是寅年(虎年)十二月初一午时(中午12点左右),市井之中有三家连续起造新居,咨询先生指点注意事项。按常理,三家各自按照需求,合理规划布局,确定房间数目规模,组织景观环境,无吉凶悔吝的差异。这也是"现代规划"范式的常理。邵雍以三家姓氏(田姓、王姓、韩姓)为依据,再结合时间节点起卦。田姓人家得水风井变地风升卦;王姓人家得雷火丰变震为雷卦;韩姓人家得风雷益变风泽中孚卦(表7-1)。

表7-1　邵雍市井起屋造舍咨询案例起卦表

项目	田姓人家建宅		王姓人家建宅		韩姓人家建宅	
卦象	䷯	䷭	䷶	䷲	䷩	䷼
卦名	水风井	地风升	雷火丰	震为雷	风雷益	风泽中孚
问题	注意口舌		注意火患		注意官讼疾病	
规划	提高修养、注意沟通		优化布局、小心火烛		修身慎独、健康饮食	

邵雍"推断"三家居之后果完全不同。田姓人家宅寅卯年相当宜居,但有些许口舌;王姓人家在亥子寅卯年居之怡然,经济发展,得长子之力,但须小心火患;韩姓人家需加强对官讼、疾病的关注。

115

这个案例中深刻体现了芬格胡斯所痴迷的"流水之道"在中国城市文化时空中的展开。规划的过程完全融入一个个特定的"治理"过程体系之中。即,水无定型,道亦无定型,规划和趋利避害的思路更无定型。居者需依据吉凶差异,调整自我,并通过个人修养、健康饮食、家庭沟通、合理布局、加固房屋等人文、技术手段加以综合应对、提前干预。

柯布西耶式的现代物质形态规划范式,显然无法对吉凶悔吝的差异作出科学合理的解释。在当代,传统"物质形态"规划走入绝境,具有当代城市治理和参与意义的"综合性规划"显现优势,就一点都不令人感到惊奇了——机械理性的物质形态规划在面对城市社会的自组织特征时,缺乏"流水之道"。

7.4 超现代再中国化

芬格胡斯的超现代框架是一个方法论、技术路线和运作思路,而不是一个具体的城市形态与结构模式。只有在这个方法论框架下所进行的"格式塔"游戏才真正具有空间和实际的意义。城市空间形态既不是从天而降,也不可能强行移植,而是特定的政治、经济、文化、社会背景下物化的产物。

当代,在全球化与要素自由流动的背景下,中国城市规划正面临着来自国外规划与设计思想的冲击,国外"先进"的规划思路直接引进到中国打破了中国城市规划的"道德"。西方巴洛克、古典主义、城市美化运动的风潮,与中国经济大发展状况下的权力意识与小农意识相结合,导致了大江南北的大草坪、大广场、欧陆风、宏伟办公楼运动。中国城市也成了西方城市规划、城市设计的实验场,成了权力和市场的表演场。城市空间发生的扭曲和错位比比皆是。

例如,北京某"建于历史文化遗产上的城市私邸"居住区,由"德国大师"规划,位于"元大都遗址"旁,是完全的现代主义风格,如图 7-6 所示。在这种情况下,笔者不知其与"文化遗产"的格式塔关系内涵到底是什么,可能,我们需要对"德"的价值取向重做反思。

图 7-6　北京某建于历史文化遗产上的城市居住区

毋庸置疑,中国城市规划的"道德"运作框架的确还需在时空变迁中重构。芬格胡斯的"超现代"城市规划框架,给中国规划师的问题是:是否需要对中国的"规划框架"进行反思?我们需要什么样的"道德"?这里明显面临着新的背景下的"道德"再中国化问题,一方面应该回归规划的"道德",回归中国城市规划与形态设计的"字"与"阴阳"的本原,并探索中国城市空间结构与形态的基本规律;另一方面规划师应该勇于寻求新背景下的"道",在把握"无为"和"风水"的基础上,寻求一个新的平衡点,并借鉴历史与国外的先进模式,有所取舍,实现有机发展的"德"。

芬格胡斯的超现代框架启示我们,城市规划并不是个人的"一厢情愿",而是"道德"格式塔的综合复杂运用。实现再中国化的重要的一步,是在明确"道德"框架可行性的基础上,明确框架中的实质内容。即,必须先明确中国城市发展的"格式塔"游戏的内涵和定位。这个格式塔蕴含在我们生活的宏观与微观背景之中。传统的物质形态规划方法在处理区域城镇群体与地段城市结构问题的时候都面临着尴尬局面。政府意志和规划师乌托邦虽"成就突出",但是常常身陷"口碑"泥淖。不协调的空间发展往往导致人们对空间协调的渴望。"统筹发展"与"城市规划"形成了第一对"格式塔":要求规划师必须将城市发展的各种要素统筹考虑。同时,城市模式的急遽变化给环境、社会、资源等造成的巨大压力,也直接推动形成了第二个、第三个和第四个格式塔。它们分别是"环境友好与城市规划""社会和谐与城市规划""资源节约与城市规划"。并且,在城市发展的进程中,还会有其他格式塔出现在我们的视野中。

在明确了中国城市格式塔游戏内容的基础上,应该重新回归"道德"超现代城市规划框架。中国城市规划的"道"需要规划师把握城市发展与空间演化的多重要素。"字"就是必须探索与时代和地域发展要求相适应的城市形态模式,这种模式必须适应上面提到的,以及未提到的格式塔矛盾运动。"阴阳"则要求明确空间的价值主体是否发生了变迁。20世纪90年代以来,城市规划主体已经从全能政府包办,逐步转变成政府、市场、公众以及规划师多元主体化,由他们共同来进行城市空间平衡游戏的博弈活动。这种变化在《中华人民共和国城乡规划法》(主席令第七十四号)中清晰可见。规划师的"无为"则演变成了在众多的空间价值主体当中检视这场格式塔博弈游戏。同时,具有操作性的规划"风水"模式就必须对上述格式塔矛盾运动有一个清晰的认识,这需要规划师的集体协作,这才是时代的"风水"。只有这样,中国的城市规划才能实现"德",并进入"道德"的良性轨道。

当然,在《向中国学习——城市之道》一书中,芬格胡斯对"道"的理解较多的来自于其自身作为一个西方规划师的规划实践。并且由于转引了较多西方学者对"道"的理解,难免曲解其意义。但是他对"道德"内涵的地域与实践性挖掘和对"超现代"城市规划框架的创造勇气,的确值得我们静下来想一想。

(本章原载于《现代城市研究》杂志 2008 年第 5 期,原标题为《道:一个"超现代"城市规划框架——卡尔·芬格胡斯〈向中国学习——城市之道〉解读》,作者:王金岩)

8 从《汉志》看古代规划范式

东汉班固所撰《汉书·艺文志》，是我国现存最早的目录学文献。这部最早的系统性书目，属于史志书目。该书是班固根据刘歆《七略》增删改撰而成的，仍存六艺、诸子、方技等六略38种的分类体系，另析"辑略"形成总序置于志首，叙述了先秦学术思想源流。分六艺、诸子、诗赋、兵书、数术、方技六略，共收书38种，596家，13 269卷。若放大规划的视野，以当代"规划"的人类学结构，来审视《汉志》，先秦时期的规划思想昭然若揭。但是《汉志》仅是一个目录学文献，其中所列书目大多亡佚，对其研究也只能是"管窥"。

8.1 《汉志》与规划

规划，本质上是一种有意识的系统分析和决策过程，以保证既定目标（desired goals）的实现。制定规划，作为经过思考的技巧性（skillful）实用策略，也是人类区别于动物的基本属性之一。《说文》中云："规者，有法度也；划者，戈也，分开之意"，《广韵》解"划"为："作事也"。显然规划是目标、技巧方法和行动过程的统一，也是前瞻性地处理"社会领域—自然环境"关系以达趋利避害、经世济民的重要手段。

中国古代有"学"与"术"之分，汉朝刘向、刘歆和班固将古籍进行了"学"和"术"的文本划分。学，包括了六艺、诸子、诗赋；术，包括了兵法、数术、方技。依上述"规划"含义的界定，对照班固所著《汉书·艺文志》文本，不难发现其中"数术略"涉及了协调自然环境、社会领域的实用技巧，与当代"规划"的人类学特征极为相似。研究《汉书·艺文志》所序"数术略"内容框架特征，对于洞悉中国早期规划思想，避免以当代概念管窥古代范式具有一定的意义（表8-1）。

表8-1 《汉书·艺文志》书卷内容索引

项目	所辑书卷数	功　能
天文	21部，445卷	纪吉凶之象，观景以谴形，以参政
历谱	18部，606卷	序四时节气，考寒暑往来，定三统服色之制
五行	31部，652卷	用五事顺五行，用五德终始，以推其极
蓍龟	15部，401卷	有大疑谋卜筮，定天下吉凶，知来物
杂占	18部，313卷	纪百事之象，候善恶之征，以占事知来
形法	6部，122卷	举九州之势，立城郭室舍形，求人畜器物贵贱吉凶

现对《汉书·艺文志》数术略中可考之文献，进行"规划学"意义的现代诠释。

第一，天文

《汉书·艺文志》所列天文部分，大部分亡佚。主要是一些用于观测天文现象，并对政策制定提供参考的书籍。仅就文献记录来看，其操作方法主要是通过缜密的观测以洞悉"二十八宿、五星日月"之象，以确定吉凶，正所谓"观乎天文，以察时变"（《易》），此为第一步；第二步则是通过观测结果，对宏观政策的制定提供决策依据，即，"观景以谴形"，并认为只有贤德之人才会具体地进行规划,并付诸执行。在此过程之中,也承认"然星事凶悍,非湛密者弗能由也"。如《常从日月星气》中的(常从为先秦人名,老子师之。依据王应麟《汉志考证》记载,此人有残疾),"见舌知柔、仰视屋树、退而目川、观影而知持后",较为清楚地表达了以自然为参照物的规划策略,并认为要"常后不先、若积薪燎、后者处上"(周寿昌《汉书注校补》),此为"先规划、后建设"的规划哲学。

再如《泰阶六符》为通过观察"泰阶"星象,"观色以知吉凶"之书。"三台谓之泰阶,两两成体,三台故六",且将泰阶星分上中下三段,上阶代表天子、女主,中阶代表公侯、大夫,下阶代表元士、庶人。通过观测泰阶之"色",把对人事的吉凶断定作为"规划"行动的依据,"六星平则世治,斜则世乱"。

第二,历谱

《汉书·艺文志》所列历谱部分,大部分亡佚。主要是通过考察四时、节气和寒暑往来确定"服色之制"。据王应麟《汉志考证》中记载:刘歆作三统历及谱,三代各据一统。天统子、地统丑、人统寅。

与天文部分类似,历谱通过考察四时、节气、日月星辰,而知"凶厄之患,吉隆之喜"。且从规划价值主体的角度来看,历谱为"圣人知命之术"。《耿昌月行帛图》的作者耿寿昌,"以图仪度日月行,考验天运状",并奉于天子。若"小人而强欲知",则"坏大以为小,削远以为近,道术破碎而难知"。从规划运作来看,历谱与天文部分雷同,亦是通过考察自然之规律,并付诸人事吉凶。

第三,五行

《汉书·艺文志》所列五行部分,大部分亡佚。主要强调主体行为在五事(貌、言、视、听、思)方面要顺应五行规律,并论述了之所以"五事"顺五行,缘于五事之规律、五行之序乱、五星之变作皆出于"律历之数",正所谓"考星历,建五行,起消息"(姚振宗《汉志条理》),并推其极而无不至,隐含强调了顺五行的价值导向性和有效性。书中也批评了一些"小数家"混乱五行之本源,妄论吉凶的行为。

从规划的行动选择来看,五行带有明显的遵循自然阴阳、时令规律的倾向,如所列《堪舆金匮》亦为遵循天地运行规律而辨别风水方位之书。沈钦韩在《汉书疏证》中评论《钟律丛辰日苑》一书时,生动列举了孝武帝聚会各路"占家"问卜婚娶日期之事,各家结论各不相同,终以五行家为准。

第四,蓍龟

《周易·系辞上》中云:"探赜索隐,钩深致远,以定天下之吉凶,成天下之亹亹者,莫大乎蓍龟。"《汉书·艺文志》所列蓍龟部分,也大部分亡佚。其所列书目中不乏《周易》、《周易明堂》、《周易随曲射匿》、《大筮衍易》等书名。文本评论侧重于解决如何"知来物",特别是如何在重大事件面前引导规划价值主体的行为,方法为:有大疑则谋及卜筮。从规划价值导向意义上来看,已超越了"顺五行",而具有了规划的技术与人文意义。

沈钦韩在《汉书疏证》中更形象地列举了东汉明帝永平五年(公元62年)于汉宫"云台"之上的一场卜筮过程。"云台"建筑以刻于其上的东汉二十八功臣寓意"二十八星宿"。其建筑较高,《淮南子·俶真训》记载:"云台之高,堕者折脊碎脑,而蟁蝱适足以翱翔",在其上通过卜筮的结论来规划重大人文难题的解决。不过,《汉书·艺文志》引《易》云:"是以君子将有为也,将有行也,问焉而以言,其受命也如响;无有远近幽深,遂知来物,非天下之至精,其孰能与于此?"显然,《汉书·艺文志》表达了规划决策主体需通过智慧和知识的理性来规划和选择未来,故云理性混乱的"衰世",人们"懈于斋戒"就会出现"神明不应,龟厌不告"的状况。

第五,杂占

蓍龟多用于统治阶级与官方的正式场合,正所谓"圣人之所用也",如图8-1中左图所示。而杂占,通常指卜筮之外的占卜术,即"纪百事之象,候善恶之徵",以"占事知来"。《汉书·艺文志》所列"杂占"部分,也大部分亡佚。从其所列书目来看,内容包含了占梦(《黄帝长柳占梦》),相衣器(《武禁相衣器》),占人鬼精妖(《请官除妖祥》),相田地、耕种(《神农教田相土耕种》),天文、求雨(《禳祀天文》),相动植物(《种树藏果相蚕》)等庞杂事宜。至魏晋时,各类占卜乱行于世,直至近代我国民间尚有一些解梦、动物占卜、相面数术等迷信民俗。从规划的角度来看,这些怪诞的内容也反映了在科学技术极度不发达的情况下,人类通过各种自然现象来引导行为选择,并进行规划预测。

约瑟夫·里克沃特在《城之理念——有关罗马意大利及古代世界的城市形态人类学》一书中也详细描述了古巴比伦与维特鲁威以降的罗马建筑测绘师,通过"肝脏占卜"来确定城市选址并进行正交规划和形态布局的全过程,图8-1中右图为古巴比伦羊肝占模型。这说明人类文明早期阶段的规划行为非常相似,均带有强烈的自然主义信仰倾向。

图8-1 古代动物占卜形态图

第六,形法

《汉书·艺文志》所列形法部分的内容尺度可大至国土空间小至六畜器物,所谓九州之势,城郭舍形,人畜度数,器物形容,可以求其声气而知贵贱吉凶。所列书目中,除《山海经》外,皆亡佚。从书目编排顺序来看,《山海经》列首,其次为《国朝》、《宫宅地形》两书。周寿昌认为,《国朝》为描述国家宏观地理空间格局之书;其后的《宫宅地形》为城池宫室营建、住宅建筑建造之书;《泷川资言史记考证》认为其为城市建筑营建的风水方位之书。此三本书目之后为三本相书,即《相人》、《相宝剑刀》、《相六畜》。

从现代意义上看,很难想象古人将国家国土空间地理格局、城池宫室住宅营建与人畜器物排列一起,但其皆为人类生产生活所接触及产生的物化形态,这也反映了《汉书》所遵循的是学术的统一性意义,而不是现代性学科分类。即,小至一器一物、大至城池地理所以呈象成物之理是相通的,其规划学的尺度辩证统筹意义非常明显。正所谓"犹律有长短,而各徵其声",但皆为"律",这对于理解当时不同尺度、不同类型规划行为之间的价值协同具有启示意义。

8.2 《汉志》中的规划取向

从上述的文本解读,不难看出《汉书·艺文志》所列"数术略"具有重大的规划学意义,其价值导向也是非常明显的。主要表现在三个方面。

第一,强烈遵循自然规律的规划观

从天文、历谱、五行、蓍龟、杂占、形法各个部分所列书目所反映的观影以谴形、考四时节气、顺五行律历、察度数形容等旨趣来看,无不反映了朴素的自然哲学和科学观。即,自然界是有规律可循的,这些规律表现于天文、律历、五行之中。规划的价值核心在于如何正确地洞察现象,并依据自然自身组织之数和"高下优劣",指导人类的行为和行动。正如文本中云:

"大举九州之势以立城郭室舍形,人及六畜骨法之度数、器物之形容以求其声气贵贱吉凶。犹律有长短,而各徵其声,非有鬼神,数自然也。然形与气相首尾,亦有有其形而无其气,有其气而无其形,此精微之独异也。"

这里非常明确地指出:事物的形态差异不是"鬼神"造就的,而是客观自然规律使然。人类行动规划的总体价值导向和技术运作以自然观测为经验基础来进行是根本,与盖迪斯"调查—分析—规划"的标准规划程序类似,而不是付诸单纯的想象性"乌托邦"。

第二,不同尺度物象价值统一的规划观

以上所列内容也反映了《汉书·艺文志》的价值观:世界上的所有事物,之所以呈象成物,皆有同一个内在动因使然。这个动因就是自然规律。在宏观尺度上的九州格局、中观尺度的城郭宫室、微观尺度的人畜度数以及超微观尺度的器物形容,其理别无二致。同时,从事物划分的角度来看,《汉书·艺文志》也将客观现实的衣器、天地、天文、气象、动植物及农业耕种,以及主观虚幻的梦境、精妖等统一归类,也认为出于同一"律",这具有学术统一意义。

从规划学视角来看,规划要处理规划过程中的相关主观和客观现象,就要寻找和洞察其内在的基本规律。《汉书·艺文志》对各类规划行动——"貌、言、视、听、思"行动的指向非常明确,循之则可以"推其极而无所不至"。需指出,这里的"推其极"与文艺复兴及近现代以来的西方线性时空观对"终极理性"的追求是截然不同的。在西方,及至对牛顿时空观的反思、热力学时间之矢的发现以及现象学的"栖居"均不是"生生不息"沿循自然律历。这也意味着西方规划范式永恒的"文艺复兴"属性,而不是泛生命色彩的自然属性。

第三,由自然而人文的规划价值显现

值得注意的是,前述"蓍龟"一节引《易》云:"非天下之至精,其孰能与于此?"以表达事物之前景并非可以完全通过沟通天人的卜筮途径来解决,这是典型的人文化倾向。冯友兰云,六种数术,特别是蓍龟、杂占多称述于春秋时期的《左传》(内容屡言"卜之""筮之")之中。《汉书·艺文志》"数术略"结尾部分亦慨叹道:

"数术者,皆明堂羲和史卜之职也。史官之废久矣,其书既不能具,虽有其书而无其人……盖有因而成易,无因而成难,故因旧书以序数术为六种。"

《汉书》试图通过目录文献学手段来对自然主义的传统进行某种挽救。更有学者认为,"独尊儒术"摧残了先秦治学注重自然的传统。

董仲舒通过推儒将"天"从自然的有机部分转变成人格化的神,这与《淮南子》的天道宇宙自然属性是不同的;并认为"道者,所繇适于治之路也,仁义礼乐皆其具也"。规划的价值选择被进行了"儒学"化的刷新。明堂的修筑使得人文倾向达到了顶峰。王莽用道德化了的五行观来强调天生万物,图8-2显示了明堂辟雍的空间形态,"道德"终于通过宫室营建的物质化达到了极致,并借助周期的祭祀过程实现重复和强化。这客观展示了汉代儒道之争的过程中,援道入儒与儒道融合。这也说明,"数术略"所载的很多自然经验性的理论演绎方法,渐渐被更加人文化的现实观念所取代,儒道合流渐渐通过政治斗争开始主导规划价值观,并物化于各类礼制性建筑之中。

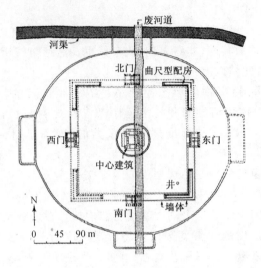

图 8-2　汉代辟雍规划总平面图

8.3　从《汉志》看《周礼》《管子》中的规划思想

在我国当代城市规划理论视野下,常将《周礼》和《管子》作为我国古代城市规划思想的源头。《周礼》在《汉书·艺文志》中被称作《周官经》,被列入"六艺略"之"礼"部。依据《汉书·艺文志》数术略的价值导向,能够对《周礼》有新的解读。

在《周礼》中可与现代城市规划直接对应的当属《冬官考工记》。但《冬官考工记》作为《周礼》文本的组成部分与《周礼》其余五个部分有着重大内容差别。特别是《匠人》部分偏重对城市建成最终形态和空间结构的基本描述,而对具体规划和操作的过程以及各类关系的处理并未深入阐明。实际上,《冬官考工记》文本内部亦有价值导向的差别。《冬官考工记》开篇云:"国有六职,百工与居一焉。"百工列举了 30 种,而现代城市规划意义上的"匠人"列其一。进而论及"天有时,地有气,材有美,工有巧,合此四者,然后可以为良。材美工巧,然而不良,则不时,不得地气也"。

这段论述与《汉书·艺文志》的自然主义规划观是相通的,强调取法自然,因才因地而施工。但是,在《匠人》节,虽先论及"夜考极星,以正朝夕",但随即的"匠人营国,方九里,旁三门。国中九经九纬,经涂九轨。左祖右社,前朝后市,市朝一夫"则是描述了城市的最终形态,而不是具体的"考、正"后的规划行为过程。这里出现了与《匠人》节主体文本的"疑似断裂",虽不能定论与《汉书·艺文志》所蕴含的规划价值观不同,但的确有所差异。

若这种判断是必需的,那么有必要回归对《周礼》及《冬官考工记》被"奉为圭臬"历史时期的考证。《周礼》真正被重视而立学官,是王莽时期的事情,刘歆与博士诸儒颂扬王莽"发得《周礼》,以明因监"。另《周礼》原本只有五篇,《冬官》在秦汉间已亡佚,而《考工记》为河间献王刘德所补。所以,《周礼》与《冬官考工记》文本存在价值差异是可以理解的。

现代城市规划若将最终形态和最终产品奉为我国古代城市规划的基本范式,则与汉以降将都城规划所进行的"匠人营国"形式化倾向类似。较之于《冬官考工记》,《汉书·艺文志》数术略所列天文、历谱、五行、蓍龟、杂占、形法更蕴含了规划思想和操作过程。若放大尺度,将《周礼》记载的有关城市规划事务的职官系列及职责统一考虑,则城市规划经历"问鬼神、询万民、选址、功能布局、地块划分、功能区组织和施工营造"的全过程可相对完整地揭示。即,能够更加清晰地说明规划行为的运作方法和规划的全过程。

《管子》在《汉书·艺文志》中被列入诸子略。其与现代城市规划相对应的部分并没有单独篇章,而是散布于《度地》、《乘马》、《大匡》、《小匡》之中。其中,《乘马》篇中"凡立国都,非于大山之下,必于广川之上。高毋近旱而水用足,下毋近水而沟防省","因天材,就地利,故城郭不必中规矩,道路不必中准绳"是人们耳熟的城市规划思想经典名句。对照前述《汉书·艺文志》数术略之价值导向,不难看出,《管子》所言规划思想更加贴近"数术略"中遵循自然规律的规划技术路线。

显然,对古代规划思想的解读,不能仅仅拘泥于某种或几种特定的文献,更不能用当代物质形态规划的传统来对应古典文献中的特定篇章加以诠释,而需从总体学术和哲学思想意义上加以考证。《汉书·艺文志》的目录学意义为这种全面诠释提供了宝库。即,《周礼》和《管子》文本在解释当时规划模式的基本原理和前置原因方面是力有未逮的。吴良镛也认为《考工记》中的论述只是中国古代的"理想城"。通过对《汉书·艺文志》数术略所列书目和班固相关评论的研究,则可对当时规划观念中的自然主义倾向有一个更加清晰、全面的认识。这一点也是对古代,特别是秦汉及以前真正意义"规划学"价值特征的回溯。

规划本质上是目标设定和行动过程的统一。在处理人地关系过程中,中国古人倾向于认为自然与人文相互影响,且先秦多以自然为核心。古人有所谓"数术"之法,以处理人与自然环境的关系,并通过"规划"手段而形成各种物质与非物质的建构。《汉书·艺文志》数术略文本渗透着经验实证、理论预测和实用干预等现代规划学的一切特征,也较为丰富地展示了"规划"所蕴含的核心内容,即规划师、规划价值及规划过程。

当然,通常我们均认为"数术"本身是以迷信为基础的,但是自然主义迷信也往往是科学的起源。数术与科学有一个共同的愿望,就是以积极的态度解释自然,通过规划的手段来趋利避害、平衡阴阳,使之为人类服务。《汉书·艺文志》"数术略"所列评论与书目正是在落后生产力境况下,摒弃对超自然神或人格化神仙的信仰,而试图只用自然本身来解释宇宙。这一点,在提倡辩证唯物的今天,更有参照意义。

9 明代兖州与藩王城规划

明初鲁王城营建和兖州府城扩城具有深刻的历史背景和政体基础。我们结合明初诸亲王的藩王城之规划,以分析鲁王城与兖州府城布局为基础,发现鲁王城选址过程中充分考虑了城市用地现状,注重了"风水"思想;鲁王城与兖州府城的位置关系、尺度关系等则体现了明初兖州城市性质的军事性,体现了封建政体对城市建设的干预。

9.1 明代兖州城的营建

第一,明初营城的宏观背景与动因

兖州,古九州之一,上古属少昊之墟,为古奄地,称穷桑邑。春秋时期为负瑕邑。秦汉至晋,置瑕丘县,均为郡、州治所。瑕丘县自唐代始为军事重镇。北宋大观四年(公元1110年)避孔子讳,去"丘"留"瑕",称瑕县,后因"瑕"有"瑕疵"意,又改为嵫阳县。元代,嵫阳县为兖州治所。明初(公元1385年以前)嵫阳县为兖州治,1385年"升府"后为兖州府治,因此文中提到的元代兖州城与元代嵫阳县城为同一城,明代兖州府城与明代嵫阳县城也为同一城。

明朝建立后,朱元璋深知元末"土宇分裂,声教不同"的教训,"编《祖训录》,定封建诸王之制","颁《昭鉴录》,训诫诸王"(《明史·太祖本纪》),他认为"治天下之道,必建藩屏"(《明会典·王国礼一·封爵》),并令诸亲王"就藩建国",依靠朱氏子孙辅翼皇室,以确保朱明王朝统治。兖州处"泰山之阳,旁亘阙里,南望邹峄,西控钜野,北走厥固",战略地位重要。洪武三年(公元1370年)朱元璋封其第十子朱檀为鲁王,洪武十八年(公元1385年)朱檀就藩兖州,于是"升州为府,以济宁、曹、沂、东平四州入属,凡州县二十七"(明万历《兖州府志》),置嵫阳县为兖州府治。

为了"上卫国家,下安生灵"(《明会典·王国礼一·封爵》),明初统治者除了在首都南京大兴土木外,在诸亲王"就藩建国"之城(以下简称"就藩之城"),也掀起了规模空前的城市建设运动。这些城市在形态扩展上表现为两方面:第一,在城内营建藩王府。如兖州在城内营建鲁王府,如图9-1所示。明代王府事实上是一座以亲王宫殿为核心并筑有城墙的"城"(以下

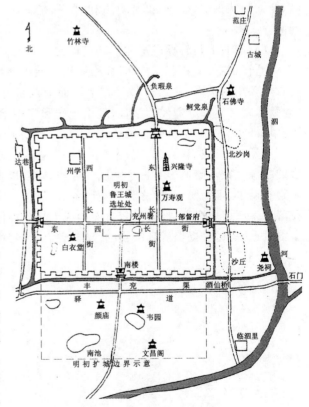

图 9-1 唐宋元兖州城池图

通称"王城",以便与府城区别)。第二,扩展府城城池并加固城墙。兖州府城向南拓展二里三十丈,城墙也得到加固。

14世纪末的明代初叶,兖州在全国城镇体系中地位的提升,行政中心作用的强化,城池规模的扩大,依靠的是明朝封建国家的优先扶持;城市形态演化的主导因素是封建政体及其干预。

第二,明兖州的营建过程

明初,兖州城池的演变,包括加建王城和扩展府城城池前后两个过程。首先是洪武三年(公元1370年)四月,在元代兖州城的内部加建鲁王城。元兖州城实际上继承了隋朝至宋朝兖州城池的基本格局:城门有四个,有四条长街,其中三条通向城门;西长街西侧有州学等学校建筑,东长街东侧有兴隆寺、万寿观等寺观建筑,东西长街中部有州署等行政办公建筑;城墙外围为护城河,该河城南东西走向的部分由隋朝兖州刺史薛胄修筑和疏通,称为"丰兖渠",明代扩城以后变为城内河流,改名为府河(图9-2)。

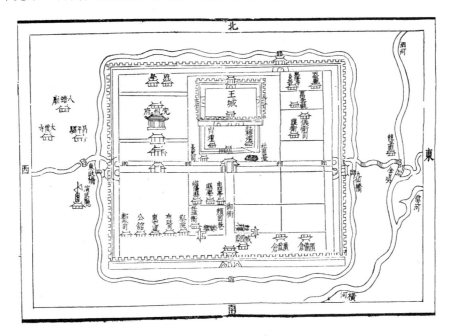

图9-2 明兖州府城图

鲁王城选址在元兖州城东西两条南北方向的长街之间即唐代兖州署附近。其营建的准备工作在洪武三年(公元1370年)四月就开始了,洪武四年(公元1371年)"亲王府制"颁布后,营建正式开始。明代"亲王府制"要求王城"高二丈九尺,正殿基高六尺九寸",比扩城后的府城城墙高度的三丈七尺要低。鲁王城营建又分成"宫城"和"宫城外"两个部分。第一步,"立山川、社稷、宗庙于王城内",但三者均位于宫城外(图9-2);第二步是洪武七年(公元1374年)"定亲王所居殿,前曰承运,中曰圜殿,后曰存心;四城门,南曰端礼,北曰广智,东曰体仁,西曰遵义"。其中南门"端礼门"指宫城南门,其外左右两侧分别为社稷坛和山川坛。洪武九年(公元1376年)"定亲王宫殿、门庑及城门楼"。洪武十八年(公元1385年)"宫阙建成"。建成后的鲁王城"城垣备极宏敞,埒如禁苑",位于元兖州城的正

125

中。王城南门名为"重门",门前有坊,坊正对元兖州城的南城门。

其次,鲁王城营建后,出现了"为州制颇狭隘"的情况,再加上升州为府,城市中除了要布置兖州府公署和属署、嵫阳县公署和属署及其他官署建筑外,还要布置仪卫司、鲁府护卫和任城卫等军事卫所。元兖州城作为府城,已经无法为上述机构提供布局空间。于是,在洪武十八年(公元1385年),武定侯郭英扩建兖州城,将南城墙南移了二里三十丈(图9-3)。扩建后的兖州城"周一十四里有奇,高三丈七尺,基广两丈四尺。城楼有四:北曰镇岱,南曰延薰,东曰宗鲁,西曰望京。以泗水为池,深一丈二尺,阔三丈。泗水至黑风口西流至城东,分为三支,中支穿城而入,南北二支抱城至西门,同会入济城"。经实际测算,府城东城墙长约2 330 m,西城墙长约2 200 m,北城墙长约1 640 m,南城墙长约1 570 m。另据清光绪十四年(1888年)《滋阳县志》记载,"门楼四:南曰德政,后改延薰,今曰瞻峰;东曰九仙,后改

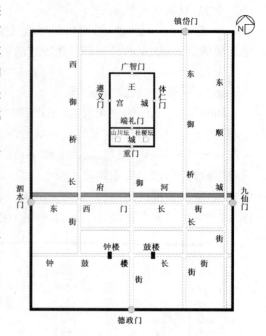

图9-3 城门与长街位置分布图

宗鲁;西曰泗水,后改望京,今曰襟济;北曰青石,后改极拱"。显然,明初扩城后,南、东、西三门名称应为德政、九仙、泗水;北城门扩城后名为镇岱,明洪武至清光绪经历了镇岱、青石、极拱三个名称的变化。"济城"即位于兖州府城西南的济宁州城。

9.2 明代兖州城的布局

第一,总体空间格局

扩城后,鲁王城处在兖州府城南北中轴线上,仍然是府城整体景观格局的核心。城市道路网呈大方格网布局,具体分布为:南北方向有御街(即中御桥长街)、东御桥长街和西御桥长街三条;东西方向有钟鼓楼长街和东西门长街(今中山路)两条。御街、东御桥长街、东西门长街分别正对兖州南城门、东西城门和北城门(图9-3),这些道路将城市切割成若干块尺度较大的街廓(block)。

第二,鲁王城与府城各分区的位置关系

兖州府城的分区布局以鲁王城为中心,府河和御街为界,将整个府城分为四部分,即:西北隅、西南隅、东北隅、东南隅。西北隅为鲁王城西侧,府河以北部分。该处布置了兖州府公署,洪武三十年(公元1397年)全面建成。兖州府署北为府学,在原州学的基础上建成(图9-2)。

西南隅是御街以西、府河以南部分。嵫阳县公署在府河南、府署东南方,洪武十八年(公元1385年)建。县公署东为县学;西南部自西向东分别为都水司、公馆、东兖道、布政司、察院、任城卫等机构。任城卫东南为钟楼,鼓楼与钟楼以御街为对称轴对称布置,是府城南半部分的主要景观标志,并与王城一起构成景观呼应。王城和御街西侧的城市用地

126

是全城官署机构分布最密集的地方（图9-2）。

东北隅在鲁王城东侧，府河以北。其中，南北长街东侧部分，最北为兴隆寺和天仙庙，再南为万寿观，最南为鲁府护卫和仪卫司。集中成片的城市居住用地被挤压在府城东南隅，其余则散落在官署用地间。府城东南隅除了供广大平民居住外，也集中着大量官宦的私宅府第，如官胡同、归善王府胡同（即今白道街）等。

综上所述，兖州府城较大部分的城市用地被王公贵族府第、行政官署和军事卫所占用。城市空间布局上的这些特征有力地验证了兖州城市性质的政治性和军事性。明清两代，兖州府城经历过农民起义和明清改朝换代的战争，屡遭破坏，虽数次修缮，但清代还是出现了"鲁封不见灵光殿，此地缭垣尚俨然。碧瓦添堆长秋草，荒苔满径覆寒烟"（张庭桂《瑕丘怀古八首·鲁王宫》）的凄凉景象。王权铸就的辉煌往往会使城市在激烈的时空冲突中回到原点，清末兖州城农村聚落形态已经非常明显。唯有兴隆寺塔（即兴隆塔）矗立，周边农田、菜田成畦，屋舍零星。至1936年梁思成、林徽因测绘兴隆寺塔时，周边依然如此，林氏身后的原野景观大致可见，如图9-4所示。

图9-4　1907年兴隆寺塔景观与1936年林徽因测塔工作照

9.3　选址与尺度问题分析

明代就藩之城的两个重要空间元素是王城和府城。鲁王城选址时的主要考虑因素，尺度上的特征，与兖州府城的尺度模数关系等问题，是研究明代兖州城市规划与形态特点，进而探索明代诸亲王"就藩建国"城市形制的关键。

第一，王城的选址问题

鲁王城基本上处于元兖州城的几何中心，处于扩建后的兖州城东西中轴线的北侧，鲁王城门与府城南城门——德政门分处御街北、南两头（图9-3）。

由于鲁王城是在元兖州城的基础上加建的，元城内的东部寺观、西部学校等已存建筑，的确对鲁王城的选址是个限制因素；而元城中部，也就是图9-1中的"兖州署"周边，特别是其北，没有重要的建筑物，此处可为鲁王城提供最佳选址地点。因此，鲁王城在选址的时候充分考虑了元城的基本用地现状。

另外，还有一个规划中的细节：如果将兖州府城与其他就藩之城做对比可以发现，这些城市在规划中鲜有王城正对府城北城墙城门的情况，即，亲王居住与办公场所不正对府城北城墙城门①。例如，鲁王城不与府城北城门镇岱门正对（图9-3）。再如，晋王城不与太原府城北门镇远门正对，而处于太原府城东部；秦王城不与西安府城安远门正对，而处于西安府城偏东北方；谷王城不与宣化府城广灵、高远二门正对，而居北半城的中部。其实，宫城或者王城"不正对北门"的规划手法，在我国很多古代城市中都有运用。早在汉魏洛阳规划中，洛阳宫城就不正对外廓城的两个北门——大厦门和广莫门。到了元大都规划，这种手法已经运用得相当娴熟，后来的明北京营建继承了大都的做法。

　　对于王城选址是否要位于城市轴线一侧和是否要"居中不偏"两个问题，经分析部分就藩之城王城与城市轴线的关系可知：鲁王城和谷王城处于城市南北中轴线上，而秦王城、代王城等却偏离城市中轴线。而且，鲁王城最初位于元兖州城的几何中心，后来府城扩城是解决"城池颇狭隘"的问题。这说明，明初藩王之城营建过程中，王城并非一律位于城市轴线的一侧②。

　　同时，明代初年，朱元璋认为孟子"民为贵，社稷次之，君为轻"（《孟子·尽心下》）的学说限制了其专制统治的加强，并命翰林院学士刘三吾删改《孟子》中违碍君权"辞气抑扬太过"之章节；也试图动摇孔子的权威，于洪武二年（公元1369年）诏令："孔庙春秋释奠，只在曲阜进行，天下不必通祀"，制造了明初的"孔孟公案"。朱氏"抑儒"虽遭群臣反对，但潜移默化地影响到了明初的政治、经济、文化，甚至城市建设。从鲁王城初建时的"居中"，秦王城偏离轴线可以看出，规划中对儒学所倡"居中不偏"与否也非硬性要求。显然，王城位于城市轴线一侧和"居中"布局，两者都非原则性的技术规定。

　　王城选址中注重的两个问题是：其一，对城市用地现状等因素进行考量，即不与原有重要建筑冲突。例如鲁王城选址避免了与寺观、学校等的冲突，并"依其国择地"（《太祖实录·卷五十四》），这不但避免了重复建设，而且利于节省物力、财力，以资军用。其二，王城不能正对城市北部城门。

　　注重这一思想的原因有二：首先，虽然城市北城墙并不避讳开城门，但是王城的正北方位上要避免开城门泄漏"王气"，统治者认为"风水"与江山命运有关。再如，明北京营建时在皇城北方的"玄武主山"方位上加筑景山，与王城不能正对城市北门一样，也有避免泄漏"王气"的含义；南京皇城选址时，朱元璋"命刘基等卜地，定作新宫于钟山之阳"（《明实录》卷二十一），并耗巨力填平燕雀湖，并且皇城位于南京城的东部，以体现"帝出乎震"的含义。其次，元末"土宇分裂"的痛楚和明政权专制决心的加强，使统治者担心蒙元大军和农民起义军从城北而来，使自身落入"背后遭袭"的险境，同时又保证了连接城门道路的通畅。其中有心理认知因素，更包含着军事、防御等技术因素。应该说，兖州鲁王城在选址的时候也应该是避让城市原有的重要建筑，并且王城的选址位置恰到好处地没有正对"镇岱门"，符合了"风水"理念，然后才考虑其他因素。

　　综上所述，明初城市规划手法较前朝有了新的特点，特别是规划选址过程中"风水"思

---

　　① 根据《中国城市建设史》一书中明代成都、大同、宣化等城市平面图判断得出。
　　② 王树声在《明初西安城市格局的演进及其规划手法探析》一文的论述中认为，王府"处于城市轴线的一侧，是明初藩王府城市营建的基本制度"。

想得到了强化和重视。不仅是因为明初道教盛行,如鲁王朱檀笃信道教,为求长生不老,"饵金石药,毒发伤目"(明万历《兖州府志》)。更透露出统治者在明代特殊的政治、军事、文化背景下,对国家存亡的担忧和对城池军事防御的高度重视,上述城市规划中的微妙之处在我国古代城市规划历史进程中所具有的意义值得关注。

第二,王城尺度与府城尺度的关系

明朝诸亲王在政治上受到"封建诸王之制"的约束,王府的府第也要严格遵循"亲王府制"进行建设。《明史·卷六十八·志第四十四·舆服四》中有详细记载,如"亲王府制"规定王城:

"……中曰承运殿,十一间;后为圆殿,次曰存心殿,各九间。承运殿两庑为左右二殿。自存心、承运,周回两庑至承运门,为屋百三十八间。殿后为前、中、后三宫,各九间。宫门两厢等室九十九间。王城之外,周垣、西门、堂库等室在其间,凡为宫殿室屋八百间有奇。"

对于王城的尺度,据《明会典·卷一百八十一》记载,王城"周围三里三百九步五寸,东西一百五十丈二寸五分(约450 m),南北一百九十七丈二寸五分(约620 m)"。结合史料和地图量算,王城长 b' 约620 m,宫城长 b 约460 m,王城宽 a 约380 m,与上述记载虽有出入,但大体相当。与王城相关联的是府城尺度。兖州府城长与鲁王城宫城长的比,即 B/b 的值为5.07,近似为5;府城长与王城长的比,即 B/b' 的值为3.76,近似为4;府城宽与王城宽的比,即 A/a 的值为4.31;府城与鲁王宫城的面积比 S_{AB}/S_{ab} 约为21,府城与鲁王城的面积比 $S_{AB}/S_{ab'}$ 约为15(图9-5)。

王树声(2004)在分析西安府城与秦王城面积关系时,得到二者的面积比约为45,认为体现了九五至尊的皇家规制。兖州府城与鲁王城宫城进深比值 B/b 是"五"的倍数关系;A/a 的值则达不到"九"的倍数关系;府城与鲁王城的面积比也达不到45。对比分析其他就藩之城府城与王城的比例也鲜有满足"九五至尊"之数的(表9-1)[①]。也就是说,多数就藩之城未能完全体现傅熹年所分析的元大都和明北京以宫城尺度为模数单元的"九五"规制[②]。

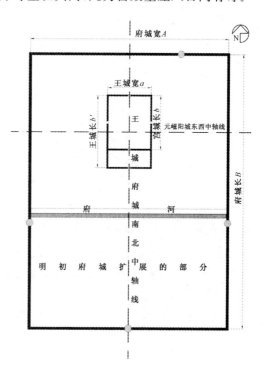

图9-5 府城与王城比例位置分析图

① 大同、成都、宣化数据根据《中国城市建设史》一书量算,西安数据根据王树声的研究成果得到。此表依亲王长少地位排列,其中朱檀为朱元璋第二子,朱柏为第三子,朱椿为第十一子,朱桂为第十三子,朱橞为第十九子。详细内容参见《明史》。

② 傅熹年先生在分析元大都和明北京的时候指出:以宫城之宽和宫城与御苑总深为模数,使大城东西宽为宫城之宽的九倍,南北深为宫城与御苑总深的五倍,这样,大城面积为宫城和御苑面积的45倍。

应当指出,虽然元大都、明北京在规划时执行了"九五"皇家规制,但是分布全国各地的就藩建国之城毕竟不是都城,诸亲王遵循"封建诸王之制",宫阙按照"亲王府制"规划建设,是不是根本就没有执行"九五"规制? 表9-1中数据与"9""5"以及"45"的离散程度说明,在政权初建的历史背景下这种情况是有可能的。那么,"九五"规制是否在规划者的考虑之列? 表9-1所示的数据中,B/b'的值是府城与王城的比例关系,若不计算宫城外的部分,也就是列举B/b的值,可能多数城市达到"5",即府城长与王城长的比例关系的确遵循"5"的比例关系;A/a的值不存在宫城与王城在尺度上数值不同的问题,其值却鲜有达到"9"的,西安只不过是个特例;府城与王城的面积比除了西安也没有超过"45"的,即使计算府城与宫城的面积比,兖州、太原、成都、大同也不可能达到"45"。因此,在测量误差存在的前提下,说明虽然"九五"规制是规划中的参照标准,并在规划者的考虑之列,但是绝大多数就藩之城的城池尺度处在"九五"规制之下。城市形态的特点可以从城市性质和某价值取向主导下的规划者的干预这两方面上入手进行分析。

表 9-1　部分就藩之城府城与王城尺度比例

城市	藩王	B/b'	A/a	$S_府/S_王$
西安	秦王樉	4.2	10.40	45
太原	晋王枫	4.5	5.00	22
兖州	鲁王檀	4.0	4.31	15
成都	蜀王椿			22
大同	代王桂	4.1	6.90	28
宣化	谷王穗	5.2	7.20	38

其一,分析表9-1发现西安、宣化、大同的A/a值较兖州相对接近"9",且上述三城市均处于对抗元朝残余势力的前沿,防御地位远高于兖州。即使大同代王朱桂、宣化谷王朱穗在朱氏皇朝里的长少并不如鲁王朱檀,其城制也较兖州接近"九五"规制。因此,就藩建国之城规划中可能存在着因城市的军事地位而产生的对"九五"规制标准接近程度的差异性,体现的是就藩之城"外卫边陲,内资夹辅"的军事控制性质。

其二,由于明朝初建百废待兴的基本国情,在扩建府城时,优先满足军事地位较为特殊城市的形制以体现皇家震慑力,是容易理解的。然而,即使是西安,虽然面积上体现了"九五"规制,但长宽比上也并没有像元大都、明北京一样体现精确的"九五"模数关系。看来"九五"模数,除非都城,一般城市不能僭越。例如,因"周藩王气太盛"(周藩王为朱元璋第五子),明初在开封就有一次"铲王气"之举,将"繁塔七级去其四";朱元璋令诸就藩之城建设"依国择地",而在首都南京则耗巨力填平燕雀湖,以"尽居山川胜焉"。这都说明:虽然统治者深信"九五"是"飞龙在天,利见大人"的吉数,但是也明白"见群龙无首,吉"。城市规划中会对地方城市规模和形制进行限制,就是要告诫臣民"用九天德,不可为首也"(《周易》)。在什么地方不能泄漏"王气",在什么地方又要铲除"王气"是非常明确的。皇权城市的"尊卑"人治干预在某种程度上筑就了我国明代以军事和防御为核心的,从"帝王宫室"到"平民住宅"层级规制鲜明的城市规划与建筑营建体系。就藩之城规划中既考虑

"九五"规制又压低建设标准的原因值得关注。

今天兖州城市形态的基本框架和街道格局是在明代兖州府城的基础上演化变迁而来的。其间的文化假晶现象一刻也未停滞。兖州府城城墙和鲁王城至清末、民国,甚至新中国成立后,尚有遗迹残存。在清末,一批自称"斗士"的德国年轻传教士来到山东,开始了他们在异域的思想和景观实践。1891年德国传教士进入兖州,1897年他们开始营建兖州天主教堂,1899年高21 m的哥特式大圣堂(天主圣神堂,由爱尔列曼神父设计施工)建成,其建筑之精美、规模之宏大在当时屈指可数。图9-6中,右上方兴隆寺塔依稀可见,教堂前散布着民居和农田、菜田。这时的兖州成了东方和西方文明交流和交融的窗口。但是,金碧辉煌的天主圣神堂在1966年"破四旧"时彻底被毁。城市的兴衰蕴于时空挪移之中。20世纪80年代以后,随着兖州城市建设力度的加大,无论是"明代故城"还是"近代西景",都渐渐消失⋯⋯库哈斯理论中的"普通城市"出现了。

图9-6 清末兖州城空间景观图

专栏:"九五法则"的天学渊源

我们常能听到古代流传下来的关于"九五至尊"的说法。中国古代常把数字分为阳数和阴数,奇数为阳,偶数为阴。阳数中九为最高,五居正中。所以常用"九"和"五"来象征皇帝的权威。当然,《周易》六十四卦中,首卦为乾卦。对于乾卦,从最下一爻下向上数,第五爻称为九五,九代表此爻为阳爻,五为第五爻的意思,此爻意义最好。乾者象征天,常常用来代表帝王权威。"九五"就具备了文化意义。

实际上,"九五"更有着深刻的天文学内涵。这也是本篇导论中所论中国古人"以天系人"思想范式的集中体现,也是农耕文明精神的抽象精华。原来,"九五"之数实际上是先民立竿测影,观测四季变化科学行为的产物。张杰(2012)分析了《周髀算经》中古人利用"立竿测影"分析冬至、夏至,春分、秋分(图9-7,之所以选择二分二至因为这四个时间节点对于划分二十四节气和把握农作物收种有着重要意义)的天文观测数据的结果,其表达了自然规律的几何比例关系:其一,冬至与夏至的晷影比例大致为1:9;其二,夏至晷影与冬至晷影减去春分、秋分晷影的差的大致比例为1:5;其三,冬至晷影的1/9是二至、二分暑影的基本单位。于是,"九五"成了重要的自然比例模数。这一点深刻揭示了《易经》以及中国古代数术的天文学基础,更解释了"九五"的自然基础;也是洛书1至9数字自组织的重要天文来源。这种观测是农耕文明背景下,观天象、察时变的必然结果。

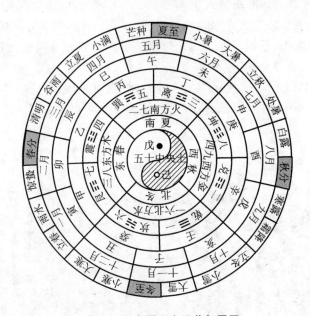

图9-7 农历二十四节气圆图

(本章原载于《规划师》杂志 2007 年第 1 期,原标题为《明初兖州府城形态扩展及鲁王城规划分析——兼论藩王城规划》,作者:王金岩、梁江)

第三篇　现代性与城市

导论 C：隐喻

我们讲的"现代性"，通常指西方启蒙时代以来的全新世界体系生成的时代。"现代性"本质上是一种线性进步、不可逆转的时空观念。现代城市说白了是由现代工业文明推动的，是对传统有机农耕社会的超越。然而，现代社会和现代城市中人与自然关系的隐忧，城市化极度发展带来的困惑，快节奏生活带来的生理与心理压力，常常会使人们反思各种"不适"，及至现代性本身。

1) 曼哈顿

1947年，加拿大记者马克·盖恩采访了毛泽东。当时，毛泽东说：你们西方自由主义者的麻烦在于你们误解了美国社会和政治的潮流，美国大众受够了不公正；他们想要更好的生活，想要一个民主制度。当下一次萧条来临时，人们会向华盛顿进军，推翻华尔街政府。

一个甲子后的2011年，"进军"果然发生了。9月17日，上千名示威者聚集在美国纽约曼哈顿，以华尔街不远处的祖科蒂公园（Zuccotti Park）为宿营地，开始了"占领华尔街"示威。有人甚至带了帐篷，扬言要长期坚持下去。华尔街（Wall Street），原本是沿着百老汇大街的一堵土墙，从东河（the East River）一直筑到哈德逊河（the Hudson River），如图C-1所示。后来围墙拆除，华尔街的名字得到了保留。这条小街宽仅有11 m，两侧高楼与狭窄的街道形成了极为夸张的高宽比（街道空间 H/D 的比例）。无论是按照芦原义信的街道空间比例理论，还是依据行走在此街的实际感受，华尔街都难逃压抑。但是，来自世界各地的金融大鳄和资本大亨在这里做着财富的美梦，它是美国甚至是世界金融市场的晴雨表，它是世界金融业的中心。

图 C-1　曼哈顿下城空间形态图

为什么要占领华尔街？示威组织者称，他们的意图是反对权钱交易与社会不公。诺贝尔经济学奖得主、著名经济地理学家保罗·罗宾·克鲁格曼（Paul R. Krugman）直言不讳：华尔街高层一直抱怨抗议者不明白华尔街对美国经济做出了多大贡献，但事实是，抗议者非常清楚——这也正是他们抗议的原因。如果政府能够对教育、基础设施等民生事业做出更多投资，则人民可以有更多的事情做、更少的失业，他们的生活环境也会更好。但是，金融业却被政府当做唯一的救命稻草,持续的投机和侥幸依然在继续。就像2010年美国电影《华尔街》的标题一样:"金钱永不眠"。华尔街把全球的财富美梦变成了现实,但也导致了收入分化——1%的人得到了99%的收入,而99%的人得到了1%的收入。

抗议活动很快变成了"99%"(收入1%)对失业、贪腐的更大声讨。占领华尔街仿佛变成了对现代社会的全面反抗,抗议变成了一次现代生活范式下心理、生理压力的全面释放,并很快蔓延至其他城市。"占领华盛顿""占领伦敦""占领东京",甚至在中国城市都打出了"支持占领华尔街行动"的横幅。

这次声讨宿营地祖科蒂公园的西北方,就是著名的纽约世界贸易中心(双子塔)。塞缪尔·亨廷顿(Samuel P. Huntington,美国当代著名的国际政治理论家)在他的《文明的冲突与世界秩序的重建》一书中,曾预言过不同文明之间的冲突会造成世界的不稳定性。2001年9月11日,恐怖分子劫持飞机撞向了这两座建筑。包括双子塔在内的6座建筑被完全摧毁,其他23座建筑遭到严重破坏,三千多人丧生,六千多人受伤。双子塔在20世纪70年代由美籍日裔建筑师山崎实(美国重要的现代主义、国际主义设计代表人物)设计,1973年落成,并成为曼哈顿地标,在此之前帝国大厦是纽约的最高建筑。

无独有偶,1954年山崎实接受圣路易斯市的委托,设计一批低收入住宅,为了表达他对现代主义精神不亡的坚定立场,他采用了典型的现代主义设计手法——否定装饰、预制构件、强调功能。这组建筑冷漠至极。完工后,低收入者感觉建筑像监狱一样,而不愿入住,极低的入住率成为政府负担。圣路易斯市在1972年决定将这个冰冷的住区炸毁。这一事件被美国著名的建筑评论家和历史学家查尔斯·詹克斯宣布为现代主义的终结和后现代主义的兴起。这两"炸",使得建筑业内人士中流传着一系列关于山崎实和悲剧有关联的"谶语"。

"911事件"后,世贸中心的重建采用了全新的"自由塔"规划方案。美籍波兰裔建筑师丹尼尔·李博斯金(Daniel Libeskind)用他超强的情商和智商,征服了他的东欧匈牙利裔老乡纽约州州长乔治·帕塔基(George Pataki)——两人都有儿时在东欧干草堆前与家人留影的难忘记忆。这成了李博斯金总体规划方案被戏剧性接收的重要突破口之一。全新的世贸中心规划设计是用几座大楼围合"双子塔遗址"而成,两个遗址成了深深凹陷的湖面——名曰"反思池",池边是"911"纪念碑。2010年,这个"归零地"(Ground Zero,指世贸中心遗址)周边迎来了新生命。工作人员在遗址周围开始种植400棵白橡树,橡树渐渐成林,围合了深陷的池面。2013年,世贸中心建筑群一号楼(1 776英尺,约541 m)建成,成为了北美地区最高的建筑(图C-2)。夜晚,沿着从反思池射向天空,象征着个人

图C-2　纽约世贸一号楼与曼哈顿下城鸟瞰图

价值和自由理性的激光柱遥望夜空,人们发现光芒超越了橡树,平行着自由塔,而伸向无限。现代性再一次胜利了。

实际上,曼哈顿最早的地标建筑是三一教堂(Trinity Church)。该教堂位于百老汇大道与华尔街的交汇处,正对华尔街,位于祖科蒂公园以南。1696 年,教室由英国圣公会购买这块土地所兴建,是当时曼哈顿下城最高的建筑,是进入纽约港船只的欢迎灯塔,是哥特复兴式建筑的经典实例,1976 年被列入美国国家史迹名录。后来,这幢建筑被现代工业支撑下林立的曼哈顿"钢铁结构"高楼超越,被帝国大厦超越,被双子塔超越,被自由塔超越,被永恒向着夜空远方的自由光柱超越;包裹着三一教堂,两河(东河和哈德逊河)环绕的曼哈顿下城被纽约层层包裹和超越。唐代杨筠松在《撼龙经》中云:

"平地龙从高脉发,高起星峰低落穴。高山既认星峰起,平地两旁寻水势。两水夹处是真龙,枝叶周回中者是。"

这样看来,曼哈顿果然好风水。曼哈顿独特的地理环境孕育了"现代性"的枝繁叶茂和财富高度集中的发展。这种价值成为永久旋转上升的车轮,在城市空间里演绎至极。2001 年 9 月 11 日,世界贸易中心的坍塌物,撞倒了三一教堂院内生长了一个世纪的无花果树。看似误伤,却表达了现代性发展范式的隐忧。和哥特式三一教堂一样,"现代性"的发展范式来源于欧洲。

2) 自由之光

自由塔的"自由之光"究竟意味着什么?"现代性"社会的发展范式因何而生?是商业社会代替农业社会吗?传统社会中也有发达的商业。古罗马帝国就是一个发达的商业社会,而不是农耕社会。是民主制度吗?古希腊城邦有着很早的民主实践。是科学技术的发展吗?中国古代有着远超西方的科学技术和天文历法发展。北宋苏颂(宋代天文学家、天文机械制造家、药物学家)于 11 世纪末制造的水钟,对时间的测量要比两个世纪之后的欧洲机械钟精确得多。水钟的误差是一天一分钟,而机械钟则为每天一刻钟。但是,水钟处于技术发展的终点——水的使用使得钟表渐渐锈蚀而越发不精确;机械钟处于技术发展的起点——机械的精密化会带来误差的降低。机械钟蕴藏了进一步发展的可能性,就像购买股票要买潜力股。进一步发展的可能性就是内生的潜力——这是解释近代科学和现代性范式的重要方面。

金观涛在他《探索现代社会的起源》一书中,揭示了"现代性"的发展是源于一种合法化了的、无限制的、超越式的增长。宛如帝国大厦对三一教堂的超越,双子塔对帝国大厦的超越,自由之光对双子塔的超越。他评论说:

"人的任何行动都是在某种价值观支配下发生的,并受到道德和正当性框架限定;当某种社会行动缺乏价值动力或不存在道德上终极的正当性时,其充分展开是不可能的。在传统社会,经济不能超增长的主要原因是市场经济的发展及科技的应用缺乏价值动力和道德上的终极正当性,它发展到一定程度就会和社会制度及主流价值系统发生冲突,不得不停顿下来。现代社会完成了价值系统的转化,科技的无限运用以及市场机制无限扩张获得了史无前例的正当性和制度保障。"

更进一步,金观涛将有别于传统有机社会(古埃及、古希腊罗马、古中国、古印度以及中世纪欧洲)的现代社会属性归结为三大要素:工具理性、个人权利和基于个人观念的民族认同。之所以将这三个因素界定为现代性的基本要素有着深刻的原因。

首先,理性精神在传统有机社会都是存在的,但这种理性是由信仰和文化终极关怀自发衍生和推导的。像罗马人把法律背后的精神视为理性;古希腊也讲人是理性的,但理性是神的一种表现。在古希腊和罗马的思想中,神和理性并没有呈二元分裂的状态。在中国,"天人合一"理性是与社会的信仰和终极关怀一体的。如果触及宗法信仰和皇权统治,理性的任何扩张势必受到压制,这也是中国科技自然主义逻辑在封建社会晚期长期停滞不前,而流于江湖数术的重要原因。

在西方中世纪的漫漫长夜中,理性作为自然法的基础,与上帝联系在一起。工具理性最早出现在新教之中,新教徒把对上帝的信仰视为与理性无关。随着基督教的入世转向,一个新教徒可以信仰上帝,以基督教为终极关怀,同时也可以以理性作为行动的原则,用科学技术改造世界,甚至用理性来证明上帝的存在——理性和信仰分裂了。只有实现二元分裂,并逐渐演化成工具理性,才能使得现代性的科技、政治、经济和文化冲破信仰价值禁锢,"去魅"并获得发展的可能性。

其次,只有工具理性还不能解释现代社会的价值多元、法治社会,以及民主和市场经济的发展。米歇尔·艾伦·吉莱斯皮在《现代性的神学起源》中把现代性追溯到中世纪晚期,认为从唯名论革命(主张现实事物并没有普遍本质,只有实质的个体是存在的)开始,"个体的重新发现"使得传统神学内部出现了张力,人文主义、宗教改革和现代思想被催生了。个人权利正式从"天人合一"和"人神合一"的家族或人神有机社会范式中解脱出来,并成为社会空间变迁的最小单元。社会制度的正当性也选择以这个最小单元为依据。现代性范式下维护个人价值多元化秩序的"法治社会"应运而生;对个人价值和权利的尊重导致了对私有财产和市场价值的尊重,对个人间冲突调整和管理的现代"民主政治"也随之产生了。

工具理性和个人权利的结合,形成了一种新的社会组织模式——社会契约。社会契约通过工具理性而构建了动态变化的社会组织,而不再是传统有机社会中的家族认同或者人神认同。有了工具理性和个人权利还不能完全解释现代性的内在机理。还有一个重要因素就是"民族观念和民族国家"的建构。民族观念和民族国家对内可形成现代国家,而对外则可形成国家与国家之间的现代性契约。

这三个因素有机动态组合,构筑了如脱缰野马般持续的现代全球化时代。现代性仿佛闪电般的幽灵,在工业和军事的支撑下,跨越了海洋和陆地,冲破了一切万里长城,并重新组织了新的国家群体,生产力和科技在毫无禁忌之下,获得了自由的超越式增长——外达火星,内接"上帝粒子"。按斯宾格勒的观点,传统有机的社会是立足于空间的,是具有植物的相对固定性;而新的现代性社会是立足于时间的,并扼住了空间的咽喉,具有动物的移动性和突破性,它想让"一切皆有可能"。

在宏观尺度上,现代性不仅在19世纪催生了现代工业城市,也在20世纪末催生了人类聚居新型范式——巨型城市区域(Mega-city Region,MCR)的出现。众多地理学家、城乡规划学家、经济学家及社会学家从不同的角度,深刻地预言或论及了这一新型的人居形态。著名城市地理与城乡规划学家彼得·霍尔(Peter Hall,英国伦敦大学巴特列特建筑与规划学院教授,英国皇家科学院院士和欧洲科学院院士)综合了弗里德曼(John Friedmann)的世界城市理论,萨森(Saskia Sassen)的全球城市理论,泰勒(Peter Taylor)

的世界城市网络理论,斯科特(Allen J. Scott)的全球城市区域理论,以及卡斯特(Manuel Castells)的网络社会中流动空间的理论观点,并结合他和他的团队在东亚和欧洲的实证研究,在《多中心大都市——来自欧洲巨型城市区域的经验》一书中对"巨型城市区域"进行了较为详细的描述。这种新型人类聚居范式的出现既是一种新的地理现象,更是一种人类自身精心"自组织"了的现代性"神圣目标"。霍尔描述道:

"这是一种新的形式:由形态上分离但功能上相互联系的城镇,集聚在一个或多个较大的中心城市周围,通过新的劳动分工显示出巨大的经济力量。这些城镇既作为独立的实体存在.即大多数居民在本地工作且大多数工人是本地居民,同时也是广阔的功能性城市区域(Funtion Urban Region,FUR)的一部分。它们被高速公路、高速铁路和电信电缆所传输的密集的人流和信息流——'流动空间'连接起来。毫不夸张地说,这就是在21世纪初出现的城市形式。"

在中观尺度上,现代性和城镇化进程相合拍,城市边缘区的空间位置时时被改变。在微观尺度上,城市空间的重构连续不断,新型的城市形态如雨后春笋般显现,以三一教堂为代表的传统砖石建筑被帝国大厦、双子塔至自由塔钢结构、超高层建筑超越和埋没。

若把视野拓展至更广的领域,传统的聚落和有机生活形态成为了旅游对象和休闲目的地,变成了娱乐性消费的展示项目。"传统"被现代人所向往,但更多是短时消费和感叹式的梦中"故里"。生活和工作的现代性快节奏,甚至改变了人们的昼夜观念,日月星辰不再是参照系,而让位给了个人的各种消费需求。

现代性催生了全球化,现代国家联盟和覆盖全球的国际贸易体系逐渐形成;现代性激发的科技进步涤荡了城市空间里的病菌和污泥浊水,并引导城市迈向智慧城市,地球的人居环境水平得到了大幅提高。不过"全球隐忧",在激动人心的各种"打造""突破"之中随之而来。现代性导致的隐忧主要有两个:其一,过度消费导致的全球生态环境的持续恶化(现代性与工业化、城镇化和全球化难舍难分,而它们本质上是嵌入地球环境之中的,现代性在需要地球环境资源支撑其发展上不会住手);其二,文化荒漠与地缘冲突的时刻上演(现代性会强迫各类人群消费,本质上也会用工具理性、个人权利和现代价值认同来挤压各种地域文化,后现代社会的催生就是挤压的成果之一)。对于这两个隐忧,我们用复活节岛和摩登时代两节内容加以解释。

3) 复活节岛

1772年的复活节,探险家罗泽维恩在南太平洋发现一座小岛。海中小岛数以万计,但这座小岛令人惊讶——环岛分布着397座巨石像,这些石像比普通民舍还要高大。图C-3显示了石像环岛的分布。

该岛距离南美大陆3 700 km,离它最近的陆地是该岛西方2 000 km外的皮特凯恩群岛。这些巨石像从何而来?是从大陆上搬运而来的吗?罗泽维恩以探险家的直觉感到,巨石像绝不可能是从遥远的大陆搬运的,只能是就地取材。但是,不管这些岛民到底用何种方式竖起这些雕像,他们需要重木料和坚韧树皮搓成的绳索。疑问随之又产生了。罗泽维恩随即发现,这座岛屿是荒地一块,岛上根本找不到一棵树,只分布着不足3 m高的灌木和杂草。传言一直不断,一些科幻小说家认为这些石像是外星生物的作品。

图 C-3　复活节岛巨石像空间分布与景观形态

考古发掘逐渐对罗泽维恩谜题做出了科学的解答。大约在公元 10 世纪,来自波利尼西亚(今为法属波利尼西亚,复活节岛以西 4 700 km 的太平洋群岛)的移民搭乘着木筏,满载着食物和家畜,来到该岛,并在这里定居下来。在随后的五六个世纪里,岛上人口增长到 1 万人。他们有了各自的氏族和阶级,并把复活节岛划分成了 12 个氏族领地。12 个氏族起初相安无事、相处和谐,直到有一天,酋长们决定以尺度震撼的石刻雕像来显耀自己的世系和正统。

从世界范围来看,建设巨石建筑物或者构筑物,诸如埃及金字塔、英国巨石柱、中国万里长城,只要有巨大的木材作为辅助,借助绳索和泥土,完全可以实现。科学家通过孢粉测试证明,复活节岛上曾有过高 20 m、直径 1 m 的智利酒松。实际上,直到人类定居岛上的早期,复活节岛上一直有大片的被高大树木和繁茂灌木覆盖着的温带森林。

人类的到来以及后续的炫耀和攀比给岛上的森林带来了灭顶之灾。在几百年间,12 个氏族的酋长们开始了雕刻巨石像的"比学赶超"。然而,单靠人力是不能完成这些工程的,要砍伐大量树木,并用树皮戳绳以作搬运工具。同时,还要造田,以养活建设石像的劳动力。自然环境逐渐恶化,成片森林逐渐消失,22 种原生树木灭绝了。燃料的匮乏、食物资源的匮乏,再加上土壤流失和耕作效率低下,造成了饥荒和氏族间的资源争夺战。他们能逃离该岛吗?树木已被砍光,战后的幸存者也无法建造航船而开辟新土,最终导致了"人相食"。

美国著名演化生物学和生物地理学家贾雷德·戴蒙德(Jared Diamond,加利福尼亚大学洛杉矶分校医学院生理学教授,美国艺术与科学院、国家科学院院士,美国哲学学会会员)在他的《崩溃——社会如何选择成败兴亡》一书中认为,复活节岛的故事更像一个隐喻。在现代性推动的全球化、国际贸易、喷气客机、互联网时代,地球上所有的国家像复活节岛上 12 个氏族一样共享着资源。他们目不转睛地盯着 GDP 的增长,同时对环境变迁和全球气候变化又心存忧虑。复活节岛像一面镜子照射着当代的人类。今天的地球是不是宇宙之海中的复活节岛呢?

曾有学生问戴蒙德:"当那些岛民砍下最后一棵树的时候,他们在想些什么呢?难道人能蠢到这个地步,可以眼睁睁地看着自己的行为把自己推到灭绝的边缘吗?"

戴蒙德回答:"砍掉最后一棵树的岛民早已忘记了最初的森林。"在戴蒙德看来,如今世界正处于环境破坏与寻找规划对策的过程中,通过"规划"的手段能使人类成为"谨慎的乐观主义者"。复活节岛的岛民没有抓住这个机会。

2013 年,和绝大多数年份一样,又是中国汽车销量非常景气的一年。在中国自主汽车品牌中,长城汽车以全年 62.7 万辆的销售成绩位列榜首,其后依次是吉利、比亚迪、奇瑞和长安。其中,长城汽车销量同比较 2012 年增长 28.72%,哈佛系列运动型多用途汽车(SUV)更是创下了 38 万辆销售量的新纪录。

这让我想起了吉登斯(Anthony Giddens,剑桥大学教授,英国著名社会理论家和社会学家)在他《气候变化的政治》一书中提出的著名的"吉登斯悖论"。他认为"SUV"也是个很好的隐喻。人类都非常清楚全球气候变化和城市环境恶化的后果,但是依旧不分白天黑夜地开着 SUV,享受着速度与激情。能源的消耗和环境的污染无形而不是有形地影响着人们的生活。然而,一旦出现失控的有形,为时已晚。这和复活节岛的故事非常的相似。

因而,超越式的现代性发展范式和工具理性的极端发展,必然促使人们认真思索生态环境和资源问题。在现代性的超越范式之下,个人权利和工具理性需求是持续增长的,最终导致了消费社会的产生,人们陶醉其中是无形的。消费欲望跨越了各个尺度,并通过土地、森林、河流、化石能源等延伸至了地球生态系统之中,贯穿于饮食起居、交通出行、城乡发展有形全过程。世界的城镇化进程,特别是中国的城镇化进程以 SUV 的速度持续发展,时空增长突破了各种资源限制。

近年来,在中国的城市发展和城镇化进程中,有两个关键词令人揪心——雾霾、鬼城。我们来看 2013 年:

关键词一:雾霾。1 月份 4 次雾霾过程笼罩 30 个省(区、市)。在北京,仅有 5 天不是雾霾天。在中国 500 个大中城市中,只有不到 1% 的城市达到世界卫生组织推荐的空气质量标准,且世界上污染最严重的 10 个城市中有 7 个在中国。

关键词二:鬼城。中国媒体评出了 12 座"鬼城"。鬼城,是城镇化过程中欲望畸形膨胀的产物。鬼城本身并无妖魔鬼怪,而是实实在在的物质城市,但几乎无人居住。只不过是在房价飙升背景下,由炒地炒楼和土地财政催生的供大于求的独特城市建设现象。这些鬼城占据了大片土地,空空荡荡,毫无人烟,多为二三四线城市,除了内蒙古一省占据多个席位之外,江苏、河南、湖北、辽宁也有城市上榜。

现代性的个人权利和工具理性,伴随着财富积累的"认同",共同演绎了城市和乡村空间增长的 SUV 速度,但是现实带来的反思也格外沉重。

4) 摩登时代

2012 年 1 月的一个寒冷刺骨的晚上,一群银行家和出版商汇聚曼哈顿最南端的高盛全球总部大楼 42 层。现代城市尽收眼底:伴随着爵士乐的舒缓,曼哈顿下城高楼林立,纽约城灯光闪耀,这里正在举行一场宴会。菜是全球化的——酸奶鱼子酱番茄饼、中国蒸饺、印度萨莫萨三角饺,还有土耳其烤肉。聚会是向一位"预言"新兴市场崛起的高盛首席经济学家吉姆·奥尼尔表达敬意的。他是"金砖国家"(全球五个主要的新兴市场国家,分别为巴西、俄罗斯、中国、南非)和"新钻国家"(成长潜力仅次于金砖五国的 11 个新兴市场,包括巴基斯坦、埃及、印度尼西亚、伊朗、韩国、菲律宾、墨西哥、孟加拉国、尼日利亚、土耳其、越南)的开辟者。的确,现代性和全球化不仅造就了西方国家曼哈顿般的"镀金时代",而且财富的流动和积累正在创造发展中国家的"镀金时代"。

现代性和全球化的超越性力量推开了几乎所有后进国家的"长城之门",吉姆·奥尼尔的"金砖"和"新钻"是这些国家中的领军国家。20世纪中叶以来,发展中国家正在经历西方国家19世纪曾经经历过的工业化和城镇化。这个过程是全尺度的,从城市及至内心——各个地域的谈资与手里的iPad景观进行了杂糅,就像高盛的全球混合菜。工业化和城镇化,在文化心理上将几乎所有的人类整合进同一条航船,变成了同一个"民族"。在工业化和城镇化双轮驱动的大船里,工业化扮演了发动机的角色。而发动机的最小零部件除了工厂里的自动化机器外,正是工人本身。身体作为最小的空间单元,嵌入了全球化的财富循环体系之中,并推动了世界镀金时代的航船,更推动了财富在城市空间里寻找落脚和再积累的地点。

1936年美国电影《摩登时代》是查理·卓别林(Charles Chaplin)的一部有想象力的作品。中国观众永远忘不了主人公查理(卓别林亲自饰演)被机器卷进卷出,以及被流水线弄得麻木机械,和在人的鼻子、纽扣上拧螺母的镜头(图C-4)。在现代性范式的城市规划领域里,柯布西耶的功能主义现代理性涤荡了旧城市的污浊和病菌,但也把城市和建筑变成了机器。现代性在建筑和城市规划领域里也愈演愈烈,建筑师和规划师随便大笔一挥就可以确定"城市的功能"。当然,反叛者也一直不乏其人。

文丘里是建筑和城市规划领域里的反叛者之一。他的作品与著作与20世纪美国建筑设计的功能主义主流分庭抗礼,成为建筑界中非正统分子机智而又明晰的代言人。他的著作《建筑的复杂性和矛盾性》(1966年)和《向拉斯维加斯学习》(1972年)被认为是后现代主义建筑思潮的宣言。他反对现代工具理性和"少就是多"的扩张,他认为:

"我喜欢建筑要素的混杂,而不要'纯净';宁愿一锅煮,而不要清爽的;宁要歪扭变形的,而不要'直截了当'的;宁要暧昧不定,而不要条理分明、刚愎、无人性、枯燥和所谓的'有趣';我宁愿要世代相传的东西,也不要'经过设计'的;要随和包容,不要排他性;宁可丰盛过度,也不要简单化、发育不全和维新派头;宁要自相矛盾、模棱两可,也不要直率和一目了然;我赞赏凌乱而有生气甚于明确统一。我容许违反前提的推理,我宣布赞成二元论。"

在20世纪60年代反思现代性风潮里,他的愤世嫉俗一直备受冷落。知子莫若母。文丘里的母亲成了他的甲方。1962年其母住宅建成,文丘里也算梦想成真(图C-4)。

现代性催生的"另类",并不仅是文丘里一人。2010年以来发生了中国富士康公司的员工"N连跳"事件。富士康科技集团创立于1974年,是专业从事电脑、通讯、消费电子、数位内容、汽车零组件、通路等6C产业的高新科技企业。自2010年1月23日富士康员工第一跳起至2014年1月10日,富士康已发生15起跳楼事件,引起社会各界乃至全球的关注。企业提出了"爱心、信心、决心"的文化战略,但是,员工们在高强度工作面前对"信心、决心"体会深刻,而对"爱心"依然感觉不够。企业员工在信仰和文化心理方面得到的关怀依然不足。在企业片面军事化地强调高效率、高绩效的情况下,员工将自己的精力几乎全倾注于生产流水线上,造成了精神和心理的沙漠。事情发生后,有人不肯正视工人的工作和生存状况,甚至呼吁让"风水大师""作法""改运"(图C-4)。然而,这仅是舍本逐末之举。和千千万万高强度的工业"生产线"一样,富士康并不是个案。

图 C-4　摩登时代、母亲之家与"N 连跳"

在现代性扩张的时代，工具理性以冰冷的面孔急剧膨胀，也将作为积累工具的人及其身体，深深地楔在"摩登时代"的齿轮上。每个人都对财富无可奈何，而嵌入永无休止的积累循环过程之中，工人甚至主动要求"加班"，以增加收入。思想文化的荒芜，成为了现代性带来生态危机后的另一个严重后果。文化的冲突也时刻在城市空间中上演。2012 年阿斯哈·法哈迪执导的伊朗电影《纳德和西敏：一次别离》，将文明间的当代纠缠刻画得淋漓尽致——现代性造就了城市社会亲情与伦理、道德与法律、传统与信仰的全面交织与纠缠，在非西方地域和西方地域都非常强烈。双子塔的倒塌和"N 连跳"是令人痛苦的极端案例，而"母亲之家"则平缓得像一杯冷咖啡。

在大城市，终极关怀的上帝、祖宗、玉皇大帝、佛菩萨、真主等常常"退居二线"，而成为私人领域的一部分，或者随着快节奏的现代社会压力，演化成消费娱乐的对象。图 C-5 中左图是位于河北燕郊的天子大酒店——"福禄寿"也下海开店了，在 2001 年就以"世界最大象形建筑"登上了吉尼斯世界纪录，被称作"中国最彪悍、最山寨、最雷人的酒店大楼"。海明威从 20 世纪"来到"了 21 世纪，他 1957 年与马尔克斯在塞纳河边相遇的灵感"帮助"中国进行地产销售——《老人与海》的灵感升华也成了中国三室两厅两卫 140 m² 城市住宅主推的生活意境（图 C-5 中右图）。

图 C-5　福禄寿"开店"与海明威"售楼"

"在书房打开一本《老人与海》，阳光洒落在客厅与卧室，柔软、宁静。生活，在塞纳河的温润中升华；艺术，在两岸的风情中蒸腾。获诺贝尔奖的作品未必诞生在大房子里，三室两厅两卫 140 m² 的房子，滋养生活，孕育人文。"

你想得到吗？请填表——要么拿钱，要么贷款。在城市空间里，城市防盗门界定了各种个体的想法，也代替了充满笑语欢声、端碗吃面、闲聊散漫、有机的生活性街道，城市形态都选择了方盒子的统一面孔，或者被进行了时空性调侃。现代社会越来越精细的分工，使得思想都"宅"在了电脑前或被 iPad 和智能手机中的小游戏套牢，并散布于数以亿计的城市"孤岛"中。"超越性"的现代社会鼓励创新支撑，它鼓励个人的奇思妙想，更鼓励实现奇思妙想。乔布斯就是万亿创新者中的杰出领袖。李岚清评论乔布斯说：

"他（乔布斯）将科技与艺术相结合，从 16 G 到 64 G 平板电脑，从 iPhone 1 发展到 iPhone 4s 手机，他'无中生有'地创造出一个大的市场，还在全世界出现了无数的'苹果粉'，排队抢购。"

现代社会不断突破式的创新，将地球压缩成了地球村。人与人的沟通也采用了更加实时的现代沟通方式——QQ、FACEBOOK、微信……欲望幻想的互相投射——房、车、钱，在互联网时代，还有更加虚拟的支付宝、比特币……

本篇下文中的内容将从区域发展差异、城市空间辩证发展的实现以及城市综合体的时空特征这三个角度论述现代性发展范式对当下城市、城市规划以及个人、社会价值选择的影响。的确，基于个人权利、工具理性和民族认同的现代性时代，有别于"小桥流水""男耕女织"的 Good Old Days，是一个全新的时代。经济的持续发展帮助了很多国家，使得很多后进区域和城市降低了民众日益增长的物质文化需求同落后的社会生产间的冲突风险，这对一个国家和地区是必需的。这个时代使更多人的生活更加富足，科技的快速发展也使得更多的人分享了信息透明的快乐，人们也愈发长寿。但是，异化导致的差异和不平衡总是挥之不去，旧的需求解决了，新的问题总会衍生出来；社会总会出现新贵，也总会有弱势群体。新奇的文化总会把传统文化"打在沙滩上"，或者嬗变了的"传统文化"把原汁原味的传统文化"打在沙滩上"。正如韦斯·安德森执导的电影《布达佩斯大饭店》的最后一句台词："她确实是一座迷人的古堡，但我再也没能见到她一面。"讽刺了现代性时代巨大进步中的"人心不古"，迷人的古堡所隐喻的文明变成了人心中的纪念碑而渐渐消失于荒芜。2015 年，原央视记者柴静制作的关于雾霾的深度专题片《穹顶之下》引起了广泛关注：雾霾是现代工业化造就的一个看不见的敌人，空气中除了"霾"味，更多的是"钱"味！这就是现代性的后果。"文化思想的荒漠"和"生态地理的荒漠"，这两个重大历史性难题，不断刺激人们去自问或互问——"你幸福吗？"

10 区域发展的时空差异

区域发展差异是诉诸各种尺度的。如果我们做一次长途旅行,就会感知到不同区域之间人民生活水平、繁荣程度和经济发展程度的差异。对于区域发展差异,吴殿廷(2009)综合了人文地理与城乡规划领域里的观点认为:其一,区域差异是区域经济增长总量的差异;其二,区域差异是区域经济增长速度的差异;其三,区域差异除了区域经济"量速"差异之外,更包含着经济结构、发展条件、生活水平、居民收入、工业化和城镇化水平的差异。

10.1 灯光下的区域差异

美国布朗大学的戴维·威尔(David Weil)及团队找到了一套仅凭灯光去评估区域国内生产总值变化的方法。威尔的团队认为,通过灯光地图可以判定地区发展的差异情况,也可以分析哪些区域相对发达,哪些区域相对贫困,且能从年度间灯光的变化判定经济发展和城市新区及道路扩展的情况。在国内,王世新、郑新奇、徐逢贤等人也对灯光与区域发展问题进行了论述,得到的基本结论是:区域灯光强度指数与国内生产总值有密切的关系,将灯光数据应用于经济分析是具有可行性的;通过夜间灯光强弱可以辨别区域基础设施完善程度及人民生活丰富程度,从而推断区域发展的差异。不过,朝鲜媒体在 2015 年的一篇社论中却有不同的观点——那些繁华的灯光并不能真正反映出一个社会的本质。

也有网友调侃,京津沪广深港澳亮度较高可以理解,而江苏、山东、浙江亮度高是否因为学生晚自习"挑灯夜读"的原因? 从 2013 年山东省域夜景卫星图(图 10-1)中也可大致辨别:济南、淄博、潍坊、青岛、烟台、威海等胶济与山东半岛城市亮度较高。而鲁中山区和鲁南地区则相对暗淡。区域发展状况一目了然。

图 10-1 2013 年山东省域夜景卫星图

山东省的日照、临沂、枣庄、济宁和菏泽五市通常被称作鲁南地区。鲁南地区与胶济—山东半岛城市有着巨大差异的同时,鲁南地区五城市间也存在巨大的差异。这些差异体现在了经济总量、人均水平、经济效益、居民收入与消费水平等多方面;同时,总体差异有扩大趋势。

从发展阶段来看,鲁南五城市正处在经济发展的中期阶段,城市的地理与区位、产业基础、投入与经济外向型程度,以及社会与历史文化因素是造成发展差异和经济总体差异扩大的根本原因。在整个区域的层面上,经济的欠发达状态是五城市发展的客观事实。通过培育都市圈、极化中心城市,推进城市合作、促进共同发展,巧用区位优势、自觉接受区外中心城市经济辐射,是鲁南五市走出一片新天地的重要路径,本章将对此进行详细探讨。

10.2　区域发展差异较普遍

随着改革开放的不断深入,我国的城市化进程不断加速,国内外环境不断考验着区域经济空间结构。区域发展的差距问题自20世纪80年代以来,在国内外学术界也得到了空前的关注。山东省是中国的缩影,客观上存在着东部与西部,北部与南部的经济差异。其中,北部以胶济铁路为发展轴线,形成的山东半岛城市群经济发展水平明显高于以日(照)菏(泽)铁路为发展轴线的鲁南地区。鲁南地区的空间地域包括山东省的日照、临沂、枣庄、济宁和菏泽等5个地级市,以及4个县级市和24个县,如图10-2所示。2005年总人口3 194.58万人,区域生产总值3 988.73亿元。山东省"十一五"规划对五城市的发展要求是:"要依托新亚欧大陆桥,发挥资源、区位和开发潜力大的优势,加强城市基础设施建设,加快资源开发,培育壮大优势产业,提高城市化和工业化水平,建成重要的能源和煤化工基地、优质农产品加工基地和商贸物流基地。"另外,还提出:要提高济宁和临沂的集聚能力,加快突破菏泽,走出欠发达地区跨越式发展的新路子。

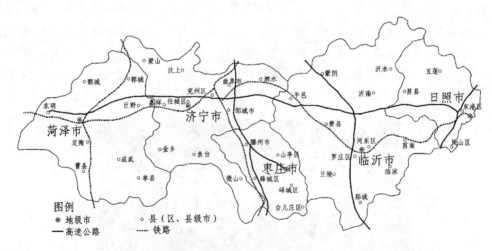

图 10-2　鲁南五市区位关系与交通状况

改革开放以后,鲁南五市的经济获得了巨大的发展,但总体上依然处于欠发达状态。对鲁南地区内部的经济空间差异进行研究,能够帮助我们揭示区域经济发展的内部结构性矛盾与动力因素,能为鲁南城市群区域的协调发展带来思路,进而对更大范围的可持续发展,以及我国发达省份的内部经济发展差异问题带来启迪。

10.3　区域发展差异的特点

第一,各市经济发展的对比

首先,是经济总量与人均水平差异。鲁南各市的经济规模与人均水平都有较大的差异。据 2004 年统计,济宁、临沂、菏泽、枣庄、日照的国内生产总值(GDP)分别为 1 102.16 亿元、1 012.00 亿元、365.04 亿元、503.31 亿元、387.78 亿元,人均 GDP 分别为 13 737 元、9 970 元、4 145 元、13 786 元、13 826 元。从 1995—2005 年的 GDP 所反映的经济规模的总量上看,济宁和临沂为第一集团,菏泽、枣庄和日照为第二集团,这在过去的十年间没什么太大的变化,如图 10-3 所示;同时从曲线的斜率看,济宁和临沂的规模经济效应已经显现,经济总量将进一步扩张。但是,从人均 GDP 的情况看,则显示出济宁、枣庄和日照的优势,临沂其次,菏泽的人均情况较低。从 2004 年的人均 GDP 数据看,济宁、枣庄、日照三者与菏泽之间的差距已经接近 3.5(国际公认的警戒线是 3.5—4.0),比起 1995 年的 2 倍左右明显差距拉大。

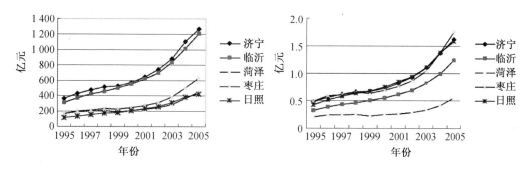

图 10-3 鲁南五市 GDP 与人均 GDP 演化趋势

其次,是经济效益差异。经济效益用每位从业人员创造的 GDP 和每位从业人员创造的财政收入两个指标来进行评价。2005 年每个从业人员创造的 GDP 最高的为枣庄(2.96 万元),其次为济宁(2.86 万元),最低的为菏泽(1.04 万元),枣庄是菏泽的 2.8 倍。从每个从业人员创造的财政收入上看,效益最好的是济宁市(1.50 万元),其次为枣庄市(1.32 万元),最低的依然为菏泽市(0.49 万元),济宁是菏泽的 3 倍多;另外,临沂市(0.83 万元)和日照市(0.95 万元)的情况一般,如表 10-1 所示。显然,枣庄、济宁的经济效益较好,菏泽的经济效益相对较差。

表 10-1 2005 年五城市主要经济指标

市名	支出法国内生产总值(亿元)	人均国内生产总值(万元)	每个从业人员创造的 GDP(万元)	每个从业人员创造的财政收入(万元)	城镇居民家庭收入(元)	农村居民全年人均收入(元)	城镇居民消费水平绝对额(元)	农村居民消费水平绝对额(元)	全体居民消费水平绝对额(元)
济宁	1 266.25	1.62	2.86	1.50	11 557.72	5 678.13	8 529	2 804	4 350
临沂	1 211.78	1.25	2.05	0.83	11 603.04	5 068.64	6 769	2 273	4 026
菏泽	450.85	0.56	1.04	0.49	8 030.34	4 063.34	2 741	1 805	2 795
枣庄	633.30	1.76	2.96	1.32	10 675.49	5 660.17	6 878	4 118	5 377
日照	426.50	1.58	2.75	0.95	10 633.56	7 046.92	9 309	2 721	4 952

再次,是居民收入与消费水平差异。2005 年临沂市的城镇居民家庭收入为 11 603.04

元,与济宁市(11 557元)大致相当,是排名最低的菏泽市(8 030.34元)的1.4倍;农村居民全年收入最高的为日照市(7 046.92元),是农村居民人均收入最低的菏泽市(4 063.34元)的1.7倍。同时,从消费水平上看,全体居民消费水平(绝对额)最高的为枣庄市(5 377元),是菏泽市(2 795元)的将近2倍;城镇居民消费水平(绝对额)最高的为日照市(9 309元),是菏泽市(2 741元)的3倍多;农村居民消费水平(绝对额)最高的为枣庄市(4 118元),是菏泽市(1 805元)的2倍多(表10-1)。如果考察城乡消费水平差异,可以发现五市城乡二元结构均较明显。其中,二元结构差异相对较小的是菏泽市,城乡居民消费的绝对额都处在相对较低的水平。

第二,经济发展的总体差异

除了各市之间的差异以外,鲁南五市总体差异的变化趋势也需要测量。评价区域经济发展的总体差异有很多指标可以选择,本书选择加权库兹涅茨比率和Theil系数来进行综合分析。其中,加权库兹涅茨比率用来描述区域的总体的动态不平衡性,并且能够充分考虑到子区域的大小,用来测量区域总体差异比较客观。其计算公式是:

$$K = \sum \lfloor p_i - q_i \rfloor \times p_i / \sum p_i$$

其中,K为不平衡系数,p_i为各地区人口占总人口的比重,q_i为各地区GDP所占的比重。

另外,为了确保结论的有效性,用Theil系数来进行对比,Theil系数用来描述区域差异的总体差异变化过程,可信度明显,因而得到了广泛的关注。其计算公式是:

$$T = \sum (g_i/G) \times \ln[(g_i/G)/(p_i/P)]$$

其中,T为Theil系数,用来测度区域总体差异;g_i为第i个子区域的GDP值;p_i为第i个子区域的人口数;G为区域的总的GDP值;P为区域的总人口数。

在使用上述两个测度方法计算以后,可以看到加权库兹涅茨比率和Theil系数的数值除了在1998年和1999年略有波动外,在总体上是增大的(图10-4)。我们可以得到关于鲁南地区发展差异的基本描述:五城市经济发展的总体差异是不断加剧的。

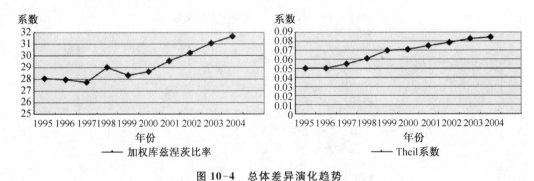

图10-4 总体差异演化趋势

10.4 解释区域发展差异

五市之间存在着较大的差异,并且区域发展的总体差异在不断地加大,这是通过数据分析得到的基本结论。威廉姆逊在"倒U字形理论"中认为,随着国家(地区)经济的快速发展,区域之间的差异会随之扩大,同时,处在发展中期的国家(地区)的区域差异非常大。显然,鲁南五市的发展状况符合威廉姆逊对发展中期区域空间特质的定位。陆大道也认为,在一个地区工业化的初期或者中期,区域发展的不平衡是经济增长不可避免的副作用,这种不平衡能够对区域发展的战略制定提供参考。因此,鲁南地区虽然处在快速发展阶段,但是总体发展的不平衡性在若干较短时期内不会缩小,济宁、临沂等市的经济规模与总量将以绝对的优势增长,各地市之间的差距在短期内还会继续拉大。

从各城市发展的内在因素上看,出现发展差异的原因可以归结为:地理与区位、产业基础差异、投入与经济外向型程度以及社会与历史文化等因素,现一一讨论。

第一,地理与区位因素

济宁位于鲁西南平原上,地势平坦,历史上该地区以农业为主。20世纪以来,津浦铁路、新(乡)石(臼所)铁路、京福高速公路、日菏高速公路等交通线路贯穿全境,大大提升了该市的区位优势,成为"齐鲁咽喉"。一方面,济宁承担着鲁西南交通集散的职能。另一方面,从历史的视野上看,发达的交通便于煤炭与工业产品的外运,为济宁煤炭资源型城市的发展提供了动力,促进了济宁市在计划经济时期的城市经济原始积累。第三,发达的交通运输网络使得济宁更容易接受发达地区的经济辐射。所以,区位优势在济宁经济发展进程中的作用是巨大的。

临沂地处沂蒙山区,历史上,复杂的地形条件严重阻碍了"老区"的经济发展。改革开放以来,随着临沂对外交通的发展,使得临沂的区位获得了根本性的转变。其境内有新(乡)石(臼所)铁路、327国道、206国道、205国道从该市通过,公路网络发达。临沂依托公路交通优势,发展物流与商品集散、商品交易市场,并获得了成功。2001年形成了具有28个批发交易区的临沂批发城,交易额达到255亿元,周边形成了140个工业园,年回笼资金达100多亿元,并且吸引了一批知名企业投资、建设生产基地。临沂一跃成为鲁南五市中继济宁之后的又一个经济中心。

日照地处山东省的东南部,面临黄海,是新亚欧大陆桥的东方桥头堡。日照港一直作为"晋煤外运"的南部通道,并担负着兖州煤田煤炭出口的重要职责,是全国最大吨级的输煤码头。其货物吞吐量在山东已经成为继青岛港之后的第二大港。2005年货物吞吐量达到84 208千吨,未来的发展势头良好。但是,港口的这种区位优势对日照地方经济的刺激和拉动作用,值得讨论;港口对货物输出的职能明显,以钢铁产业为核心的临港产业的投资与海洋产业的发展尚需加强。枣庄的地理与区位优势在20世纪90年代以后一直没有发生质的变化,与菏泽一样,都存在交通优势"为我所用"的问题。

因此,从地理与区位的角度看,传统的地理因素对区域发展的影响逐渐减弱,但是区位与交通对区域发展的影响不断增强。如果把区位的差异分为客观差异(因交通基础设施发展的硬件状况而产生的差异)和相对差异(在交通基础设施硬件状况缩小的情况下,因利用这些设施发展当地经济而产生的发展差异),那么,鲁南五市在20世纪90年代以后,由于京沪、京福、日菏高速公路以及京九铁路的建成,区位的客观差异大大缩小了。这种情况下,各城市如何利用交通区位优势做文章,盘活地方经济,进而依托交通发展地方性的"根植性产业",至关重要。

第二,产业基础差异

2000年五市第一产业比重最大的是菏泽市,占到经济总量的50.2%,而二、三产业严重不发达,经济依然靠农业来支撑。第二产业所占比例最大的是枣庄,占到了49.5%。济宁的产业结构比例为 19.8∶43.0∶37.2,其中第三产业为 37.2%,在五市中所占比例最高。到了 2005 年,第一产业比重最大的仍然是菏泽市,第二产业带动经济发展作用开始显现。第二产业比重最大的仍然是枣庄市,煤炭资源开采依然占了很大的比重,整个工业比例达到了 63.3%。2005 年,第三产业比重最大的是日照市,其次是临沂市,但是日照市的第一产业比重要高于济宁市和临沂市。从鲁南五市的发展来看,发展状况良好的无一不是依靠强有力的工业来支撑,这是城市经济发展的核心与关键。

另外,根据钱纳里的人均经济总量与经济发展阶段的相关性来分析,鲁南五市中,2004 年菏泽人均 GDP 在 500 美元左右,经济发展尚处在初级产品生产阶段,而人均 GDP 在 1 700 美元左右的济宁市、枣庄市和日照市则处在工业化的中级阶段。从鲁南五市2005 年的三次产业结构看,济宁、临沂、枣庄、日照四市的第一产业的比重大致相当于人均 GDP 2 000 美元的国家,第二产业则超过了人均 GDP 4 000 美元国家的水平,第三产业则为人均 GDP 小于 300 美元国家的水平。总体来看,四市大致处于工业化的初级阶段,菏泽的发展水平相对滞后。

显然,如果农业在产业机构中所占比例过大,则城市经济发展滞后,例如菏泽。因为,农业本身缺乏弹性,不可能成为带动经济快速发展和快速集聚经济总量的有力工具;另外,如果农业中的劳动力过多,或者农业在国民经济中所占的比例过大,那么城市的经济发展则处在一个较低的水平。与菏泽相比,济宁等城市的第二产业发展相对较好,并且第三产业已经有了较大的发展,再加上二三产业的收入弹性相对较大,因此出现发展差距和差距加大的现象是容易理解的。正所谓,“无工不富”“无商不活”。现阶段,鲁南城市带中的后进城市要抓住发展的机遇,集中“抓工业”,重点“抓大项目”,培育创新型经济增长点,以提升城市总体经济水平,推动劳动力转移。产业结构的差异也有力地解释了经济效益、居民收入与消费水平的差距问题。

第三,投入与经济外向型程度

投资与出口是拉动经济发展的两个重要力量。先看投资的状况。2000 年以来,五市固定资产投资都增加了,济宁与临沂处于第一集团,固定资产投资总量远高于第二集团的菏泽、枣庄和日照;更重要的是,济宁与临沂的固定资产投资增速明显高于其余三市,投资强度不断提升。除了固定资产投资外,还有一个重要的衡量指标是外商投资。2000 年以来,济宁外商投资一直处于领先地位。从差距上看,2003 年济宁甚至为菏泽的 4 倍。因此,投资的力度的确影响了各个城市的发展,影响了各市经济发展的速度,也是城市之间产生发展差异的重要原因。欠发达城市应当制定更为优惠的政策,以推动固定资产投资和外商投资。

从对外开放的角度看,2005 年海关进出口总值最高的为日照市(其中,海关进口总值为 122 377 万美元,出口总值为 132 341 万美元),海关进出口总值最低的为菏泽市和枣庄市(其中,菏泽市海关进口总值为 4 334 万美元,枣庄出口总值为 31 357 万美元),海关进出口差距分别为 28 倍和 4 倍之多。从五市外商直接投资的情况看,合同外资额和实际利用外资额最高的均是济宁市(41.47 亿美元和 13.35 亿美元),分别是合同利用外资额最低的枣庄市(11.07 亿美元)的 3.7 倍和实际利用外资额最低的菏泽市(6.29 亿美元)的

2.1倍。实际利用外资效率最高的是日照市,实际利用外资比例占合同利用外资额的58.4%。这些数据都显示了全球化与对外开放视野下,谁巧用"外来因素",吸引"源头活水",为我所用,谁就发展得最好。

第四,社会与历史文化因素

从社会因素上看,鲁南五市人口受教育程度也有一定的差异。2005年,大专以上学历的比例济宁、日照、枣庄类似,分别为4.16%、4.27%、4.25%,而临沂和菏泽较低,分别为2.17%、1.75%;高中和中专以上人口所占比重较大的为济宁和枣庄。从人口受教育程度所体现的人口素质上看,人口的教育程度直接影响了城市经济发展的效益,从前面所分析的每个从业人员创造的GDP和每个从业人员创造的财政收入的差异上就可以看出来。所以,知识就是力量,人口的素质直接影响了经济发展的效益,人口的质量也是造成区域经济发展差距加大的重要原因之一。另外,从人口自然增长上看,各市的人口自然增长的差距并不是很大,增长率在6‰—7‰,因此,人口增长因子对经济发展差距的增大没有太大的影响。

那么,除了人口素质对经济发展有影响之外,文化因素也对经济发展有潜在影响。济宁是"孔孟之乡",受儒家思想的影响深厚,虽然在交通条件上优于临沂,但是临沂实现了"无商不活",而济宁受到"重农轻商"思想的影响,没有形成具有较大影响的商业、物流中心。但是,济宁却依托具有世界意义的历史文化资源发展旅游事业,入境旅游外汇收入在2005年达到2 602.9万美元。日照也依托秀美的滨海风光,在2005年实现入境外汇收入1 907.9万美元。相比而言,临沂依托"沂蒙"城市品牌发展一些山区生态旅游和红色旅游吸引了一些国内游客,但是国际旅游客源市场远远没有打开。2005年五市接待旅游人数最多的为济宁市(63 681人),是最少的菏泽市(1 621人)的39倍,同时,入境旅游收入最高的为济宁市(2 602.9万美元),是收入最低的菏泽市(38.2万美元)的68倍。因此,客观的历史文化和自然条件也是城市经济发展,特别是旅游经济发展的重要基础,这是历史与自然的基础使然,短期内很难人为地改变。

10.5 从发展差异看发展战略

第一,区域经济定位

鲁南五市在国家宏观发展的尺度上,在山东省域内是个什么发展状况?其与苏北(徐州、连云港、淮安、宿迁等市)城市的发展是否存在差距?即,不仅要认识"差距",还要明确"定位",这是提出发展战略建议的前提。

首先,与我国东西部差异水平的对比。

如果将鲁南五市差异与我国东西部差异做个对比(选取了2001年的数据),可以发现这样的现象:其一,从人均国内生产总值、人均财政和人均社会消费零售总额上看,鲁南五市之间的差异(人均国内生产总值和人均地方财政收入差异超过3倍,如表10-2所示)甚至大于我国的东西部差异(2.5倍左右);其二,从鲁南五市整体发展水平上看,部分市的发展水平尚达不到我国西部的平均水平(如,菏泽的人均国内生产总值和人均社会消费零售总额尚达不到西部平均水平;临沂、菏泽、枣庄、日照的人均财政水平均达不到我国西部的平均水平),显示出整体发展水平的落后状态。

表 10-2　鲁南五市发展的区域比较

项　　目	东部	西部	济宁	临沂	菏泽	枣庄	日照	五市平均	济南	青岛	苏北
人均国内生产总值(元)	12 071	4 924	8 420	6 211	2 647	7 708	8 476	6 692	18 842	17 581	6 889
人均地方财政收入(元)	984	394	429	277	138	363	350	311	1 048	1 327	481
人均社会消费零售总额(元)	4 458	1 748	2 982	2 444	1 730	3 679	3 225	2 812	4 928	4 920	2 139

其次,与济南、青岛等省内中心城市和苏北地区比较。

如果与省内中心城市(济南、青岛)对比也同样显示了巨大的差异,如表 10-2 所示,鲁南五市的人均国内生产总值和人均地方财政收入只相当于济南和青岛的 1/3 左右,人均社会消费零售总额约为济南和青岛的 1/2 左右。另外,如果将其与苏北地区(与鲁南地域相连,经济社会联系紧密)进行比较也显示了差异的存在,除了人均社会消费零售总额略高于苏北地区以外,人均国内生产总值和人均地方财政收入均不如苏北地区。

因此,总体上鲁南五市无论与山东省域中心城市对比,还是与地域紧密相连的苏北地区相比,均处在低水平发展的"欠发达状态",是个不争的事实;同时,五市之间的差异甚至高于我国东西部的差异,虽然差异是客观的,但如何引导是个关键。

第二,发展战略讨论

在对鲁南五市发展总体状况和其内部所存在的巨大发展差异具有了清晰的认知之后,应该对其发展的战略有一个清醒的思路。在经济发展全球化、市场化的背景下,这不仅关系到鲁南地区整体发展的问题,也关系到山东与鲁南地区经济社会可持续发展的问题。那么到底应该走一条什么样的路?

首先要培育都市圈,极化中心城市。

山东省在 2004 年提出要构建济南都市圈、青岛都市圈和以"济宁—兖州—邹城—曲阜"为中心的济宁都市圈,打造济宁都市圈是提升鲁南发展层次的重要举措。这说明政府层面已经认识到鲁南地区经济发展的重要性,也期望通过自上而下的规划调控和自下而上的市场作用,不断提升鲁南经济社会发展水平。

专栏:济宁"复合中心"

济宁市域发展的极化是城市地理学术界长期关注的一个有意思的问题。周一星先生在 20 世纪 80 年代就提出了构建"复合中心"的思路,即济宁市域的政治中心(济宁)、交通商贸中心(兖州)、能源经济中心(邹城)、文化中心(曲阜)各自都无法承担极化职能,但由于距离非常接近(20—30 km),完全可以走复合协同发展(后来又增加了嘉祥)的路子。但是,从实际情况来看,复合协同发展一直力度有限。这里实际上有一个经济内生发育和发展推动的问题,政府的期待和规划调控往往只是复合发展的一方面。当五个城市市民的生产生活交融日趋紧密的时候,政府要做的是顺势"推波助澜"。2013 年兖州市撤销,济宁市兖州区成立,实质性的"复合"开始了。

在理论领域里,弗里德曼认为:工业化的初期和中期阶段,区域空间由相对强大的经济中心与相对落后的外围地区组成。并且,中心城市会越来越强大,而外围发展相对滞后。进入21世纪以来,从五市的经济联系上看,我们以为鲁南五市已经客观地形成了以济宁和临沂为双中心城市,其他相对落后县市为外围地区的发展格局。由于济宁和枣庄、菏泽的联系较为紧密,未来能够形成以济宁为中心的济宁经济区(积极培育济宁都市圈),该区要发挥矿产资源优势,搞好资源深加工,同时利用区位优势形成大型综合工业基地,注重资源与环境保护,建设新兴"鲁尔区";临沂和枣庄的联系紧密,能够形成以临沂为中心的临沂经济区(积极培育临沂都市圈),该区要利用区位优势,大力发展商贸物流,巧用日照临港区位,发展外向型经济。上述四个城市中,菏泽、枣庄城市实力相对弱小,不能担当中心城市的重任,济宁与临沂经济发展此消彼长,能够成为鲁南地区的两个中心城市。

因此,在鲁南五市发展差距进一步拉大的基础上,培育中心城市,以顺应其自下而上的极化发展,是实现经济发展差距减小不可跨越的历史阶段,也是必由之路。日照怎么办?日照与青岛有着紧密的经济联系,从表10-3中也可以看出。从山东半岛城市群发展的角度来讲,日照处在青岛都市圈的辐射与吸引范畴之内,应该自觉接受青岛的经济影响,成为鲁东经济发展向鲁西延伸的重要节点城市。至于其与临沂的经济联系,我们以为日照与青岛的经济联系更加紧密,日照作为继临沂周边区县后的间接腹地的定位并不十分准确。鲁南地区的经济空间结构划分如图10-5所示。

表 10-3 鲁南五市之间以及与周边中心城市的经济联系(单位:万元·万人/km²)

城市	枣庄	济宁	日照	临沂	菏泽	济南	青岛	徐州
枣庄	○	○	○	○	○	3 802	2 333	○
济宁	13 989	○	○	○	○	17 033	1 924	12 762
日照	—	1 167	○	○	—	1 493	5 971	○
临沂	11 828	—	—	○	○	3 778	4 256	13 363
菏泽	—	6 190	—	—	○	2 077	○	○

注:○为数据不存在或者缺少数据;—为数据的值小于1 000。

图 10-5 鲁南各经济区划分示意图

其次,要推进五市协作,促进共同发展。

从表10-3中也可以看出,作为中心城市的济宁和临沂二者之间的经济联系很不紧密。现在二者的区域合作还是建立在空间经济自组织的基础之上。临沂和枣庄由于区位靠近,二者相互吸引和利用(主要是枣庄靠近京沪线能够为临沂的发展提供窗口)经济联系比较紧密;济宁和菏泽之间也是自发的辐射与吸引。日照与鲁南其他四城市的联系主要是交通联系,日照担当的是"兖煤"和其他四城市货物外运的角色,真正的产业关联和经济联系都十分得少。

应当说,在过去的十年里,鲁南区域的竞争大于合作,区域统筹力度薄弱。鲁南五市之间的竞争表现为:第一,资源与要素的竞争,比如煤炭资源的开采问题。第二,区域产业与市场的竞争,临沂依托公路交通大搞商业物流,小商品批发几乎覆盖整个苏鲁豫皖结合部;济宁虽居交通要冲,面对这种产业发展机会的竞争在"进"与"退"之间徘徊。第三,区域发展政策的竞争,各市都竞相制定了大量的优惠政策以吸引商流、投资流,但往往"饥不择食",缺少协作。

基于这样的背景,鲁南五市首先应该发挥政府间的合作与往来,通过自上而下的手段不断地引导五市之间的区域合作。鲁南五市应该在自愿平等、互惠互利,优势互补、相互协调的基础上加强区域合作,因为五市在参与更高层次的竞争时,需要寻求整体实力"五个一相加大于五"的效果。比如,与苏北的合作与竞争已经不是什么"秘密",而是一个客观的事实。另外,五市合作的潜在优势在于行政上同属于山东省,在地域上空间相连。因此,五市的合作应该形成政府主导下的要素自由流动、市场优势互补、资源开采协调、发展政策配合、环保互相支持的合作格局。不仅要推动行业合作,还要推动全面合作。在组织方式上可以设立"鲁南五市市长联席会议",下设若干专门委员会,使其成为鲁南区域发展的合作组织,不断推动五市的合作与交流。

再次,要利用区位优势,自觉接受区外中心城市经济辐射。

区域发展的边界是由于行政区划、自然地理和文化传统而形成的,在市场经济条件下,边界变得较以往更加模糊。因此,区域的经济联系能够为区域的发展提供重要的动力。从区域的角度看,对鲁南五市经济发展造成较大影响的三个经济实体是济南都市圈、青岛都市圈和徐州都市圈。鲁南五市中与济南发生经济联系数量最大的是济宁;与青岛发生经济联系数量最大的是临沂和日照;与徐州发生经济联系数量最大的是济宁和临沂。显然,济宁和临沂是鲁南的两个窗口城市,其余各市与更高一级经济中心城市的经济联系也有一部分间接通过济宁和临沂。

以济宁为中心,以菏泽、枣庄为辅的济宁经济区要加强与济南和徐州的经济联系,进一步依托"京沪发展带",将"京津"和"长三角"的活跃发展要素引入并争取上述地区的经济辐射。临沂由于地处鲁东南,与济南不如与徐州的经济联系更加紧密。以临沂为中心,以枣庄为辅的临沂经济区要加强与徐州的经济联系,并依托日照的桥梁作用加强与青岛的经济联系,适度加强与省会济南的联系。临沂也应该依托京沪高速公路等交通干线不断拓展与"京津"和"长三角"的经济联系。

在全球化的视野下,日照的作用依然是独特的,虽然其经济的总体效益与规模不如济宁和临沂,但是其可以作为鲁南地区连接全球经济和贸易体系的一个重要窗口城市。从日照海关进出口总额的数量所占的优势上就可以看出。

因此,必须从全球化和地方化的双重视野上,审视区域的区位优势,将区外经济的源头活水引入鲁南,用以发展鲁南。济宁和临沂作为整个鲁南地区发展相对较好的中心城市,必须有责任意识和合作意识,充分依托日照的全球贸易纽带作用,联合起来协同发展,以实现对外经济贸易的优势与互补,进而带动枣庄、菏泽的发展。

总之,在全球化和城镇化发展的宏观背景之下,区域差异问题是个永远挥之不去的发展问题。在当代中国,城镇群和具有世界意义的巨型城市区域应该是推动区域发展的主要载体。基于这个载体,在保护好乡村秀美山川的前提下,通过经济社会发展的协同,基础设施的优化和提升,让更多的人享受更体面的生活。2014 年 8 月,"鲁南客运专线"(日照至菏泽段)正式列入国家发展和改革委员会批复的《环渤海地区山东省城际轨道交通网补充规划项目(调整)》之中,2015 年正式开工建设,鲁南将实现各地区的"互通有无"。显然,缩小区域差异是个连绵的历史地理过程,在这个过程中,"人的城镇化"是个根本归宿,这是由中国社会制度的基本特征决定的。关于区域差异更加隐秘的逻辑,大卫·哈维的新马克思主义视野,可谓眼光深邃,读者可参阅第 11 章相关内容。

(本章原载于《商业研究》杂志 2008 年第 8 期,原标题为《鲁南地区经济空间差异与发展战略探讨》,作者:王金岩、吴殿廷、袁俊)

11 城市空间的辩证乌托邦

哈维作为一名西方地理学家，创造性地拓展了马克思主义中的"地理空间"意义，并试图"通过在话语层面重新解释辩证法来沟通理论与实践、结构与过程、个人与社会，从而为当代激进思想提供一个以城市（空间）为落点的普遍性方案"。在急遽变化的国际经济潮流中，哈维的理论对指导中国城市的"辩证乌托邦"——"希望空间"显得别有意味。

11.1 哈维与乌托邦

大卫·哈维（David Harvey）1935年出生于英国肯特郡，是当代西方地理学家中的思想家。1957年在剑桥大学地理系获文学学士学位，1961年又以《论肯特郡1800—1900年农业和乡村的变迁》一文获剑桥哲学博士学位。他后来在布里斯托大学地理系担任讲师。布里斯托大学地理系在20世纪60年代是地理学创新的重要中心之一，一批世界著名的地理学新派人物聚集于此。哈维在1969年后移居美国，任约翰·霍普金斯大学地理学与环境工程系教授至今。哈维立足于人文地理学，但学术视野及思想内涵则贯通于整个人文社会科学。跨学科的视野，使得哈维的学说备受关注。所以，哈维不仅仅是一位地理学家，更是一位学界罕见的社会理论大家。

哈维没有满足于他在《地理学的解释》的建树，而是对"原马克思主义"中的"空间"问题进行创造性阐发。探讨"空间"问题，这也是人文地理、城乡规划和建筑学科关注的焦点。哈维认为，整个资本主义时代，资本会不断地通过"时空压缩"和"时空修复"来寻找和开辟新空间，技术的进步支撑了这一进程。20世纪80年代初，我国著名地理学家侯仁之先生访问约翰·霍普金斯大学，哈维曾特地选择马克思诞辰日（5月5日）会见侯先生。他深知中国会对世界城市空间发展作出贡献。1997年，在纪念《共产党宣言》发表150周年纪念活动中，哈维指出，"社会主义应当具有一种能够包容异质的具体形式，而不应是一个纯粹的概念"。

实际上，近百年来，人类期冀通过城市空间的重建和城市规划来探寻"一条通向真正改革的和平之路"。从埃比尼泽·霍华德、刘易斯·芒福德、伊利尔·沙里宁到大卫·哈维，他们的知识传统延续了通过理论干预现实促进空间渐进改善的路径。其中，大卫·哈维以地理思维的空间观察之长，来揭示人文社会的各种弊病之短。他在其2000年出版的一部讨论后现代性的著作《希望的空间》（*Spaces of Hope*）中强调：不平衡地理发展的根源在于经济全球化状况下的资本积累。他认为无产阶级政治人既是资本积累的对立面，又是进行资本积累的载体，更是构建空间与社会"辩证乌托邦"的关键，人类能够在"生命之网"中寻找空间复兴的生路。那么，什么是"乌托邦"和"辩证乌托邦"？

乌托邦（Utopia）这个词缘于希腊语，"u"来自"ou"，表示普遍否定，"topia"则发端于"topos"，意为地方或地区，Utopia意为不存在的地方；在新拉丁语中意为"想象的岛屿"。前文中，我们叙述过柏拉图之洞问题，即我们的现象世界并非理性世界的真本，因而对完美社会进行理论设计的渊源也可追溯到古希腊柏拉图的《理想国》。但是直到英国人莫尔（Thomas More）于1516年出版《乌托邦》一书，才形成了西方的"桃花源记"——偶入世外仙岛（图11-1），发现那里有着极其完备的社会制度，大为惊诧，于是详细记录。当然有关于城市规划的详细论述——人口严格限制,不过分集中;城市人口规模限定 6 000 户内,每户不超 16 人;每个城市划分成四个部分,有市场、医院、学校等公共设施配套;城市道路有序,宽 20 m,便于人车分行;住区有特定设计规则,且公有公住;绿化俨然,有后花园和果树。莫尔通过梦想,来针砭时弊,展示自己的理想生活。继《乌托邦》之后,同类作品又在 17 世纪初叶出现了三部:安德利埃(J. V. Andreae)的《基督城》(1619 年出版);康帕内拉(T. Campanella)的《太阳城》(1623 年出版);培根(F. Bacon)的《新大西岛》(1627 年出版)……直至霍华德和柯布西耶。

图 11-1　1518 年巴塞尔版乌托邦岛图

哈维认为,乌托邦终是虚幻之境。但是,人类毕竟不是倒头就睡、张嘴就吃的动物。"辩证的乌托邦"则是基于人类的认知和行动,将"乌托邦"所抽象掉的政治、经济、文化、生态等现实背景进行"复位",使我们的"建构"最接近世界自身发展的历史地理规律。否则,我们连蜜蜂都不如。哈维把这种多元背景复位构成的"辩证乌托邦"称为"生命之网"。"生命之网"的重构,首先需要探清全球化与空间不平衡发展的内在逻辑。

11.2　全球化与空间不平衡

第一,全球化与资本积累

全球化的历史进程肇端于资产阶级为膨胀"资本"而对一切封建的、宗法的和田园诗般的关系的破坏,资产阶级进行资本积累的逻辑方式就是要寻找积累的空间。马克思早就看透了这一点,他认为,"美洲的发现、绕过非洲的航行,给新兴的资产阶级开辟了新的活动场所"。另外,科技、交通与通讯的巨大发展加速了上述过程。哈维更进一步指出,如果没有内在于地理扩张、空间重组和不平衡发展的多种可能性,资本主义很早以前就不能发挥其政治经济系统功能了。也就是说,资本通过全球化的地理空间扩张与重组来寻找新的积累地点;全球化则为资本积累扫除了障碍,这就是"资本积累"与"全球化"的逻辑关系。

到了 21 世纪,资本作为强大的社会力量,其寻找空间的极端形式是"新自由主义"所倡导的"绝对自由化、绝对市场化、绝对私有化"。哈维认为"新自由主义"相对于"早期资本主义",是"换汤不换药"的,只不过造成的社会对立与不平等愈加剧烈罢了。全球化背景下,资本积累在冲破了国界以后,其扩张的强大冲力使得资本像"雪球"一样越滚越大。同时,资本通过国家政权在全世界推销自己,以满足其积累的需要。美国前总统布什曾指出,"美国将把自由和市场的价值观推向全球,不管你是否喜欢";奥巴马也指出,"美国必须领导世界,如果美国不行,别国也不行,而军力是这种领导力的支柱"。20 世纪 90 年代以来,美国发动或参与的科索沃战争、阿富汗战争、伊拉克战争、利比亚战争、叙利亚化武危机,以及重返亚太战略、涉足东亚海洋和东欧领土争端等,与其说是为了"民主、人权、反恐",还不如说是为其国家利益和资本的全球积累清除各类空间屏障。

在中国,80 年代以来,经济经历了巨大的转型与腾飞,不仅得益于国家公共政策的强力支持,更得益于经济开放后,中国经济体作为全球经济体一部分而进行的大规模积累和投资。特别是东部沿海地区,经济迅速融入全球经济洪流,并带动了出口和国内消费。这是全球化视野下资本积累给中国经济带来的巨大红利。从另一个层面上看:虽然中国的经济振兴事实明确,但是整个中国经济却无法摆脱全球资本积累的链条。在经济振兴进程中,劳动密集型产业比例过大,自主创新能力较差以及在国际分工中的"从属地位",是一系列不得不面对的事实。例如,2001 年国民生产总值(GNP)与 GDP 的差额为 1 587 亿元,收益净汇出 190 亿美元。典型的"打工型"经济也反映了我国在全球资本积累进程中的弱势处境,因此提高自主创新能力至关重要。

第二,资本积累与地理不平衡发展

全球化是为了满足资本的快速周转,资本积累也要选择落地的空间;资本从一个地域流向另一个地域,这是个基本过程。那么,资本在整个地域上的分布状况是怎样的呢?是否造成了地理空间上的不平衡发展呢?这里存在着一个"二元"问题。

一方面在全球化的推动下,资本在全球的几个核心地域进一步积聚。这些核心地域成为世界的财富与管理中心,日趋繁荣,并且在全球范围内形成了若干巨型都市带。这些都市带及其核心城市掌握着世界上绝大部分的财富,在职能上是全球的金融、经济、贸易和管理的中心。为了迅速获取信息和节约交易成本,这种集聚还在进一步加剧。例如,波士顿—华盛顿大都市带连接着纽约、费城、巴尔的摩和华盛顿几个大城市以及附近的一些卫星城,该区域面积约 13.8 万 km²,人口约为 4 500 万,城市化水平高达 90%以上。虽然面积不到全美的 1.5%,却集中了近 20%的人口,也是美国的经济中心,制造业产业占到了全美的 30%。中国的东部沿海的长三角、珠三角区域也具有类似的地理空间特征。

另一方面,在全球范围内形成了与资本积累区域相对立的,并且拥有更加分散无产阶级(哈维把这种分散称为"碎片化")的所谓"发展中地区"。例如,在"亚、非、拉"等广大发展中国家,"打工型"经济特征明显。无产阶级所在的"发展中地区"虽然也实现了快速发展,但是,发展是建立在与上述几个全球"核心地域"差距拉大的基础之上。特别是这些"发展中地区"往往没有对国内经济的超强控制能力,而是作为"打工仔",过度依赖全球化、过度受制于全球资本积累。因此,存在着经济"崩溃"的危机。例如,南美的阿根廷金融"危机"的重要根源就是该国采取了极端的"自由化"和"私有化"政策,致使国家失去了对财政与货币的基本控制能力,成为资本积累扫荡全球的牺牲品,2001 年财政赤字高达100 亿美元①。获得利益的仅是极少数人,而普通民众的生活水平依然没有获得应有的改善,甚至有恶化趋势。贫富分化成为城市发展的顽疾,图 11-2 为显示了巴西贫民窟与现代城市空间在景观上的严重对立。这提醒中国在全球化过程中必须提高警惕,避免自身成为全球资本积累的牺牲品,应保护民族产业,提升自主创新,注重公共服务向普通民众的均等化延伸,要防止经济对全球市场链条的过分依赖。

---

① 阿根廷的危机某种程度上导致了 21 世纪拉美左翼与"社会主义"力量的复兴,以抵制美国及发达国家主导的全球资本积累。详见国家科技部政策体改司梅永红司长于 2006 年在北京师范大学所做的学术报告《自主创新战略思想》的相关内容。

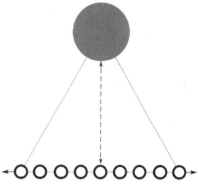

图 11-2　巴西城市道路两侧贫民窟与
现代景观的二元对立

图 11-3　全球化背景下的资本积累
与不平衡发展

世界核心地域的资本过度积累,以及落后地域具有绝对落后特性的相对发展,这种"二元"对立贯穿于加速了的资本周转与循环过程中,是地理不平衡发展的核心原因。该过程可用图 11-3 来表示。

第三,中国城市空间的不平衡发展

中国城市与区域空间的状况又如何? 1978年以后,全球化与资本积累打破了中国计划经济条件下的区域平静,广大城市与区域在经济开放的情况下,逐渐融入了全球化进程中。同时,也出现了区域的不平衡发展。一方面,发达的东部沿海成为国际与国内资本积累的集中地,并进入全球资本积累体系之中;而且,这些地区发展迅速。另一方面,中西部地区的发展相对滞后,劳动力大量流向东部沿海发达地区。改革开放以来,以我国东部的长三角、珠三角以及环渤海城市群为代表的区域城市化速度不断加快,以核心城市为中心形成了"集核式"发展的状况,长三角、珠三角甚至形成了城市化水平极高的城市密集地区。但是,内地一些中小城市发展却相对滞后,不少老工业城市和资源型城市甚至出现了衰

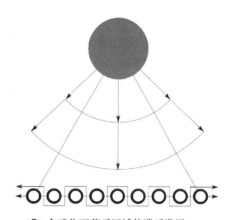

图 11-4　资本积累推动的地理扩散与
落后区域滞后发展

败。在西方发达国家城市地区,20 世纪 60 年代由于工业资本的"撤出"也出现过衰落现象。1985—1989 年中国东部沿海地区实际利用外资额占全国 88.9%,中西部地区所占比例合计为 11.1%。1990—2001 年,东部沿海地区实际利用外资额均占全国 85% 以上,1998 年所占比例高达 91.96%。而中西部地区的 18 个省市,所占比例合计不到 15%。在空间上,一方面核心地区的资本积累推动了大规模的城市蔓延和地理空间扩散;另一方面,落后区域城市化与空间发展的动力一直不够强劲。这种区域空间上的二元关系可以

用图 11-4 来表示。

在城市内部空间上又是怎样呢？20 世纪 80 年代以前的中国城市内部地域空间系统具有复合性，土地由政府控制，地域上既显示了生产功能又显示了生活功能。经济改革以及政府对市场机制的鼓励使得资本摆脱束缚，在城市内部空间上按照经济与价值规律落地。但是，资本与空间的复合绝不是任意的，同样存在着空间的不平衡性。

一方面，资本选择在城市里的优越区位落地，并与市场结合，目的是实现增值。比如上海的南京路、北京的王府井等商业区重焕生机，并显示了巨大的经济发展潜力；北京东部的使馆区在 20 世纪 80 年代以后引发了一系列办公、商业和娱乐的发展，生产性服务业不断振兴。其实，在市场经济条件下，资本自由流动就是对优良区位的选择，所形成的商业区难免要流入全球经济体系，而成为全球资本积聚与增值链条中的一个组成部分。

另一方面，当上述核心地段无法找到更廉价的落地空间的时候，资本会沿着城市基础设施以及交通轴线伸向郊区。对于该过程，哈维解释说，资本在以"物质结构和基础设施"为核心的"次级环程"中的投资是决定因素，城市的地理资源，可以像阳光、空气等自然物一样，为资本提供无价服务；土地及其之上的建筑物等城市基础设施可以不断地为资本创造价值。在城市空间发展进程中，利润驱使更多资本进入"次级环程"，形成了城市中心地段土地与房地产业的繁荣。但是，当城市中心地段的开发趋于饱和时，"资本"则迅速沿着主要扩展轴线向郊区流动，造就了大城市郊区的房地产开发或者郊区商业。例如，北京在短短的 30 多年间，建成区面积增长了近 6 倍（1980 年 238.6 km^2，2012 年 1 289.3 km^2），这在古代是难以想象的。

11.3　中国城市乌托邦

全球化视野下的资本积累加剧了地理空间的二元不平衡发展。"资本积累"相对性地催生了繁荣，但是却抽象掉了很多需要综合辩证考虑的因素。全球化下的资本积累"乌托邦"也会牢牢地把握市场和权力这两个工具，并按资本的意愿塑造城市与区域。但恰恰也为空间反思和"辩证乌托邦"的建构提供了契机。

第一，游戏性的城市空间"乌托邦"

正如前文所讲，"乌托邦"可以引申为"成就乌有的地方"。中国作为全球重要的市场经济体，其城市空间也存在着"乌托邦"性。即，这些"空间的建构"将社会发展过程中的政治、经济、文化、生态等背景因素抽象掉了，只把"资本"的单一理想通过市场和权力在空间上进行表达。

哈维认为，沉迷于市场"乌托邦"理想的城市，收入不平衡现象会迅速增多，贫富分化与城市空间的差异也会逐渐增强。哈维笔下的美国巴尔的摩就是市场乌托邦的一个典型。开发商造就的巴尔的摩内港与大量城市中被遗弃的住宅（1988 年有 40 000 套，而当时这个城市的全部住宅只有 300 000 套）形成了鲜明的对比。城市的这种空间现象发端于财富的过度积累，以及这种积累背景下的过度贫困。在中国，有些开发商只拼"容积率"，而丝毫不顾及生态、社会等需求，使得城市空间发展付出了很大的代价。所以，市场乌托邦的最大特点在于热衷于通过市场运作实现资本积累的单一理想，来造就城市的空间景观。这个过程中，资本积累是市场"乌托邦"的"幕后人"，市场"乌托邦"则是资本积累的空间表现。

那么,资本在其积累推进中,政府做了些什么?哈维举例说,在巴尔的摩,政府在市中心猛烈投资,以图实现空间的复兴。但是,更棘手的问题在于,城市政府无力向贫困市民提供最低工资和福利。有钱人可以"郊迁",而穷人由于无力"郊迁",又无法支持城市中心区位上的设施成本,只能离开这座城市,去寻找新的出路,于是出现了住宅的空心化。财富和权利的地理悬殊加速形成了这种长期不平衡地理发展的大都会世界。这反映了权力乌托邦的苍白之处。

在中国,风靡大江南北的大学城建设,就是资本积累造就权力乌托邦的一个体现。大学城"权力乌托邦"有两种:第一种是城市政府为了避免本地大学在周边城市政策"诱惑下",向外地"溢出",而建构一种"政策搜集"策略。该策略通过在城市空间内的生地上塑造"乌托邦",而把与城市共呼吸的大学组织到大学城中。第二种模式是城市为了某一新的前景地段而把大学整合到大学城中,试图带动新区发展。但是这些大学城往往用地粗放,侵占耕地,建筑华丽,割断了城市文化的滋养,学生被"发配"到偏僻的地方。政府和学校都无法阻挡资本的力量,作出"用地转移"策略很容易理解——城市中心地段寸土寸金,而郊外土地廉价,拆破房子而得大别墅,能有效解决招生规模不断扩大而带来的校舍紧张问题,何乐而不为(图11-5)?哈维的解释比较到位,自由市场要"依靠权力"保护和激发其"自身运行的条件"。

图 11-5　大学城空间景观图

第二,"辩证乌托邦"与中国城市空间重构的机遇

全球资本积累巨大浪潮中的城市空间到底向何处去?人类作为地球生命系统中的一分子,还有没有一个建构全体人类共同体生存理想的机遇?哈维认为机遇是存在的。在城市规划理论和社会空间发展的历史进程中,存在着作为空间游戏的乌托邦,罗伯特·欧文的"新哈莫尼设计"、傅立叶的"理想城市图"、霍华德的"田园城市",直到柯布西耶的"阳光城市"都包含着规划师"个人理想"的"乌托邦"境界。既然这种境界是将"政治、经济、社会、文化"等多元背景进行了某种程度的抽象与舍弃,那么,当然也存在着把这些多元背景进行复位的机遇。

哈维把建筑师与蜜蜂进行了对比。他认为,蜜蜂寻觅与收集花蜜的全部舞蹈具有人类不了解的"量子与夸克"操作模式,这是人类难以企及的。即,蜜蜂的行为最接近自然本源。因此,哈维说,"我们对蜜蜂了解得越多,与最好的人类劳动(更不用说最差的建筑师)所进行的比较就越多,而比较的结果越来越难以对我们所谓的高傲的能力感到骄傲"。"最差的建筑师与最好的蜜蜂的区别,就是建筑师在分析具体情况之前,仅仅用想象来制造构筑物",建筑师的活动远远脱离了人类生存的本质路径,而构建自身空想的游戏性"乌托邦"。如英国多塞特的庞德伯瑞和美国马里兰州肯特兰兹的商业化生活区都体现了"怀旧心理"的"乌托邦",这些"乌托邦"都跳脱了城市的污浊与黑暗,试图寻找生命的"世外桃源"。但是,这种生活并不属于所有的人,产业工人阶级的状况依然糟糕。在中国也是如此。中国规划师在规划设计中动辄冠以"田园城市""蒙娜丽莎的微笑"等华丽辞藻,而对社会、经济、文化缺少通盘考虑。

马克思主张:"不是人们的意识决定人们的存在,相反是人们的社会存在决定人们的意识。"在马克思的基础上,哈维更进一步认为:基于人类的尴尬,并且依据蜜蜂的启发,提出了在人类的能量与力量之下,寻找我们人类的、像"蜜蜂"一样的核心规律,称为"类存在物"。这就是用"自然、社会等多元乌托邦"责任下协调与融合的"生命之网"来建构人类的"辩证乌托邦",以使人类获得"平等生存的机会"。这个过程可用图11-6表示。在"资本全球积累"以及阶层对立情况下的"替代方案"就被寻找了出来。哈维同时也认为,"环境主张并不必然或者明

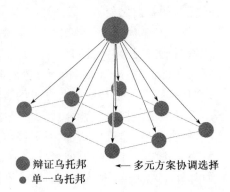

图 11-6　辩证乌托邦的建构

显地与阶级政治学对立"。实际上,"很多环境问题是由于国内资本积累造成的"。由于我们过于受制于资本的主张,以至于平等获取生存的机会困难重重。例如,淮河、太湖污染等问题,与其说是个环境问题,还不如说是毫无约束的资本积累造成的。

按照哈维的观点,人类要学会考虑各种多元的背后因素,并把这些因素融入到空间的建构中。只有这样,把个人的力量扩展开来,形成群体力量,才能彻底解决当前不良的宏观空间格局。

在中国,应该探索一条中国式城市与区域发展的"生命之网"道路。在宏观上,应该不断促进区域、环境、社会等的统筹与和谐,不断推动人口、资源与环境的协调发展,也要引导民众在空间规划与发展中进行广泛的参与。在全球化视野的资本积累情况下,政府也应该更加努力地推行"取之于民,用之于民"的公共政策,逐步建立规划的治理体系。按照哈维的话就是:提高人民为自己进行"资本积累"的责任感,并且政府也应该强力维护这种"积累"。

11.4　辩证城市空间的重构

既然城市发展的意向已经清晰化了,那么就需要一定的"改造方案"的重新组织。哈维说,就像城市里现在被污染的空气,也是可以重新变得清澈的。中国城市空间重构的"新方案"(哈维称为"替代方案")是什么?我们如果描绘一个空间结构的二维或三维"图景",显然又落入"游戏性乌托邦"之中。因此,要解决需要自上而下的政府角色与职能转变,自下而上的规划师角色转变与空间规划机制的重新整合。哈维把前者称为"广泛的政治学",把后者称为"普遍性要素"。

第一,政府角色与职能转变

"辩证乌托邦"理想的实现,必须打破以"资本积累"单一方式进行空间生产,而必须实现为了"集体行动"或者"全体人民"为目标的团结。在推进的过程中,城市空间是各种"乌

托邦"建构的集中地,既有市场的,也有权力的。政府的角色应该是充分民主监督下的"辩证施治",建构治理体系。政府应该从单纯的 GDP 取向和市场"跟风人"角色的泥淖中解脱出来,而成为城市整体发展的行动者和"辩证乌托邦"的操作人。其行为和角色应该立足于城市空间演化的公正与公平,促进公共财富的增加(哈维认为这种期望的实现依靠监督下的"国家权威",特别是媒体的监督,但没有提及无产阶级政党以及社会民主的重要作用);在政策和制度设计上关注弱势群体,勇敢地对毫无限制的市场驱动的利益与资本的"乌托邦"说"不";应该避免在全球化加剧的情况下,仅仅成为具体劳动和抽象劳动的协调者。

20 世纪 90 年代住房的商品化改革以来,我国房地产开发"拼贴"了大片的城市土地。居民与开发商的矛盾常常显现:前者追求使用价值,后者追求交换价值。这种矛盾不仅通过房地产价值,而且通过城市规划变更、环境污染、城市拆迁问题等实现了"显化"。政府、市场、公众常常处在"博弈"的三角之中,而"讨价还价"。另外,政府的政绩偏好和牟利性冲动,常常用华丽兴旺的表象掩盖大多数市民的利益。于是,一些集体的维权行为,比如业主委员会的建立,甚至诉诸法律的行为、争取利益的活动也是数见不鲜,其间的博弈也是风起云涌。

因此,在政治向一个更加广泛的人类行动领域的转换过程中,"集体身份""行为共同体"和"归属规则"的构建是一个事关重大的因素。其核心在于政府能否实现这种广泛的政治,而不成为少数利益"乌托邦"的代言人,用"辩证乌托邦"代替单一的"乌托邦",用空间"协调治理"代替"区域差异"加大。这是中国城市空间重构的希望所在。例如,政府通过采取措施,已经使得市场主导下耕地下降的趋势得到了遏制,政府也越来越关注不同层面的利益要求,通过协作与协商解决了大量问题。

在更广阔的视野上,在全球化的资本积累背景下,在游戏规则国际化的背景下,政府更应该关注和保护我国国内劳工,特别是农民工的权利;也要保护民族产业,保证它们能够在国际化的平台上竞争、生存。比如基本工资、社会保障以及在外资企业建立工会组织等,可能是保护国内劳工的必由之路,是保证中国的城市与区域在全球化潮流中不被空心化的重要路径,也是民族国家对全球化潮流应该作出的"应激反应"。

第二,空间规划机制的整合

哈维认为,渴望变革行动的反叛规划师和建筑师,必须能够在不可思议的社会生态和政治经济状况多样性和异质性之间翻译政治抱负,成为超强的"沟通者",并且他(她)还必须能够把不同的话语结构和对世界的再现联系起来。怀特(James Boyd White)认为,"翻译"要正视文本之间、语言之间和人与人之间在沟通、观点上的间断性(discontinuity),并将其整合起来。

这里存在着对规划多元要素进行整合和再现的思路。规划师和建筑师必须努力穿越时空去塑造一个更加一体的历史地理变化过程,不受那些有某种严重单一利益倾向意愿的约束。规划师和建筑师个人是构建"辩证乌托邦"的起点和终点,也是最基本的推动力(哈维认为无产阶级政治人是资本积累的载体和策略,也是改造社会的希望所在。所以规划师个体也是改造规划体制的载体)。正如马克思所说:"只有当人认识到自己的'原有力量'并把这种力量组织成为社会力量因而不再把社会力量当做政治力量跟自己分开的时候,只有到了那个时候,人类解放才能完成。"马克思的话晦涩难懂,引申到规划师的角度

161

上看就是：应该引导有责任的规划师将个人的辩证理想无限放大，并影响到所有的规划师，更进一步就变成了空间规划和设计秩序、政策以及运作制度的整合。这是城市空间重构的"机制性出路"，也是"辩证乌托邦"实现的唯一空间工具。

从规划的机制上看，中国的空间规划包括：国土规划、区域规划、城乡规划等，这些"规划"被割裂在了几个部门之中，各部门以及具有不同专业取向的规划师，且各类规划的衔接存在着潜在错位，存在着间断性。以致在实践中，出现"先有鸡，还是先有蛋？""谁指导谁？""谁合理？"之争。争论的结果是对国土与城市空间的"混乱"的乌托邦建构。即，各部门都进行着其各自的专业价值取向"乌托邦"的建构，而"协作"的力度有限。

构建"辩证乌托邦"的希望，就是我们要有勇气将割裂的"乌托邦"和单一取向的"乌托邦"融入"同一个"框架中。并且，引入一个为实现"辩证乌托邦"而工作的"规划师和建筑师"集体秩序，把各种价值取向在普遍协调和博弈的基础上，实现共同性的整合。换言之，就是要实现空间规划行政体系、运作体系、法律体系和教育体系的整合，使得各阶层群众"为自己进行资本积累"的理想接近现实，而不是将上述积累的"价值"浪费在重复的、效率低下，甚至没有操作性的"规划运作"中。"规划师和建筑师"又该如何把握自己的职业道德呢？应该努力拥有足够的勇气，在威权的干预与金钱的引诱之下，在争取规划的多元"博弈"之中把握自我。虽然不能像"工蜂"一样完全地成为历史地理的客体，但是可以有意识地以规划师职业道德为依托，斡旋于规划运作之中，进而把空间协调的潜能推至极致。

在后现代的思潮下，人们倾向认为传统的历史普遍性已经失效了，福柯心目中的空间、时间和社会存在都高度的"异位化"。区域与城市的地理空间也趋于不平衡，无产阶级也趋于分散化，在空间上出现了割裂，仿佛人们看不到空间重构的希望。但是，哈维揭示了空间形式是"如何与经济、政治相联系"的，城市空间存在着"辩证乌托邦"的机遇。把握这个机遇需要人们意识到潜藏在导致空间割裂背后的原因。正如哈维的观点，"后现代性只是资本主义生产方式与文化的一种转移，而不是一个全新的社会出现"。进一步引申为，全球化背景下的资本积累所导致的经济自由化是"潜藏的原因"。"辩证乌托邦"的机遇也就在这里，即摆脱"资本"的单一模样，而在考虑多种要素的基础上对空间元素进行整合。

那么，哈维的"生命之网"是否流入了"现代主义"所称的"合理"和"理性"的"普适"与"规范"？实际上没有。辩证乌托邦不是强迫别人和自己走向极端"同一路径"，而是建立在个体多元性，并在融合基础上的一种"协作"的网络化协调和建构完善的治理体系。在中国要尤其避免市场、权力等完全服务于"资本积累"的单一"乌托邦"。同时，城市空间复兴"替代方案"的实现需要政府角色和公共政策的转变，也需要以规划师和建筑师个人职业道德为起点的空间协调机制的整合(不是重走空间规划"层层投影"的老路)，以及这种协调机制"集体秩序"的建构，这就是《希望的空间》带给中国的意义。

(本章原载于《城市发展研究》杂志 2007 年第 6 期，原标题为《城市空间重构：从"乌托邦"到"辩证乌托邦"——大卫·哈维〈希望的空间〉的中国化解读》，作者：王金岩、吴殿廷)

12 城市综合体的时空解析

我国目前的城市综合体建设热潮并不是一种偶然现象,其时空组织模式受到了城市发展经济环境的影响,是对城市用地紧缩集约政策的回应,也是城市公众多元生活新需求使然。研究城市综合体时空组织所蕴含的"社会—环境"综合辩证规律,对于厘清其开发规划过程中的综合性,引导规划范式的适时更新具有启示意义。

城市变迁是一个动态的过程,其发生于时间、空间所表达的社会实践之中。城市综合体与现代建筑运动有着相似滥觞——柯布西耶光明城市(radiant city)模型就是一类单功能综合体。《美国建筑百科全书》对城市综合体的定义是:"在一个位置上的具有单个或多个功能的一组建筑",并由多种房地产业态通过建筑流线合理有机组织,从而形成的大型综合性建筑群体。通常,形成城市综合体要满足两个条件:一是要有两到三种以上的业态;二是各业态要有相当的规模,不能过于失衡,如图12-1所示。从规划角度来看,根据用地性质和土地兼容使用的情况,大致就可以判断一块土地是

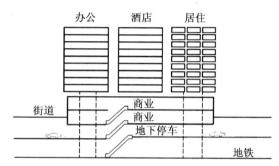

图 12-1 综合体空间组织示意图

否为城市综合体——用地性质通常为商办、商住办、商办娱乐等功能的复合。以纽约洛克菲勒中心、巴黎拉德芳斯、东京六本木、香港太古广场、北京石景山万达广场、上海虹口龙之梦、广州中信广场等为代表的世界知名城市综合体,不断以地产开发、景观体验、社会生活的多维视角,刷新和影响着现当代城市社会的时空关系。

我国的城市综合体,被建设主体赋予了环境改善、经济复兴、生活提升、空间再造等多种"重任"。据估算,2011—2015年,我国重点城市新增城市综合体总量将超过1.6亿m²,新增数量将以年均50%—100%的速度递增,用"高歌猛进"来概括这场综合体的规划建设热潮毫不夸张。城市综合体作为我国当代城市建设中的新兴时空组织形式,要综合辩证地加以考察;与之相对应的规划设计引导方式也需调适以满足新需求。

12.1 综合体与城市时空重组

城市综合体不同于建筑功能的简单叠加和空间组合,是各组成部分之间的优化组合,并共同存在于相互联系的复杂有机系统之中。这种新型城市空间开发模式与国家宏观的经济发展格局、逐步收紧的地产市场、严格调控的土地政策以及新一轮城镇化发展的内在策动关系密切,也迎合了消费社会背景下人们的各种社会心理需求。

第一,对城市发展经济环境的回应

2009年底,中国地产政策已由此前的支持转向抑制各类投机和遏制房价过快上涨,为此国家采取了土地、金融、税收等多种调控手段。2009年底以来,国家果断出台调控措施,如"国四条""国十一条""提高存款准备金率""国八条"新"国十条""限购令"等,限制投资、投机购房需求,支持自住需求,调控住房的消费结构,加大住房保障力度,明确了问责

制等。住宅地产调控政策的逐步收紧,使得房地产开发商纷纷从住宅地产开发转向没有严格调控的城市综合体开发。再加上城市综合体的空间形态具备商业、办公、居住、旅店、展览、餐饮、会议、文娱和交通等复合型的功能,市场前景广阔,因而受到开发主体的广泛青睐。在全国各大城市商品住宅成交由于调控政策(如大中城市普遍采用的限购策略)受到影响的同时,不受限购的城市综合体以及商业类、办公楼等项目在不少城市量价齐升。

审视这种转变,有必要从理论上回归到我国城市发展宏观环境的历史变迁中加以研究。新中国成立初期的“单位制”空间就是一种计划经济下服从国家需要的、相对自我循环的社会组织的空间模式。城市街区尺度层面的空间被单位用地的各种功能所切割——如生产生活、行政办公、医疗教育等,城市空间相对均匀,但也导致了均匀状态下的空间碎化。城中村的空间形态更是将城市空间的相对匀质性碎化推向了极致(如表 12-1中 a 所示,济南万达片区改造前的空间碎化,街廓内部分布着很多自发的小巷)——城市空间宛如拼贴的马赛克,微观尺度的丰富和相对的方便生活,与城市层面功能和生活的割裂、城市运作低效和城市基础设施改造困难形成了对比,这是一种形态和功能的二元对立。

随着计划经济被市场经济取代,市场依托资本积累,作为一种新的资源与社会配置手段,与“让权放利”、搞活经济的社会空间重塑一起,使城市发展的内在动力被激活了。由于城市空间的商品属性,其价值增长始终与资本积累息息相关,并始终处于资本、价值主体与权利关系的博弈之中。客观地讲,城市资本增值(capital gain)是改革开放以来我国城市财政增长、地产繁荣、旧城更新和基础设施飞跃式提升的驱动力根源。但是,房地产领域里出现的投机现象和价格门槛,严重影响了社会整体公平,并对绝大多数价值主体的生存利益构成了严重威胁,这与我国的整体社会价值原则背道而驰。于是,守夜人政府的干预和调控造成了住宅地产资本流动和再生产能力的相对削弱。资本在城市空间这个最大的积累场所中,必然寻找能够带来持续效益的新场所。由于城市级差地租的存在,控制资源丰富的优势区位和追求集聚效应,转向经济价值较高的商业服务业领域,成为资本增值的最优路径。这种转向使得资本积累与增值冲动在“成本最低、效益最大”原则下被重新塑造。以最小的土地空间、最大的建设规模,最小的建筑成本投入、最大的商业利益回报为特征,城市综合体的组织方式完全迎合了这种需求,并且能够整合不同的城市功能和松散空间,产生极大的外部正效应和外部经济。

表 12-1 中 b 所示的济南万达城市综合体在建成后(2011 年),片区的用地经划分、重组、整合,微观毛细街巷消失,呈现出理性有序的空间特征,片区容积率和建设规模大幅提高,城市肌理逐渐与城市支路网络有机整合,并吸引了更多商家投资入驻。这种能够带来价值最大化潜力的空间组织形式不仅充分整合了此场所的交通、客源、市场,并提升了区位优势,巨大的商业价值和社会价值也吸引了更大范围的人群和资源,带动了周围建筑及地块升值;资本的增值又刺激了新投资的进入和新一轮经济积累。空间形态的有序重组,在促进投资聚集的同时,使进入流通循环的资本在时间层面上回收得更快,并产生了更高的社会利润和价值,刺激了城市经济增长。

表 12-1　2005 年与 2011 年济南万达城市综合体片区改造前后对照

类型	a	b
图底关系	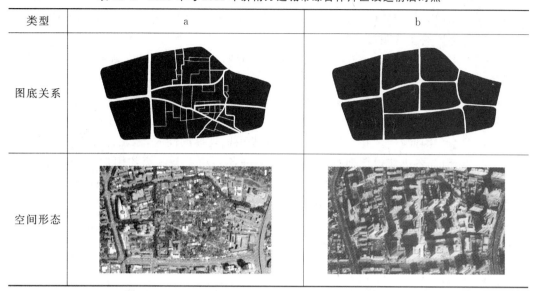	
空间形态		

　　在现代城市中,资本为实现自身增值和积累来催生空间形态在时间维度上的快速变迁,这是现代城市发展的重要特征。图 12-2 显示了 19 世纪奥斯曼巴黎改建局部空间特征——理性、有序、宽阔的道路网络(粗黑实线)代替了原有自发的城市形态。大卫·哈维在《巴黎城记》中详尽论述了信贷、金融资本重新"物质化"巴黎的全部历史过程。当下我国城市综合体建设热潮,与现代城市经济积累大背景这种难以割舍的关系,是城市综合体大量兴建的首要原因。

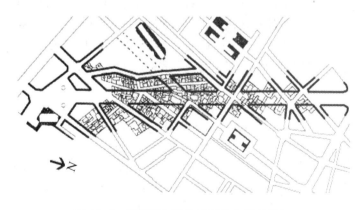

图 12-2　奥斯曼巴黎改建局部空间特征图

　　第二,对城市用地集约调控的回应

　　城市综合体的兴起还面临了城市建设用地调控的宏观背景。我国继工业化、市场化之后,城镇化正成为推动经济社会发展的巨大力量。《2013 年中国社会形势分析与预测》中提到,要破解城乡二元差异难题必须通过城镇化和制度改革,促进农村人口向城镇转移,降低农村人口占总人口的比重。然而,城市人口增加和城市土地资源紧缺形成了一对矛盾体。从城乡建设用地角度来看,问题主要表现为:闲置、空闲和批而未供的土地较多;

城市建设用地平均效率(如工业用地)远低于发达国家;农村用地效率普遍较低(详见《全国土地利用总体规划纲要(2006—2020年)》中的有关条文说明)。同时,城市水平方向空间"摊展"趋势依然非常明显。

以济南市为例,2005年、2008年和2012年的城市紧凑度(反映了城市空间的集中或分散程度,紧凑度$=A/A'$,其中A为区域面积,A'为该区域最小外接圆面积,如果区域面积与最小外接圆完全重合,即为圆形区域,其紧凑度为1,认为属于最紧凑的形状)呈现降低趋势,如表12-2所示。这种在大中城市存在的紧凑度降低状况与城市空间效益尚待发挥有密切关系。因此,国家在严格控制新增建设用地规模的同时,鼓励低效用地增容改造和深度开发,引导各类建设节地技术和模式,促进各项建设节约集约用地,以提高现有建设用地对经济社会发展的支撑能力(可概括为"一控二增")。"一控二增"的政策导向倒逼了城市内部空间建设和土地使用的集约增效。

表12-2　济南城市空间紧凑度变化

济南	主要建成区面积(km²)	紧凑度
2005年	295.0	0.530
2008年	326.2	0.462
2012年	355.4	0.359

在众多城市空间开发模式中,城市综合体是实现"一控二增"相对有效的方法。前述的济南万达综合体片区即为原济南魏家庄片区的旧城改造项目。这些旧城改造项目多地处城市中心地带,无论土地成本还是开发建设,旧城改建项目都远高于城市新区的新建地产项目。但建造高端的城市综合体完全可以支撑其投资成本,带来资本增值的潜在空间,并带动城市经济成长。城市综合体的压缩、互动、辐射作用在弥补因紧凑度低而产生的多种社会经济空间断裂方面亦显示优势。一方面,城市综合体形成的开放空间作为一种过渡空间,能够与其周围环境产生积极的互动联系,通过各类交通空间、绿化空间、开放空间,使断裂的城市空间得到连接和融合。另一方面,依托其功能辐射和交通整合潜力,使得城市空间和城市功能模块之间的网络联系得到了有机织补。这对于发挥城市空间的功能集聚效用,提高空间利用率和城市用地的集约化程度是具有操作意义的。

如济南市城市中心地段城市综合体以半径500—1 500 m,甚至更大尺度为覆盖区域(图12-3为每个城市综合体服务半径交叠情况),能够使更多商业服务业获得集聚,可以点带面。对回答"中心区域的空间形态无法支撑城市总体规划要求形成'济南市级商业中心'"的疑问,赵刚等(2012)曾通过空间句法分析方法,分析了济南城市中心区域的空间形态,认为现有的建设容量和网络交通组织轴线的集中度,不足以支撑该区域成为济南市级的商业中心,提供了一种答案。相对聚集的空间组织方式,在一定程度上实现了中心地段的空间优化,容积率和建筑规模的提升,是对城市用地水平拓展造成功能分散的集约化回应。

第三,对城市生活多元需求的回应

从国际经验来看,当人均GDP达到4 000美元、城镇化水平在45％—50％时,消费需求开始由单一的购物需求向综合消费需求发展,此时便具备了建设城市综合体的条件。

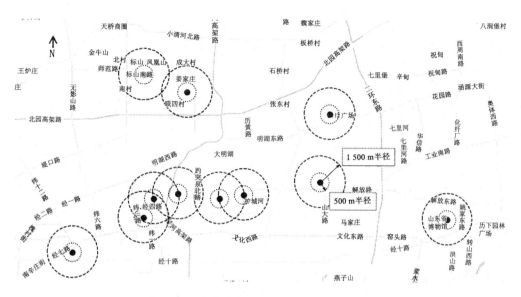

图 12-3　济南城市中心地段综合体分布示意

从美国的经验来看，人均 GDP 达到 2 000 美元，大型购物中心（shopping mall）商业形式出现。我国很多大中城市人均 GDP 已超越大型购物中心阶段水平，是具备城市综合体的经济基础的。由于"人是人文意义上的最小空间"，消耗需求的空间变化必然要求特定的城市空间与之对应。城市综合体在建筑形态上充分迎合了人文意义上的"综合需求"，糅合了多种城市功能——居住、办公、酒店、商业、文化娱乐等。这些功能在综合体中压缩整合、相互串联、渗透延续，也吸引并满足了不同阶层居民的需求。

在空间设计上，城市综合体通常占用一个或若干个街廓，摒弃了传统城市的水平方向拓展，采用水平方向、垂直方向的立体形态拓展。它将"点"——各个功能空间，用"线"——水平和垂直步行系统来进行立体的衔接，局部形成"面"——广场、中庭等开放空间，并在特定的位置与城市外部空间有机整合。城市综合体成为了地下、地面、地上立体空间网络体系，引导了不同尺度和形态空间之间的彼此渗透、流通、连续，俨然形成了微缩各种功能的城中城，成为了现代城市生活，以及资本全球化时代的缩影。

在人的尺度上，空间和行为都被引导到综合体中，不同群体的人在此功能复合中都能勾勒其各自在不同需求尺度上的目标。例如现代总部经济与城市综合体的空间形态有机结合，使得现代人类高端智能得到了大规模极化和聚合，扩散出了彻底颠覆原有城市松散经营模式的经济效能，主导着城市和区域的新一轮发展。而对于普通人群，综合体的购物形态较之于以往的综合市场和小卖部丰富刺激得多了。

在现代城市中，有限的时间资源和"间隔摩擦"（以时间来衡量，或者是为克服它所花费的成本）使日常的城市生活变得异常紧张。办公、会议、消费、居住，都是现代时间消费型社会的重要组成部分，没有人愿意通过在一个个的转换场所上浪费时间来实现这些活动。城市综合体通过空间的集聚正好压缩了时间消费，使得时间作用于人的心理感受发生了大尺度的加速和缩减。综合体的空间组织方式也内在地导引了全新的时间体验：专职性较强、个性化的建筑单体被有组织的整体所取代；人们不必再在不同的建筑和街区之间来回奔波，几乎所有的需求都可以在同一栋或一组建筑中实现；线性碎片化的时间体验让位于点状的、集中式的、更加直接的时间体验;出行时间、场所转换时间均得到压缩,时间成本降低、效率提升,使人们有更多的时间去完成更多的社会事务。

实际上,城市综合体的连续运转和使用是城市综合体时间组合更迭的重要原动力。这种动力使分散的时间得到有机串联:商业与办公占据白天的黄金时段,酒店和餐饮全天候开放,休闲娱乐活动则在夜间补充活力;文化艺术功能则可以弥补周末、节假日等时段活力不足的情况,图12-4展示了综合体的全时间段服务周期。各功能子系统的运营时间周期在综合体中被强烈地互嵌、互补起来,图12-5显示了济南万达广场综合体各种功能的聚集及空间组织上的互联特征。空间与时间依托各种功能的串联保证了综合体的持续活力,其全天候运营也与人们的现代生活相互交融。传统社会形态中的日出而作、日落而息的"昼夜"概念被彻底抛弃,城市变成了"不夜城";"夜生活"的繁荣常常在心理体验上对应了城市的繁荣。

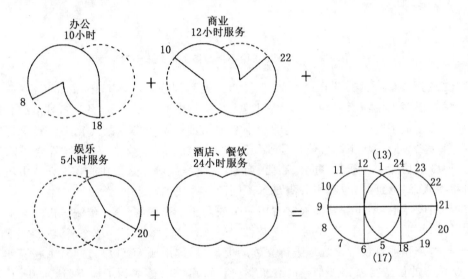

图12-4　城市综合体的全时段服务周期

图12-5　济南万达广场综合体功能组织与景观

显然,综合体空间组织方式的确带来了时间组织的预期,打破了人与时间的固定关系

（如白昼），让人可以更加主动地认识和体验时间，时空结构的变化也预示了更加精确的城市社会时空再造。

12.2　综合体的规划设计是个综合题

城市综合体开发展现了一个较为完整的"社会—环境"图景（其中，社会层面的经济导向和生活需求，环境方面的土地利用）。城市综合体作为我国迅速兴起的城市开发形态，在各个尺度上综合性地反映了城市"社会—环境"多元因素的互动。采用传统的物质形态规划对于城市综合体来说已显力有未逮。

第一，城市综合体规划是个复杂的"综合题"

从柯布西耶开始，现代主义城市规划范式期冀通过物质形态的改造来引导城市的良性发展，并用完整的规划文本、图件及多媒体成果来展示规划的愿景。这是传统规划范式的典型特征，但已经完全不能解决城市综合体的开发问题。其开发与通常的住区开发也不在一个体系之中，更无现成的"规划设计规范"加以套用。

城市综合体完全嵌入到了整个城市发展的"社会—环境"辩证逻辑之中，在开发上需参照城市发展的各个尺度——宏观城市发展的总体战略格局，中观上城市地段的有机结构和业态分布，以及微观市民宜居和公共空间组织等各种条件。这都是城市综合体开发的制约因素。

因此，其规划设计不仅仅需要传统的物质形态的空间建议，更需要对综合体所在地段历史地理特征的了解，对其发展的前期市场判断，对居民消费模式的深入研究以及对后期市场运营、商业招租的了解。这对规划设计主体的"跨界"综合能力提出了极高的要求。面对城市综合体规划这个"综合题"，若在规划设计阶段没有辩证地梳理各种影响因素和功能业态逻辑，而单一地塑造一个城市景观形态上的乌托邦和高楼大厦，必将给开发主体的后续运营带来极大风险。

第二，城市综合体开发需要规划范式更新

城市综合体也给现行城乡规划体系，特别是法定规划控制体系提出了挑战。城市综合体开发除了首要考虑前述各种政策和市民需求外，从发达国家成功的经验来看，其规划调控一要考虑人口与商业面积的配比问题，即特定级别和规模的城市人口能够支撑商业消费的特定容量。二要通过规划的调控以保证城市后续运营安全，并从盈利模式、商业模式以及物业模式等多个角度，对开发主体提供系统的定位策划。而我国城市控制性详细规划的核心是土地使用控制、环境容量控制、建筑建造控制以及城市设计和设施配套的控制导引。这种"重物质形态轻经济协调，重景观导引轻政策建议"的控制体系已经不能满足前述的"跨界"要求以解答"综合题"。

实际上，学术界早就呼吁控制性详细规划的控制内容应适应市场经济的要求，从控制物质形态转变为平衡和引导经济利益。这是对城乡规划公共政策和城市治理属性的理性回归。否则，城市综合体开发过程中即便有前置的战略策划，也往往是开发主体绑架了迎合其口味设计师的"独角戏"——用各种理想主义雄心，再加上各类"大师"的差异性景观包装，来吸引大众眼球。这对于实现前述"社会—环境"辩证综合来说也是风险很大的。

爱弥尔·涂尔干认为，时空是一种社会构筑物。这种观点也被其他的人类学家和地理学家广泛认同：不同的社会存在创造了不同的时间和空间概念，也塑造了特定的时空组织方式。城市综合体也不例外,是我国城市在新一轮城镇化和全球化背景下,经济政策导引、用地调控紧缩和市民生活需求综合催生的时空构筑物。

我国在"十二五"期间,保持城市发展的持续动力,改进和扩大生产与再生产,创造有效内需,推进城镇化进程,促进社会和谐公正,提高居民生活质量,是城乡空间发展的重要目标。城市综合体需要被赋予一种功能,即通过规划引导使其"斡旋"于这些目标的实现之中,使城市发展"社会—环境"的总体战略背景与人们的日常生活之间形成时空上的良性互动,为构建一种高效整合的城市环境而发挥作用。其间,城市各类价值主体——包括政府、开发者、公众以及规划设计人员,都需加入到城市综合体的发展沟通、规划探讨和科学设计行列中去。在资本推动地域城镇化的时代,规划设计寻求形态景观上的标新立异是可以理解的。但盲目跟风、只重美观、一哄而上,把城市综合体用极度娱乐和虚幻体验的方式加以建设包装,会引导新的规划悖论——"城市越规划,后果越严重",结果是模糊了城市发展本身。

第四篇　规划与美好世界

导论 D：色谱

　　规划，是大家非常熟悉的一个词汇。日常生活中，我们提及"规划"，常常与城乡建设规划相挂钩。这种看法显然比较狭隘。若从"规划"会融合多元的价值导向，成为前瞻性和策略性行动、过程和结果的总和角度来看，规划实际上是人类有别于其他物种的标尺。在不同的时空背景下，"规划"的特性会有巨大的不同。不过，人类通过规划改变世界，实现美好梦想的终极意义不因时空挪移而改变。

1）规划是什么？

　　规划究竟是什么？很难直接给出答案。国家有战略性宏观规划，城市有城市的总体规划，一个社区有一个社区的详细规划。在工业领域会有工业的规划，在医疗领域会有医院建设和医疗设施的规划。我们甚至会规划我们下周的旅游路线，甚至会制定下午开会后再去图书馆借书的规划。你发现"规划"无处不在。马克思、恩格斯认为，人类脱胎于动物后，规划或者"计划"就带有了普遍性的特征。

　　《隋书·宇文恺传》中云："宇文恺，字安乐，杞国公忻之弟也……及迁都，上以恺有巧思，诏领营新都副监。高颎虽总纲要，凡所规划，皆出于恺。后决渭水达河，以通运漕，诏恺总督其事。后拜莱州刺史，甚有能名。"这或许是我国关于"规划"的较早论述，记载了隋文帝杨坚任命宇文恺（隋代城市规划和建筑设计专家）为"总规划师"，进行大兴城总体规划的历史。这里的"规划"有详细规划和城市设计之意。

　　从文字诠释的角度来看，"规"在《说文》中被解释为"有法度也"。在《国语·周语中》中有"昔我先王之有天下也，规方千里，以为甸服"的"划分土地"之意。"划"则为"戈"，有分开和策划、设计之意。综合起来，"规划"有依据法度而分辨，并谋划之意。这个概念有两个层面的含义：一是指依据规则发现自然和人文特征，二是指依据发现，而按照一定的规则进行谋划。这在中国传统天地人高度一体的有机社会形态认知范式下是解释得通的。

　　在西方，著名城乡规划学家彼得·霍尔爵士认为，"规划"通常兼有两种含义：一是指可以去实现的某些任务，一是指为实现某些任务把各种行动纳入到某些有条理的流程中。简言之，一是强调规划的内容，一是说规划的手段。霍尔爵士也认为，规划并非简单意义的"物质形态"规划——即我们俗称的"摆房子"或者"摆一群房子"，而是一个饱含了经济、社会、地理、建筑和文化的行动过程。

　　美国城市规划学家迈克尔·布鲁克斯（美国弗吉尼亚州立大学城市研究和规划学院教授）的定义更加直接：规划是我们试图塑造未来的方法。在这个概念中，"塑造"的使用带有强烈的"文艺复兴"和超越性文化倾向。他认为我们应该更注重规划的过程，而不是规划的结果。

无论是分辨,还是实现的任务,抑或是行动或者方法,都与"期待"有关。即,我们期待何种生活?2011 年由《战争之王》的导演安德鲁·尼科尔执导的惊悚、科幻电影《时间规划局》上映。电影中的故事发生在一个虚构的世界,人类的基因被锁定在 25 岁,要想活下去的唯一方法就是获取"时间",时间也成了世界的标准货币和奢侈的等价物。时间可以支付和买卖,这就造成了两极分化。有钱人可以购买时间,而穷人要么铤而走险"偷时间",要么等死。男女主人公都对"时间"的管理机制产生了不满,最终用"爱"战胜了"时间"禁锢的压迫和不公,实现了内心的期待。这个故事辛辣讽刺了现代社会,以科幻的手法将规划的"期待"和"行动的过程"都表达了出来。实现期待的行动和结果的总和,构成了整个"规划"。实际上,这部电影的英文名是《In Time》。"时间规划局"的中文译法真是别有意蕴。

2) 规划色谱

让我们来了解一个物理化学名词——色谱。色谱又称色层法或层析法,是一种"物理化学"中的分析方法,它利用不同溶质(样品)与固定相和流动相之间的作用力(分配、吸附、离子交换等)的差别,当两相做相对移动时,各溶质在两相间进行多次平衡,使各溶质达到相互分离。我们可以将这种视角引入规划领域——将城市或乡村作为样品,规划的价值导向和不同的模式作为不同的作用力。规划作用力通过各种手段,使得城市获得了新的平衡,最终形成了城市发展模式的差异。本书前三篇对总体(第一篇)和局部(第二、第三篇)的城市平衡结果进行了讨论。而本篇则进一步探究"规划"的演变。

如第一篇中所述,不同的文化范式之下,人们的价值选择是不同的。不同的文化价值取向与改造社会的力量相整合,并转变成规划行为过程,特定的城市社会组织和空间组织才会形成。规划作为人类的重要本能,又与其文化和时代选择相对应,因而也具有多种范式。在现代性催生的城市时代里,我们非常熟悉城乡规划范式的发展历程,它经历了一系列的"规划范式"价值转移,大致经过了从"物质"到"物质—非物质"的过程。

第一个阶段是物质形态规划或称作蓝图规划时期。这个阶段从 19 世纪催生一系列城市问题的反思开始,以公共卫生、居住改良和城市美化为重要的标志。及至 20 世纪中叶,形成了规划的一系列规划理论模型——田园城市、广亩城市、光明城市、邻里单位甚至法西斯规划思想。当时的规划被理解为作出精美的"规划方案图",以展示未来空间形态的图景,当然其中也不乏对社会内涵的关注。

速记员出身、自学成才的埃比尼泽·霍华德是"田园城市"理论的提出者。钟表世家出身、患有癫痫甚至遭人驱逐过的勒·柯布西耶是"光明城市"理论的提出者。出生于威斯康星峡谷农村,深受自然主义和东方道家思想影响的弗兰克·赖特是"广亩城市"理论的提出者。他们发端于基层,性格各异,但是他们的理论最大的共同点在于——理论观点不单停留于文字,而且有详细的实施蓝图,他们的理论创造性地重构了城市空间,并对规划和社会组织的原则进行了通盘考虑。他们的理论成果成为了现代城市规划理论与实践发展的基石。当然,简·雅各布斯、克里斯托夫·亚历山大等人对现代主义规划范式的各种理性"金科玉律"也提出了批评。

第二个阶段是系统规划时期。这个阶段建立在对物质形态规划批判的基础之上,并认为人类的城市建设活动不仅仅只是物质形态的塑造。空间规划(物质规划)应该突破藩篱,将城市和区域作为一个特定的系统进行控制和管理。规划的手段演变成了对投资的控制和开发权利的控制。这种规划范式与福利主义和国家干预的时代背景息息相关。20世纪70年代以后,该范式将城市"样品"游戏于数理玄学间,备受诟病,系统方法逐渐丧失了应对活生生城市问题的"生命力"。

第三个阶段是理性批判与社会文化转向时期。这个时期建立在了对数理系统论和理性规划传统批判的基础之上。社会正义与城市,新马克思主义运动,女权规划思想纷纷博兴。规划作为一种社会运作、文化沟通平台越来越被普通民众所关注。随着第三世界发展中国家城市化进程的加速,全球化和环境问题,以及前述的文化冲突突出地摆在了规划师面前,规划的新范式出现了。

在系统规划时期,布莱恩·麦克洛克林(Brain McLoughin)的《城市与区域规划:系统方法》和乔治·查德威克(George Chadwoick)的《系统规划理论》风靡一时。二人深受生物学科的影响,将城市与区域作为复杂的系统整体,而规划则是通过数理模型来控制城市。系统规划理论满足了人们用完全的科学理性来研究城市的猎奇心理,但最终导致了与实践现实的脱节。后来,安德烈亚斯·法卢迪(Andreas Faludi)提出了理性过程规划理论,林德布洛姆(Charles Lindblom)提出了"应付科学"规划理论,大卫多夫(Paul Davidoff)提出了"倡导性规划"方法。但是,终其时代,系统理性规划并没有合理解释政府干预失效问题以及人文价值关怀问题。特别是对于系统理性规划的过程环节观点,受到了弗里德曼(John Friedmann)的批评——规划是一种行动,规划是实时的和动态的。于是,规划的社会文化转向,在西方城市化发育渐进尾声的时期出现并非偶然,而是有着深刻的时代背景。

第四个阶段是以全球化和环境关切为核心导向的规划时期。网络社会极大压缩和改变了城市的空间形态,使得地球成为"地球村"。后福特式的生产方式和柔性产业空间的兴起,使得规划价值范式受到了前所未有的挑战,刚性的居住、交通、游憩、工作的空间组织已经不能与时代的发展相对应。规划前所未有地与价值多元化相合拍;规划也前所未有地嵌入了更多的环境问题和发展问题。在很多国家和地区,规划逐渐与城市和国家的治理体系及治理能力的演进有机融合起来。

这个时期新规划理论的提出更是层出不穷,异彩纷呈。面对全球气候变化和人类的环境危机,可持续发展的理念深入人心。例如,彼得·卡尔索普(Peter Calthorpe)提出了"新城市主义"理论,他认为城市的郊区蔓延和社区的瓦解同步,他主张规划应该塑造具有城镇生活氛围、紧凑的社区。同时,规划应该把多样性、社区感、俭朴性和人性尺度等传统价值标准与当今的现实生活可持续发展环境结合起来。

大致来看,西方的规划范式大致经历了从理性到人本的变化历程,但理性与人本常常交相辉映、不分彼此。卡尔·波兰尼(Karl Polanyi,匈牙利哲学家,政治经济学家)认为,在西方思想形成过程中始终有一个信条和乌托邦。这个信条就是,前述的人类通过个人权利和工具理性带来的现代性"启蒙",并承认"自我调节"和人的主人翁理性一起,能够拯救这个世界。

然而，历史经验同样表明，人类的需求和地理环境的承载之间造就了人与人、民族与民族、国家与国家以及人类与环境之间的多维博弈，甚至激化为各种冲突。上述第一阶段城市规划运动的兴起，就可以理解为人类在城市空间领域里，针对市场和积累带来人口、卫生、环境等城市问题的本能性的理性"保护"。但是，这些矛盾和压力伴随着现代全球化继续扩张，冲突远远跨越了城市的界限，越过国界、洲界、深刻地嵌入了地球的自然地理和政治人文环境之中。两次世界大战及后来的"冷战"冲突和地区性对立就是冲突的终端形式。每场"战争"过后，城市规划都会为抚平创伤做很多工作，更激发了规划理论的创新。规划的理性干预与市场自发调节下对个体价值的关注，在历史逻辑演进中此消彼长——凯恩斯和哈耶克观点的"PK"，也折射了规划领域观点的"PK"。

我们把视野回溯到西方文明的古希腊古罗马时期，欣赏一些艺术作品。希腊化时期艺术家阿格桑德罗斯、波利佐罗斯和阿典诺多罗斯等人于公元前一世纪左右，创作了一件雕塑名作——"拉奥孔和他的儿子们"，高约 184 cm，现在收藏于罗马梵蒂冈美术馆（图D-1）。该雕塑于 1506 年在罗马出土，当时引起了巨大的震动，被推崇为最完美的一件作品。这件雕塑描写了一个希腊和特洛伊战争的神话故事，拉奥孔是特洛伊城的祭司。希腊军由雅典娜等诸神庇护，与特洛伊人进行了长达十年的战争，但希腊人依然无法攻下特洛伊，于是设计了我们熟知的"木马计"。祭司拉奥孔警告特洛伊人不要将木马拉入城，而触怒了雅典娜诸神。于是众神从海中引来巨蟒将拉奥孔及两个儿子缠绕致死。这件雕塑正是描写了这个特洛伊故事。

图 D-1 "拉奥孔和他的儿子们"与公元前六世纪希腊双耳陶瓶

这个故事反映了古希腊时期人神的一体，即便是冲突，神的世界和人的世界是息息相关的。雕塑具有极高的动态性，拉奥孔和儿子们以及蛇活灵活现。在这个雕塑中，时间的动态性和空间的动态性是一体的，雕塑中的生命就是人神同在的"当下"，是一种高度有机的形态。这是古希腊、古罗马时期艺术的重要特色。这种有机的生存范式立足"脚下"，若与颜色对应，则土地的颜色、肉体的颜色和风干了的血液颜色，均是这种有机的形态。

古希腊陶器发展历程中的黑绘风格（流行于公元前 6 世纪，在红色或黄褐色的泥胎上，用一种特殊的黑漆描绘人物和装饰纹样的陶器）和红绘风格（流行于公元前 6 世纪末到公元前 4 世纪末。即陶器上所画的人物、动物和各种纹样皆用红色，而底子则用黑。故又称红彩风格。这种风格优越处在于灵活自如地运用各种线条刻画人物的动态表情，充分发挥线条的表现力），以及动态的线条，无一不反映了有机"当下"的颜色。公元前 6 世纪的古希腊双耳陶瓶的用色和线条与拉奥孔的有机是同源的（图 D-1）。我们同样也可以从古希腊古罗马单弦音乐的即兴吟唱中，看到当时生活有机的"当下"。

城市规划的范式延续这一有机也是理所应当。在城市里，建筑和外部空间互为表里，建筑门窗开向街道；街道空间充斥着公共与半私密的交流，更是商业衍生的场所；街廓的尺度在 30—50 m，有机地容纳着民居和公共建筑。无论是希波丹姆城市规划模式（米利都规划是该规划模式的代表，城市中心为公共建筑和广场，城市按照方格网进行规划，最大的街廓尺度只有 30 m×52 m，如图 D-2 所示）之前，还是之后，这一切城市的表情与拉奥孔雕塑中的"动态当下"和"人体尺度"大致相当。

关于"拉奥孔"，还有一幅画。它就是 1773 年法国建筑画大师罗贝尔的作品《拉奥孔的发现》，如图 D-3 所示。该画现藏于里士满弗吉尼亚美术馆。罗贝尔是法国绘画史上专攻建筑画的大家。他笔下的《拉奥孔的发现》，被处理得十分恢宏，磅礴而有气势。画面通过描绘雕塑"拉奥孔"的发现与搬运过程，展示了古建筑群的博大雄浑，其色彩极富层次感。

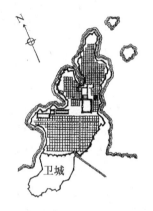

图 D-2　米利都城规划

图 D-3　《拉奥孔的发现》

然而，更具意义的是此画运用了透视画法，透视的灭点处是淡淡的蓝灰色（可查看彩色原图），产生了空间深远延伸的强烈视觉效果，令人对远方的世界充满遐想。拉奥孔的搬运被置于极其宏伟的柱廊空间之中，由近而远，难免让人内心升腾追古溯源的思想冲动。细心的人不难发现，整个绘画的用色较之于古希腊的红、黄、黑，出现了冷色或蓝色的色调。我们同样能从《最后的晚餐》、《雅典学园》、《最后的审判》等作品中看到技术理性的"透视"和个人解放的"蓝色"。蓝色是天空的颜色、大海的颜色、远方的颜色，是 15—17 世纪以来地理大发现，思想从神权的禁锢中解脱出来，直达远方的心灵外衣的色彩。

这种变化也映照于城市之中。在法国，黎塞留帮助法国加入了新教同盟，促成了主权高于教权国家的形成。"禁锢中的突破"在太阳王路易十四的大脑中生根发芽。路易十四不仅奖励了启蒙思想家孟德斯鸠和伏尔泰，更是将 1668 年路易十三的凡尔赛老城堡（图 D-4 中左图）彻底修整。到了 1715 年，以凡尔赛为中心，开放性、穿透性和透视性极强的城市空间形态显现，远方的景观更加明确地与凡尔赛产生了关联（图 D-4 中右图）。

图 D-4　1668 年和 1715 年凡尔赛宫及周边景观形态图

除了城市的变化，与《拉奥孔的发现》同时代的重大历史事件，还有英国工业革命（1750 年左右）、法国大革命（1789 年）、美国独立战争（1775—1783 年）。此画诞生后的 19世纪，现代城市规划在英国诞生了。现代规划思想的先驱们——索里亚·马塔、奥姆斯特德、埃比尼泽·霍华德、帕特里克·格迪斯等"大师"先后登场。这就自然回到了本节开头时的"规划四阶段"。这都是对"蓝色"延伸的一系列回应。这种蓝色的延伸早已演变成了一种不约而同的社会组织，组织和价值认同突破了民族、国家和地域的界限。各类城市问题不过是"突破"的后果。有人甚至认为是"18 世纪脱胎于建筑行业石匠工会的共济会（Freemasonry）"操控着世界，使得人类和城市在这条蓝色的"突破式"道路上欲罢不能。孟德斯鸠、雨果、歌德、华盛顿、杰斐逊、马克·吐温、丘吉尔、爱迪生、亨利·福特、爱因斯坦，甚至蒋纬国、李嘉诚，都是知名的共济会会员。是这群隐秘的"建筑师"操控着世界和城市发展吗？应该不是。而是"现代性"的精神使然。第三篇中，我们已多有论述。

在中国，1949 年以后的城乡发展虽经历过风风雨雨，但不过是现代城乡规划长程运动与中国现代化梦想的复杂环境相融合的压缩版本。以住区规划为例，中国的现代住区规划"假晶"了前苏联的"扩大街坊"模式和欧美的"邻里单位"模式，产生了中国式现代"居住区规划"模式。若把"小规划"放大，我们就能看到"大背景"。中国正是参照了前苏联现代化经验和欧美现代化经验，在"试错"中探索了中国式的现代化之路。我们能从 2014 年索契冬奥会文艺表演展示的社会主义计划大生产，2012 年的伦敦奥运会开幕式文艺表演展示的工业化大生产中，侧面读出对中国影响巨大的"现代化"发展范式（图 D-5）。

图 D-5　2014 年索契冬奥会和 2012 年伦敦奥运会中的"现代化"

较之于西方国家，中国实在是发展得太快了，中国在较短的时间内完成了时空压缩、资本积累推动下的现代城镇化起飞,创造了全新的城市发展奇迹。"发现拉奥孔"式的兴奋、日益增长的物质文化需求,与现代笛卡尔数学"精确"建构未知世界的理论完满结合了起来,人们表达美感的自信与日俱增——在城市空间里神话都能变成现实,巴黎和凡尔赛式重构城市空间的方式明显落伍了,因为城市"一切皆有可能"。图 D-6 显示了国家大剧院的复杂曲面形体结构,其与"四平八稳"的人民大会堂形成了鲜明的对比,支撑和表达这种美感的不再是抹了糯米石灰汁规则排列的方砖,而是让位给了一个精妙绝伦的现代曲面方程:

$$(x/105.962\ 5)^{2.2} + (y/71.662\ 5)^{2.2} + (z/45.202\ 5)^{2.2} = 1$$

图 D-6 国家大剧院的曲面形态

但是,自信需求带来的增长主义城市发展范式开始逼近中国脆弱的人口、资源、环境底线,惊恐、疑问与反思因之而起。在城乡规划理论界,大家都期望在借鉴国际规划理论、总结当代中国规划实践和传承中国传统规划思想的基础上,建构更适合中国发展实际的城乡规划理论(张京祥等,2013)。中国的规划实践也貌似与国外有着较大的不同——其深深地嵌入了中国城市发展的"生生"环境之中,生动的环境也常使规划师感到无所适从。大家也渐渐发现,西方的规划理论,或不同地域的规划"经验"直接"拿来",一时忽悠一下可以,但真正实践起来的确会"水土不服"。

2011 年,山东大学拆除了标志性的"山字门"。很快,"双臂门"建成。支持者和反对者之间展开了激烈的口水战。反对者认为,"山字门"代表了美好的回忆。校方很快回应了此事,认为"山字门"的山峰是偏峰,而不是正峰,偏峰不能代表学校的正气;师生从山下走,确实有"压力山大"之感;更重要的是,校门年久失修开始跌落饰块,威胁师生安全。不断有人以"山字门"为主角,演绎学校的人文故事,甚至笑料。

实际上,从规划设计格局上来看,"山字门"后现代的性格,与校园南北空间轴线和建筑建成环境的格格不入,与校园空间的整体是不统一的。"文丘里"最终败下阵来。"双臂门"则用中国式形态寓意,"以开放的双臂拥抱世界",并与逐渐建成的图书馆、大成广场、知新楼(高层)和体育馆,形成更加复杂、丰富、紧凑、协调的外部空间环境。图 D-7 显示了"山字门"和"双臂门"的景观差异。

香港中环是写字楼密集的地区,也是重要的金融、行政中心,这里高楼林立、寸土寸金。1985 年由著名建筑师诺曼·福斯特(Norman Foster)设计的汇丰银行总部落成。据

图 D-7　山东大学老校门与新校门

说该建筑空间格局起自九龙半岛,穿维多利亚港,上岸后在中环入海,汇丰正处入海"聚财"方向,可谓环境最佳。20世纪90年代,由著名建造师贝聿铭设计的中银大厦落成,设计寓意"新笋破土",但有人认为三角形的玻璃外表皮颇具杀气。百步之遥的汇丰总部把当年的生意下滑归结为中银大厦"杀气",遂在楼顶增加了两个"大炮型"构筑物来"化解"。正所谓,剑炮对阵。20世纪90年代末,由德里协同佩里设计的长江集团中心在两个建筑间拔地而起,只不过采用了低调的方形平面,外挂玻璃幕,夜间华裳,仿佛身披安全防弹铠甲的武士立于剑炮之间。小小的三个街廓里上演了一场文化的对决。图 D-8 显示了这三个建筑空间形态,汇丰楼顶的"炮台"依稀可见。

图 D-8　香港中环建筑形态比拼

　　国家大剧院、"鸟巢"、央视大楼又该如何解读?这里的建筑,仅仅是城市的一个缩影镜头。中国的城乡规划与建筑设计实践是动态、鲜活的,缠绕在情与理,物质与非物质,时代与传统,文化与技术,理论与口头的现象学"缘在"环境中。规划具有了火焰的动态红黄色,规划师和建筑师需要像资深的厨师一样调控火焰。

　　很多人认为中国"跳动火焰般"的"天人合一"规划范式是"绿色生态"的。实际上,这在概念上误解了现代"绿色"的源头。和社会主义运动一样,绿色思想是工业革命的产物。工厂的建成、烟囱的林立和城市的疯长,使得扎根于中世纪和封建时代的老态龙钟的城市面临了很多环境和发展困难。乡野的绿色和缓慢的生活节奏,再也不代表着现代生活的主流旨趣。财富越发地集中,但环境的危机越发地令人忧心。拉尔夫·沃尔多·爱默生(Ralph Waldo Emerson,美国思想家、诗人)在他1836年面世的《论自然》一书中反对砍伐森林,并认为应该修复人与自然的关系。马萨诸塞州瓦尔登湖畔的隐居者亨利·梭罗(Henry David Thoreau,美国著名作家、自然主义者、改革家和哲学家)在其名著《瓦尔登湖》一书中深刻论述了自然保护的意义。19世纪末,美国成立了塞拉俱乐部(Sierra Club),他们以爱默生和梭罗为精神导师,抗议无情的环境污染和能源消耗。

　　这之后,在"绿色思想"发展历程中,人们不敢触碰的一个历史事实是,德国"纳粹"推动了将爱默生和梭罗思想赋予神秘主义的德国"生态主义"运动。这在 1935 年出台的《德意志帝国自然保护法》(Reich Nature Protection Law)防止欠发达地区环境破坏、减少空气污染的价值观中就可见一斑。而当代绿色运动起源于 20 世纪 70 年代的德国,则是与反对纳粹有关。此一时,彼一时,大家都在用"绿色"。当代政治意义上的"绿色"被德国人打造出来,"绿党"(the Greens)的价值形态,有别于传统的资本主义和社会主义,而成为一种新的政治派别。绿色运动由此发展成为一场全球运动,它们的第一场集会赶在了 1992 年里约热内卢联合国大会之前举行。它们确立了"生态永继、草根民主、社会正义、世界和平"的基本主张。绿党也积极参政议政,开展环境保护活动,"绿色生态智慧"开始渗透至人类生活的各个领域。

至今,在世界每一个角落的城市之中,"绿色生态"的"规划"概念都是如此之时髦。绿色色调的规划范式,正是由蓝色的色调衍生而来。水(蓝色)生木(绿色)吗?当然。在建筑领域,绿色建筑运动席卷全球;在城市规划领域,绿色生态城市规划和评估备受青睐。在这场新的价值刷新过程中,绿色生态也成了一种不得不遵循的时尚,同时也将政府和开发商牢牢捆在自己的理念之上。蓝色规划师转变成绿色规划师,在新的实践中赚得盘满钵满。

本节用一种穿梭时空的多维视角表达出一个重要观点——规划的文化与人类的文化息息相关,原因是"规划"本身扎根于人类文明演变的时空进程之中。传统社会泥土黄的"土金"规划范式,现代社会蓝色的突破性规划范式,中国有机社会类似火苗红黄的"生生"规划范式,以及当下令人振聋发聩的"绿色"规划范式,构成了人类规划行为的多彩"光谱"。色彩异彩纷呈的背后是人类对美好人居环境的追逐,价值追逐在试错中不断演进;当然,规划色谱的斑斓,无法遮盖人类和人居某些角落的阴暗。

3) 规划师与巫

规划色谱投射于专门从事规划工作、法制、行政职业群体的心灵之中。这些人通常被称作"规划师"。在实际生活中,规划师并不是像一般人理解的仅仅绘制精美的效果图,他们面对的是活生生的社会时空。要"做"一个规划,或者要"实施"一个规划,再也不是简单的"图上画画,墙上挂挂"了。规划师本人更发现,自己已经卷入了具有超强竞争力的所有权持有主体和利益相关主体之间的关系之中,斡旋并成为"和事佬"在所难免。这是现代社会时空发展的必然。在西方的中世纪和中国古代,一个城市、一个乡村聚落,几乎没有一个被专门称作"规划师"的职业群体。

"全国城市规划执业制度管理委员会"编著的全国注册城市规划师教材中,对于规划师的角色,进行了分类。规划师大致分为四类:政府部门的规划师(公共立场、注重协调)、规划编制部门的规划师(利益协调、兼顾公平)、研究与咨询机构的规划师(观点超脱、社会代言)、私人部门的规划师(强调利益、沟通交流)。"协调沟通"占去了规划执业的半壁江山。我们也常常会见到一些私人部门的规划师,手持中国风水"罗盘",为规划业主堪舆定位,这是中国心理文化的重要组成部分。的确,规划师总是发现自己并不会像"水"也就是"H_2O"一样精确和科学。规划师会与不同的人和利益群体打交道。这些常见的利益群体包括政府、市场、公众,当然还有各种物质和人文环境。帕西·海莉也强调,规划师难免会在"规划学"的三个领域之中开展工作——规划的物质形态(空间环境)领域、规划的经济社会领域、规划的公共政策和政治领域。这里有一个规划行为主体间的心理定位矩阵表，能够将规划师涉足的多元领域幽默地表达出来（表D-1）。

表 D-1　规划行为主体间的心理定位

	规划师（建筑师）	甲方（政府）	甲方（市场）	公众
规划师（建筑师）				
甲方（政府）				
甲方（市场）				
公众				

　　规划师难免会认为自己是永恒的大师，有着对时空环境的个性理解。笔者曾询问某规划科班出身的地产公司的一位总工为何会从规划院转战房地产业。他坦言，做甲方比做规划师心情更舒畅，更能让理想变成现实。的确，政府的策略、市场的需求和公众的利益，常使得规划师在复杂的"拉锯"环境中"英雄泪满襟"。在政府和市场眼中，规划师常常被当做"绘图员"，而"沦落"到可怜的蓝领境地。在公众眼中，规划师有着令人羡慕的收入，不过也时常成为被误解，甚至嘲讽的对象。曾经有人粗略统计过规划师或建筑师的年收入情况：

- 应届毕业生：5—10 万（人民币）
- 有一定经验：8—15 万（人民币）
- 项目负责人：15—20 万（人民币）
- 主持规划师：20—30 万（人民币）

- 总规划师：30—50 万(人民币)
- 院长：不明
- 大师：无法衡量

也有人整理了"规划师"的成长历程，如图 D-9 所示，这张图也非常幽默地展示了规划师从"蓝领"到"白领"，直到"金领"，甚至"仙领"的变迁过程。这个过程相对合理地解释了规划师"协调沟通"能力的重要性。更进一步，规划师在发现更加深刻自然、社会、文化"规律"，建立更加有说服力、可信、可靠的规划目标和规划实施策略上，应该有一个令人期待的"能力递进"。所以，很多规划设计院(所)常常对城乡规划或建筑学专业人员的沟通、谈判和转译能力有着较高的要求。

在西方，针对"规划"从业者的技能，英国皇家城市规划协会早在 1994

实习生\初级规划师\高级规划师\资深规划师\大师

图 D-9　规划师成长历程

年，就列出了一个非常有意思的清单(加文·帕克等，2013)。规划师应该具备什么技能呢？

第一，发达的政治技能；第二，战略经营技能；第三，决策技能；第四，发达的协商技能；第五，理解力；第六，个人诚实与灵活性；第七，发达的人事管理与关系技能；第八，发达的沟通技能；第九，发达的影响技能；第十，为达成目标的成果定向引领；第十一，运营管理技能；第十二，变化处理技能；第十三，自我与压力处理技能；第十四，发达的分析和解决问题的能力；第十五，经营和商业技能。

如果把这 15 条进行高度概括，可以给规划师一个定义。规划师应该是一个具有良好的规划业务技能、心理承受能力和战略眼光，原则性和灵活性兼备，能够斡旋于政治、商业、社会的广泛利益环境之中，通过高超的协调、沟通能力，甚至是人格和口才魅力，引导或协助特定主体达到特定目标的人(或者团队)。

规划师较之于一般人，显然应该对规划的色谱和利益光谱，有着清晰的洞察能力和协调力，应该对自然社会的本真力量，有着更加超越的理解和体会。这种能力是一种"阴阳平衡"。这让我想起了一个字——巫。规划师扮演着类似古代"巫"的角色。

"巫"这个字在甲骨文中指祭祀的"工"字形巧具交叉放置在一起的形态，也表示手持的一个祭祀巧具。这里的巧具就"巧"在能够通过"神秘"仪式或舞蹈过程(巫、舞同音)，沟通自然与人文，并实现趋利避害。甲骨文和金文中的"巫"字均是"工"字交叉型，也可以理解为早期的辨方正位。更通俗点，可以理解为："找不到北"的时候，通过一定的工具手段，而"找到北"，进而就有了四方的空间界定。建筑、聚落、城池蕴于空间界定之中，生产生活卓然展开。这或许是规划学和规划师的原初形态。到了篆书，变成了一"工"两"人"的写法。至此，人文的意义更加明显，表示两人或多人配合沟通天地、祝祷降神、趋吉避凶。"巫"作为人类最早的规划师，其人类学意义更加不言自明。图D-10显示了巫字的象形意义。

图 D-10　"巫"字甲骨文、篆书及篆书形态解释

血红（本名刘炜，湖南常德人，网络小说家）在他的小说《巫颂》中讲述了关于"巫"的故事：上古之时，洪荒之中凶兽横行，精怪、妖灵乃至神、怪、鬼、魅等物统辖大地。上古先民初生于九州之土，于洪水中哀求上天，于山火中挣扎求存，于疫病中伏尸万里，于凶兽爪牙之下血流成河。艰难困苦难以想象。是时，人中有巫人出。悟天道，通天理，有无穷之力。解病痛，解迷惑，解灾劫，解一切痛苦。掌礼法，持传统，使人族绵延流传于九州，是为巫。求天地、避山火、除疫病、逃凶兽、掌礼法、持传统、促绵延……这是一个从宏观规划到微观规划的过程。

《黄帝内经》中也记载了洪荒时代人类生活的困苦："凡人之性，爪牙不足以自守卫，肌肤不足以捍寒暑，筋骨不足以从利辟害，勇敢不足以却猛禁悍。"人们万般无奈，对自然周遭世界采取了"魔幻现实主义"的迷信态度：一为敬"鬼神"；二为通过一定的工具力量与之沟通，并趋利避害。后者就是"巫"的角色。恩格斯在《费尔巴哈与德国古典哲学的终结》中也认为早期人类对鬼神与未知世界的迷信"在那个发展阶段上绝不是一种安慰，而是一种不可抗拒的命运，并且往往是一种真正的不幸，例如在希腊人那里就是这样。到处引起这种个人不死的无聊臆想，并不是宗教上的安慰需要，而是普遍的局限性所产生的困境"。

而今，自然与社会之"魅"渐渐褪去，现代文明与科学的发展，使得人类在自然和社会面前更加的自主。不过，现代城市规划自发端起，就带有"巫"的原初趋吉避凶的痕迹——英国城市规划公共卫生和工人住房改善的传统，不正是19世纪的时代之"巫"？

进入21世纪，中国的规划师需要在更加广阔的时空环境之下，以更加动态的眼光深入审视城市和乡村问题，以更加"靠谱"的精确方法和理性途径，来发现并解释自然和人文奥秘。这比起远古时期蒙昧状态的"跳大神"以避凶，复杂得多了。这些问题广泛地涉及了各种复杂的自然与人文事件。因此，整合了更多利益和价值主体的规划体系，需要与国家的治理体系现代化有机结合起来，促进城乡和谐和可持续发展，增进公众利益。不同专业的专家、学者也应该形成更大的"人类规划师"群体，以更加辩证地廓清事实，趋吉避凶。对于当代规划师的时代使命，《中华人民共和国城乡规划法》中已经有较为明确的表达。当下的规划工作应该：

"遵循城乡统筹、合理布局、节约土地、集约发展和先规划后建设的原则，改善生态环境，促进资源、能源节约和综合利用，保护耕地等自然资源和历史文化遗产，保持地方特色、民族特色和传统风貌，防止污染和其他公害，并符合区域人口发展、国防建设、防灾减灾和公共卫生、公共安全的需要。"

本篇的三部分内容论述了城乡规划法在中国的演进，以及健康的规划调控机制在推动健康城镇化发展方面的作用，也论述了在广大农村，乡村规划必须立足农村实际，盘活根基，注重政策的引导和倾斜。政府唱"独角戏"，农村是治理不好的。

13 城乡规划法在中国的演进

城乡规划法本质上与时空发展的状况具有耦合性,其范式是不断演进的。2008 版《城乡规划法》是新时空精神的升华,在内容框架和价值取向方面都有较大的创新。该法体现了利益主体的多元化,表现了"计划"到"市场"的转型,反映了空间上的城乡统筹导向,以及策略上的公共政策属性。同时,2008 版《城乡规划法》在规划协作、规划体系等方面所存在的一系列问题,需要在实践中不断地解决和修正。

2007 年 10 月 28 日,十届全国人大常委会第三十次会议审议通过了《中华人民共和国城乡规划法》(以下简称 2008 版《城乡规划法》),并于 2008 年 1 月 1 日起施行。2008 版《城乡规划法》突破了 1984 版《城市规划条例》、1990 版《城市规划法》的立法框架,实现了法律内容与价值取向的创新,是时空发展新要求的具体体现,显示了我国正式从"城市规划时代"走入"城乡规划时代"。1984 版《城市规划条例》为行政法规,并非法律,但其是新中国成立后第一部完整的、真正意义的,将规划"编制与管理"融为一体的城市规划专业法规。本章将其与 1990 版《城市规划法》和 2008 版《城乡规划法》一并分析,以便揭示"城市(乡)规划法"的立法源流与 2008 版《城乡规划法》的价值演进特点。

13.1 诸版规划法流变

我国真正意义的城市(乡)规划立法工作始于 20 世纪 70 年代末。为了改变我国城市规划领域只有人治没有法治的状况,保证城市规划稳定、连续、有效的实施,1980 年 10 月召开的全国城市规划工作会议通过了《城市规划法草案》。鉴于改革工作刚刚起步,经济与行政管理体制还尚未完全理顺,以及经济社会百废待兴的状况,1984 年国家以行政法规的形式推出了《城市规划条例》,但条例并不是真正意义上的"法律"。当时的城市空间结构经历了没有规划控制与管理、"见缝插针",建设混乱的艰难时期。例如,北京在"文革"时期没有城市规划控制可言,提出了"见缝插针"建设的思路,城市建设十分混乱。所以,条例关注的焦点还是集中在城市建成区的内部,特别是长期没有规划控制的旧城区、棚户区等。该条例的实施,为 1990 版《城市规划法》的出台打下了基础。

1984 年以后,我国的经济体制改革从农村转移到了城市。在城市改革的进程中,中央在财政、税收、金融等方面对地方放权让利,激活了地方发展的积极性和发展的速度。城市的经济发展带动了大规模城市建设活动的进行。在此过程中,由于城市空间的急剧变动,要求政府对规划与建设活动进行约束和规范,以避免混乱。于是,《中华人民共和国城市规划法》在 1990 年 4 月 1 日正式实施。这是我国第一部规划法,改变了长期以来城市规划无法可依的局面。

进入 21 世纪,城乡时空发展的背景发生了较大的变化。在经济社会飞速发展的同时,也面临着一系列的挑战,比如能源和自然资源超常利用;整体生态环境恶化;快速城市化的压力;区域间发展差距加大;"三农"问题等。中国城市和乡村发展的速度实在太快,让学术研究、法律建构都产生了严重的"应接不暇"。图 13-1 显示了上海浦东 20 年间的急剧变化,浦东是中国城市发展的缩影。在这一系列发展背景下,旧的城市规划框架在处理空间问题上面临一系列尴尬。问题一方面根源于规划理论更新缓慢,另一方面也反映了城市规划法律不能有效引导社会需求。学界甚至对城市规划的本体都产生了质疑。比如，"城市规划到底是什么"这一问题甚至成了2005年西安城市规划年会中的一个焦点，反映了旧的城市规划框架，在迅速发展时期，存在着严重的滞后。这些外在与内在迷茫，推动了人们对城市规划理论实践问题，以及规划法律框架问题的讨论。在新时期，可持续发展的内在需要，使"统筹发展、资源节约、环境友好、社会和谐"等成为城市规划领域里的关键词。"落实科学发展观、坚持五个统筹"成为时代精神的典型特点，城市规划法必须基于宏观背景，来对城市规划的工作内容进行重新定位。2008版《城乡规划法》的颁布，终于使争论与迷惑暂时告一段落。

图13-1　上海浦东1990年与2010年景观比对图

纵观我国城市（乡）规划立法的历史进程，可以发现：城乡规划法本质上具有时空性，即与时空发展具有逻辑耦合性。在历史的视野上审视"诸法"，并无优劣之分，只有与时空发展相适应与否的问题。从这个层面上看，"规划法"也只是时空发展"范式"的体现；并且，规划法本身所固有的，以及其所确定的城市（乡）规划运行"范式"具有"与时俱进"的特点。旧时空背景下的城乡规划框架，必须在新时空条件下革故鼎新。

13.2　2008版《城乡规划法》的价值拓新

纵观我国各版本城市（乡）规划法的基本内容（表13-1），可以看出：各版法律（规）在内容框架、指导思想、制定原则、规划制定、规划实施、规划修改、监督检查以及法律责任等各方面有着较大的区别。诸法在内容上逐渐丰富，在架构上逐渐完善，体现了不同时期城乡规划与空间发展的要求，以及"与时俱进"的属性。从更深的层面上，城市（乡）规划法的内容与框架更新，体现了社会效果以及其所要保障和促进的利益主体的实现。对比诸法，立足新法，也可以看出我国2008版《城乡规划法》具有一系列的新特点，现分述如下。

第一，凸显利益主体多元化特征

城市规划本质上是在全面协调"人地关系"的视野上，对资源（包括土地、水、设施等，广义上还包括社会、经济、文化等）进行空间建构和政策调控。而建构和调控的基本前提建立在若干主体的协调基础之上。城乡规划法要对利益主体的行为进行约束和保障，以规范各主体之间的利益分配关系，并明确利益分配导向。1984版《城市规划条例》和1990版《城市规划法》体现了强势政府的利益主体性和政府的单向决策导向。政府是城乡资源的代理人和资源的主导使用者,规划编制的主体也是政府;在此基础上,规划法(规)只明确了对建设行为和政府(主要是城市规划行政主管部门)行为的约束。市场和公众作为利益主体还没有显现。例如,1984版《城市规划条例》第十条指出,"城市的规划建设必须集中领导,统一管理,市长、县长、镇长领导城市规划的编制和实施"。

表 13-1 诸版城市(乡)规划法的内容框架对比

	1984版《城市规划条例》	1990版《城市规划法》	2008版《城乡规划法》
框架结构	第一章 总则 第二章 城市规划的制定 第三章 旧城区的改建 第四章 城市土地使用的规划管理 第五章 城市各项建设的规划管理 第六章 处罚 第七章 附则 (共七章54条)	第一章 总则 第二章 城市规划的制定 第三章 城市新区开发和旧区改建 第四章 城市规划的实施 第五章 法律责任 第六章 附则 (共六章46条)	第一章 总则 第二章 城市规划的制定 第三章 城市规划的实施 第四章 城乡规划的修改 第五章 监督检查 第六章 法律责任 第七章 附则 (共七章70条)
指导思想	合理地、科学地制定和实施城市规划;建设成现代化的、高度文明的社会主义城市;改善城市的生活条件和生产条件;促进城乡经济和社会发展	为了确定城市的规模和发展方向;实现城市的经济和社会目标;合理地制定城市规划和进行城市建设;适应社会主义现代化建设的需要	为了加强城乡规划管理;协调城乡空间布局;改善人居环境;促进城乡经济社会全面协调可持续发展
制定原则	从实际出发;正确处理城市与乡村、生产与生活、局部与整体、近期与远期、平时与战时、经济建设与国防建设、需要与可能的关系;考虑治安的需要以及地震、洪涝等自然灾害因素,统筹兼顾,综合部署	符合国情;正确处理近远关系;适用、经济;勤俭建国方针;依据国民经济和社会发展规划以及当地的自然环境、资源条件、历史情况、现状特点,统筹兼顾,综合部署	城乡统筹、合理布局、节约土地、集约发展和先规划后建设;改善生态环境;促进资源、能源节约和综合利用;保护耕地等自然资源和历史文化遗产;保持特色;防止污染公害;符合区域人口发展、安全、国防需要
规划制定	总体规划、详细规划	城镇体系规划、总体规划、详细规划	城镇体系规划、城市总体规划、镇总体规划、乡规划、村庄规划、详细规划
规划实施	建设用地许可证、建设许可证	"一书两证"制度	城市、镇的"一书两证"制度;乡、村的"乡村建设规划许可证"制度
规划修改	—	—	按规划的权限和程序修改
监督检查	—	—	加强对城乡规划编制、审批、实施、修改的监督检查
法律责任	约束建设行为、约束政府(主管部门)行为	约束建设行为、约束政府(主管部门)行为	约束政府以及主管部门的行为,约束承担编制的单位行为,约束建设行为

而 2008 版《城乡规划法》体现了政府、公众、市场，甚至是规划编制单位等主体的多元化。因为在新的时空背景下，城市建设活动的主体除了政府外，还有企业、民间资本、外来资本、公众等。如果规划不能体现各种利益主体的意愿，不着重找各方利益的平衡点，那么这种城市规划必然带来社会割裂和利益冲突。上述单一向多元主体变迁的过程可用图 13-2 来表示。在"规划

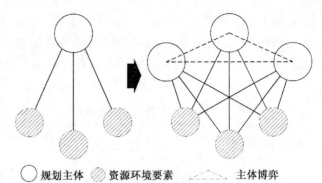

○ 规划主体　　◎ 资源环境要素　　△ 主体博弈

图 13-2　规划的利益主体从单一走向多元

的制定"部分，2008 版《城乡规划法》第十六条规定了详细的人大监督措施，为公众参与提供了制度保障；第二十六条则要求城乡规划在送审前，要征询各方面的意见，并"公告不少于 30 日"；第二十四条对承担规划编制的单位的资格问题作出了详细规定，以规范编制行为。在规划的"实施"与"修改"部分，不仅约束了用地行为，而且对相关当事人因"违法占地""规划修改"等权益受到侵犯时，还提出了"依法给予补偿"的要求；并且第一次明确要求要"统筹兼顾进城务工人员生活"，体现了深刻的时代精神和人文关怀。

这一系列新规定，打破了过去政府"一元主体、一家之言"的惯例。虽然该法依然具有行政管理法的特色，比如，有些规定还是倾向于依赖行政权力，对于"查封现场、强制拆除"等事项，可以由"县级以上地方人民政府责成有关部门"执行。但是，这并不能完全理解为"倒退"，而是城乡规划实际运作的一种更现实有力的做法。我们深信，随着规划公众运作的成熟，相关的公众参与、公开听证措施都会补充其中。总之，新法已经开始引导规划走多元"主体"博弈分享空间资源的良性路子。这对"和谐社会"视野下公平、正义的价值体现也能够起到推动作用。

第二，体现城乡规划由"计划"向"市场"的转变

改革开放后，社会主义市场经济逐渐代替传统计划经济，并不断走向完善。计划经济体系下，城市作为空间发展的核心"斑块"，成为国家经济计划"投影"的重点。城市规划随之被定位为国民经济计划的空间投影，并按照"建设项目统一安排，布局蓝图一笔勾绘"的思路，对国家具体项目进行空间落实，体现了自上而下的属性。所以，城市规划中按照"计划"并套用各类指令性用地指标，并依据"全国上下一盘棋"的导向确定城市的性质、规模等成了城市规划编制（特别是城市总体规划）的重点。1984 版《城市规划条例》和 1990 版《城市规划法》对"大中小城市的规模"依据人口划分等级；在城市总体规划的编制中，分别提出了"确定城市的性质、规模"和"城市的性质、发展目标和发展规模"等内容，都体现了强烈的"计划性质"。

与之相对照，2008 版《城乡规划法》在第十七条有关城市总体规划、镇总体规划的内容界定中，已经不再包括"城市的性质、发展目标和发展规模"。2008 版《城乡规划法》规定，城市和镇的规模应当根据当地的经济社会发展的实际来确定。这一方面说明对于城市的定位应该依据更高层次"城镇体系规划"的战略导引；另一方面，也说明在实际的规划运作中，城市的性质、目标等问题在市场经济配置资源的情况下，面临着一系列"虚化"的

尴尬。城市的空间资源与战略导向在宏观调控的基础上,发挥市场对资源配置的主导作用成为一个不争的事实。规划也必须顺应市场的自发调节作用,并摒弃"计划经济"条件下的城市定位模式。

第三,规划调控从城市内部引导转向城乡统筹

20世纪80年代,规划一方面要逐步规范城市用地秩序,以改变长期以来城市建设乱局;另一方面,要解决城市经济发展推动下的空间拓展和新区开发问题。到了80年代末90年代初,开发区建设亟待规范。因此,1984版《城市规划条例》和1990版《城市规划法》分别将"旧城区的改建"和"城市新区开发和旧区改建"列为独立的一章。显然,那时城市规划着眼点还是在城市空间的内部,以及与城市建成区具有紧密空间联系的开发区、新区等,是一种由内而外的"内部结构"模式。但是,90年代以来,由于城市化的快速推进,城市空间出现了失控性蔓延;同时,乡村土地使用混乱、规划管理无序。在这种情况下,规划的视角已经不能局限于从城市中心到城市外围(城市规划区边缘)。为了加强乡村、集镇的规划建设与管理,1993年建设部颁布了《村庄和集镇规划建设管理条例》来对乡村建设进行约束和规范,形成了城市规划法和村镇条例为核心的二元城乡规划法规模式。但是在新形势下,落实科学发展观、统筹城乡发展已经成为时代的主题。城乡二元规划调控结构,已经阻碍了城乡统筹规划与管理,不能适应快速城市化时期城市空间变动对土地利用和城乡空间统筹提出的新要求。

2008版《城乡规划法》打破了这种"就城市论城市、就乡村论乡村的规划制定与实施模式",将以市、县、镇、乡、村为网络结节区的城乡居民点体系纳入了同一法律框架,实现了规划管理的城乡空间统筹。另外,在城乡空间资源统筹方面,2008版《城乡规划法》带有强烈的资源"紧缩利用",以及城乡环境"紧约束"的特点。比如提出了"节约用地,集约发展""改善生态环境""促进资源、能源节约""保护耕地"等要求;还把"水体、水系""基本农田""绿化用地"等内容列为强制性内容。这显示出改革开放以来,特别是20世纪90年代以来,经济虽然获得了迅猛发展,但是发展所付出的资源与环境代价,已经严重地干扰了总体空间发展秩序和生态平衡。

第四,从物质规划转向公共政策

公共政策本质上是基于公共选择基础上的政策。同时,公共选择与私人选择又有不同,公共选择是基于财产不能靠私人竞争在自愿的双边契约中来配置,并且成本和收益不能内部化的决策。由于公共选择不涉及双向的付出和收益,只涉及非"相互性"的收益,容易导致"搭便车"、败德、公共灾难和代理人机会主义。因此,公共选择需要有强制性和法制性。1984版《城市规划条例》和1990版《城市规划法》带有政府主导下的物质规划的特点:由于"全能政府"的空间安排,而不具备公共政策属性。这是由当时的社会历史条件决定的。

进入21世纪,由于各种利益主体都在寻求利益最大化,城乡规划不可能再由单一主体确定"发展蓝图",而必须从公共和整体的利益上提出"游戏规则",即从"物质规划"走向"公共政策"。2008版《城乡规划法》虽然没有像2006版《城市规划编制办法》一样,在"条目"中把城市规划定位为"一项重要的公共政策"。但是,2008版《城乡规划法》整体框架和价值取向都体现了强烈的公共政策属性。实际上,2008版《城乡规划法》在约束市场以及建设行为的同时,对政府的行为本身在规划运作、监督检查以及法律责任等方面作出了

规范。例如,该法规定,经依法批准的城乡规划,是城乡建设和规划管理的依据,未经法定程序不得修改。"一届领导一个规划"和"领导人随意变更规划"将受到限制。这意味着利益主体之间,不能简单地就涉及的公共利益的问题私自作出契约和决定。更进一步,这说明政府也是"城市规划的消费者"之一,并非简单的城市利益"协调者";与市民以及市场之间也并非简单的"委托—代理"关系。如果说,城乡规划的利益主体多元化了,那么对于多元主体之间在城乡规划中的关系与博弈的规则,则需要通过法律进行强制性的规范。城乡规划法正是从更加宏观的层面上,对各利益主体(包括政府)的空间配置意愿和选择行为作出约束,从而具备了公共政策的属性。同时,城乡规划从物质规划到公共政策的转型,也能从更深的根源层面上解释城乡规划主体多元化的问题。

13.3 从《城乡规划法》看空间规划体系

第一,关于规划协作问题

我国制定国土与城乡空间治理的政策,一直存在着"政出多门"问题。建设部、国家发展改革委和国土资源部,分别就城乡规划与建设、区域发展与设施配置和国土空间管理等进行规划的编制和政策的制定。农业部、水利部、交通部等也参与其中。2008版《城乡规划法》中明确提出,"国务院城乡规划行政主管部门会同国务院有关部门组织编制全国城镇体系规划",明确提出了"部门协作"的问题。这显示了"城乡规划"必须融合与"城乡空间发展"有直接或间接关系的行政主体的意见和建议,以达成对城乡空间发展的共识。但是新法中虽然提出了"会同国务院有关部门",但并未对"会同的方式与路径"作出更加详细的程序化、制度化的说明。

新法规定全国、省(区)城镇体系规划和有关的需报国务院审批城市的总体规划由"国务院审批"。城市总体规划的审批,在实际操作的时候,由国务院组织有关部门,成立由住房和城乡建设部牵头,国家发展改革委、公安部、国土资源部等组成的城市规划"部际联席会议",对规划进行审查。但是,这并非一个常设的机构。从机构改革的视角上,空间规划的行政体系(包括主导城乡规划、国土规划、区域规划等的建设部、国土资源部、发展改革委等)必须将与"规划"有关的机构实现整合,探索空间规划职能"有机统一的大部门体制,健全部门间的协调配合机制",才能解决空间规划运作的制度化、程序化问题。2008版《城乡规划法》没有解决这个问题,在"城乡规划"部门范畴内,也不可能解决这个问题。

在英国,中央政府为了对"规划"的政府职能进行整顿和整合,2002年成立了"副首相办公室"(Office of the Deputy Prime Minister,ODPM)。虽然英国与规划有关的职能还分布在环境食品和农业部、交通部、文化媒体与体育部等部门;但是,在涉及住房、规划、社区再生等跨部门的问题时,ODPM能够从中央层面上,加以协调和整合。英国的做法值得我们参考。

第二,关于规划体系

总体来看,现行的国家空间规划体系是一种依托上述多部门协作的部门间横向、部门内纵向的规划体系。以城镇体系规划、城市(镇)总体规划、乡规划、村庄规划、城市(镇)详细规划等为核心内容的城乡规划体系,只是国家空间规划体系的一部分。这种城乡规划"内部"体系在2008版《城乡规划法》中已经定位清晰。从统筹城乡空间、约束国土环境的视野上,国家空间规划体系,是国土规划(土地利用规划是其专项规划之一)、区域规划、城乡规划等各类规划的总称,诸类规划应该形成一个完整、开放,涵盖国家、区域、城乡、地域的多层次的调控与导引体系。同部门协作一样,这里也存在着规划协作的问题。

实际的运作中,上位规划往往不能有力地指导下位规划,造成上位规划"虚无缥缈"、下位规划"前提虚假"的局面。强调体系的完整性,并非是重走计划经济条件下上下规划"层层投影"的老路。但是如果下位规划的编制缺少一个综合统筹的引导性战略定位,那么规划本身的效能和合法性就会受到质疑。20世纪90年代以来,我国大中城市广泛编制的所谓"发展战略规划""概念规划"等,某种程度上就是对城乡规划缺乏上位规划战略导引的一种无奈选择。2008版《城乡规划法》第五条规定:"城市总体规划、镇总体规划以及乡规划和村庄规划的编制,应当依据国民经济和社会发展规划,并与土地利用总体规划相衔接。"[①]已经摒弃了1990版《城市规划法》中对城市总体规划要与"国土规划、区域规划、江河流域规划、土地利用总体规划相协调"的定位。这一方面说明,国土规划、区域规划等正在经历新一轮的理论与实践探索,其法定性还没有清晰的定位;另一方面说明,长期以来国土规划、区域规划等与城乡规划"协调"的制度性设计依然处于尴尬境地。

《城乡规划法》在第十三条中明确提出省域城镇体系规划应当包括"城镇空间布局和规模控制,重大基础设施的布局,为保护生态环境、资源等需要严格控制的区域"等,显然具有了省域国土规划和区域规划的性质。这显示出,在城乡规划体系内部因规划本身的衔接需要且存在着统筹"空间规划体系"的趋势。如图13-3所示,A、B、C分别为国土规划、区域规划、城乡规划,三者各自对空间进行定位;由C

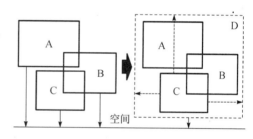

图13-3　从规划割裂到各类规划整合的内生趋势

变成D体现了上述"统筹"趋势。实际上,除建设部门外,其他部门也存在整合空间规划的意愿[②]。

但是,对现行"规划体系"的各种统筹冲动和修补,不可能从根本上改变"各类规划"之间衔接与运作错位的状况。"一放就乱,一统就死",这实际上是我国时空转型期间的通病,整合机制的弱化是转型时期各种问题大量产生的重要制度性根源,规划体系也不例外。

从时空的角度看,2008版《城乡规划法》的出台,是我国规划法律演化与时空发展的必然。从1984版《城市规划条例》,到1990版《城市规划法》,再到2008版《城乡规划法》,可以洞悉我国城乡空间发展与规划调控价值取向的变迁。2008版《城乡规划法》是新时空精神的升华,其体现了政策模式、经济模式、社会模式和空间模式在快速城市化情况下的大转型。虽然,新法沿袭了1984版和1990版所具有的行政管理法的特点,但是在强势政府主导城乡规划的惯性下,某些"规划"运作方法的确具有实用性。同时,也意味着新法

---

①　土地利用总体规划作为国土规划的一个专项规划已经建立了相对完整的规划体系,详细内容见《中华人民共和国土地管理法》。

②　例如2006年国家发改委提出的"主体功能区划"受到中央的肯定;2007年发改委受中央委托又组织编制了《国家级专项规划管理暂行办法》,以推进国家级专项规划编制工作的规范化、制度化。

在价值主体变迁的时空视野下,带有过渡性质,必须依据实践发展的需要不断地调整和完善,以满足市场和公众这两个规划"新主体"的利益诉求。另外,新法在规划协作、规划体系等方面未取得较大的突破,离完整、统一的"国家空间规划体系"还有一定距离。这一方面是多部门主导空间规划的现状使然;另一方面,也反映了快速发展时期规划制度转型面临一系列困境。

(本章原载于《城市问题》杂志2008年第7期,原标题为《城乡规划法的价值演进》,作者:王金岩)

14 健康城镇化与规划辩证调控

快速的城镇化发展难免会引发一些人地矛盾,也启示了对规划调控机制和城乡发展价值的反思。在城镇化引发的各种问题面前,地方政府会采取较为实用的规划制度变通,以适应发展需求和规避各种矛盾。同时,与快速城镇化推进实践相契合的全局性正式规划制度体系的法制化建构,更为当务之急。基于此,需采用"社会—环境"的多维综合辩证法,追溯规划调控体系隐含的网络关系,进而对城镇化推进的价值逻辑和规划调控机制的改革提供参考。

实际上,规划体系转型(在我国,"规划"包括了城乡规划、区域规划、国土规划、土地利用规划、主体功能区规划、发展规划等)多与城乡发展进程中出现的各种问题相伴。从现代主义运动开始,规划政策的变迁可看成是对诸多"城市问题"回应的结果。在我国,城镇化在带来人口、资源集聚和城乡的繁荣的同时,也衍生了很多资源、环境、人口问题。政府及地方通过规划政策手段,规避了很多城镇化进程中的发展风险,对重塑可持续发展的人地关系做了大量工作。我们认为对城镇化问题的研究,须用一种全面的人地辩证法,追溯源头、廓清逻辑;立足城乡和区域发展价值的重新定位,对规划公共政策在引导城乡经济社会健康发展过程中的作用和体系模式加以整体性探究。

14.1 城镇化与人地关系

城镇化问题并非是城乡和区域经济社会发展中的单一独发现象,而是我国快速发展和社会转型时期"社会—环境"问题的综合映射。

第一,人地关系作用表征

城镇化过程与产业结构变迁和调整息息相关,其中体现着人口迁移及经济、就业问题。2009 年,我国第二产业占 GDP 的比重为 46.8%,第三产业的比重为 42.6%,比第二产业稍低,而第一产业的比重为 10.6%,比重最小。从从业人数看,我国从事第一产业的人口比例(50%左右)较之于发达国家依然较高;第二、第三产业的就业人口比例还相对较低。在整个二、三产业的发育程度(占 GDP 的比重)与发达国家,甚至发展中国家存在差距(绝大部分发达国家的第三产业占 GDP 比重在 70%左右,大部分发展中国家在 50%左右)的情况下,我国还需同时完成农村人口转移和第一产业生产率提高的艰巨任务。充分就业或转移的关键是积极促进经济增长、产业结构调整与就业岗位同步增加;促进产业结构调整的关键是加强科技创新,从而提高劳动力和资源的使用效率;促进资源(包括城乡土地)有效利用的关键在于实行有效的资源保护和集约利用政策。城镇化,毫无疑问要在劳动力、资源和科技进步的协同互动基础上,承载这些发展与调整,以实现健康发展。

从第二产业的角度看,我国过去所走的以资源和原材料产业发展带动工业发展之路,已随资源环境约束力的增强,接近极限。推动科技创新,从传统资源经济转变为低碳经济是个必由之路。但此过程中,劳动力质量的短期转型压力较大。另外,发展第三产业来解决农业人口转移、就业,也需依据地方特点量力而行。从全国来看,人口转移基数很大,若按照城镇化率年均增长 1 个百分点估算,就业岗位需求就会增加约 1 000 多万个。我国地域辽阔、地理差异明显,第二、三产业发展支撑城镇化发展需立足实际、辩证选择。"一刀切"和急功近利易造成各种人地矛盾。但也应该注意到,很多地方城市不顾自身产业和资源实际,盲目上项目、拓空间,"有形"城镇化与产业发展需求脱钩,造成了空间拓展与需求不匹配问题,浪费了耕地。失控的城镇化伴随着严重的分配失衡,新兴的"进城"群体,承担城市居住、生活与消费的能力有限,城市生活的过高门槛,使得进城群体很难融入城市(图14-1)。另外,城市地域扩散速度与设施承载能力、公共服务能力不成比例,过度规划和投资反倒导致了服务设施的结构性缺失。

图 14-1　水立方与下水道

城镇化发展进程中也需考虑"地"的问题。若按年均减少1 000 万亩耕地计算(2003—2006 年,中国净减少耕地6 009.15万亩,年均减少耕地1 000 万亩),到 2020 年,中国耕地缺口将达到 1 亿亩以上。1980—2005 年,在经济与城镇规模急剧扩张的时期,我国 GDP 每增长 1%,对土地的占用量相当于日本的 8 倍。尽管我国实行最严格的耕地保护制度,但受城镇化占用及农业结构调整等影响,耕地数量减少压力依然很大。全国耕地面积从 1996 年的 19.51 亿亩减少到 2008 年的 18.26 亿亩,人均耕地由 1.59 亩减少到 1.37 亩,逼近农产品供给安全"红线"。同时,耕地质量总体偏差,中、低产田约占 67%,土壤病害及污染等问题严重。在国土空间中,虽然适宜城镇开发的面积有 180 余万 km²,但扣除必须保护的耕地和已建设用地,今后可用于城镇开发与建设的面积只有 28 万 km² 左右,仅占全国陆地国土总面积的 3%。这种现状决定了我国的城镇化发展必须走集约、紧缩之路。但是,各地通过土地城镇化获得更大发展收益的热度依然不减。

第二,人地关系作用逻辑

20 世纪 80 年代以来,经济改革创造了巨大的综合收益,极大改变了城乡空间结构,并将各个地域连接成了经济有机体。列宁在《马克思的学说》中指出,资本将工业同农业结合起来,并带动了科技发展及人口的重新分布,偏远被逐渐地关注。改革开放以来,经济发展改变我国城乡空间结构也在于此。追求经济增长带来了经济社会新秩序的出现,进而促成了社会对经济发展的普遍追求。土地本身可作为一种经济要素,其需求量的增加往往与城镇化进程的加速相生相伴。

经济发展解决初级阶段矛盾本无可厚非。但诸地域对"经济发展"的无差别化追求,再加上针对地方决策者无差别化的政绩考核,使得很多地方政府在产业发展出路难寻的情况下选择"以地生财"。"土地财政"或许是中国城镇崛起的重要抓手。但是,全局性的土地消耗压力又影响了农产品价格波动。特别是随着经济增长、工业化和城镇化的快速推进,我国农产品需求刚性增长和农产品生产所需的土地、水、劳动力等资源约束矛盾显现,农产品价格上涨存在一定压力。例如,2009—2010 年,我国居民消费价格指数(CPI)经历了持续上涨,一度达到 3.6%,创下 23 个月的最高增幅,其中农产品价格上涨尤为明显,成为推动 CPI 上涨的重要因素;2011 年有所回落。同时,城镇化进程中对用地的需求也往往与工业用地的拓展同步,从而带动了初级产品价格的增长,进而带来了生产资料价格的增长,直至带来价格水平增长的压力。价格的增长会冲抵经济成长的成果,并给粮食价格增长带来内在推力。与其他新兴市场不同,我国目前工业化水平高于城镇化发展水平。失控城镇化在推动城镇化的同时,也大规模推动了工业用地的超常规增长。再加上地方在推动新区建设上热情很高,可以预见:在未来的十年中,随着城镇化的提速,大量人口入城,将增加城市资源和服务需求,并推高相关产品和服务的价格水平,高通胀压力是存在的。粮食价格增长又导致了农村用地的增值压力,导致土地价格增长,并后续刺激了房地产价格增长和城镇化拓展。土地和房地产价格的增值又刺激了地方政府对土地经济的"青睐"。这一循环逻辑(图 14-2)若无所调控,势必会在地方经济和空间发展中衍生出负面问题,迫使政府选择采取各种"事后追认"式的补救措施(针对农产品消费价格、房地产价格、耕地保护等)。

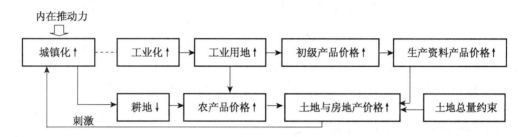

图 14-2　城镇化内在推动与循环逻辑示意图

从城镇化失控所反映的发展价值来看,经济无限收益、过度积累的缺陷恰恰在于将发展的目标单一性地捆绑于"经济"逻辑本身,而非"人地"和谐与包容发展的辩证性全部。另外,城镇化的失控在折射人地危机表象的同时,也反映出"规划"在调节力度、自身价值、综合应对上的"出拳不力"。可借热力学第二定律解释:系统本身总是力图自发从有序走向无序(熵增),除非有外力施加有效约束。对规划而言,上述失控城镇化揭示了两个亟待探讨的问题:其一是我国城乡发展进程中,特定的、有效的城乡空间拓展调控(对现在的"控")和规划约束引导(对未来的"引")机制的实效性。即,当经济逻辑带来的城镇化发展冲力较大时,调控与引导机制的效率问题。其二是对"人地关系""社会—经济—环境"逻辑定位的系统反思与调整,以及对更加全局性发展价值和逻辑的全面反思。

14.2　规划的应对性保护机制

城镇化的空间影响会首先在地方层面上显现,并会引起全局性的重视。如果城镇化推进过程中的空间导引策略和"保护机制"较为成熟、应对得力,则城镇化会在可控下演进,反之亦然。

第一,地方的应对性规划策略

地方上对城镇化失控的实用主义应对表现为在现有规划体制下,探索更高效的规划干预手段,以解决机制欠缺的问题,进而规避矛盾。作为应对性的规划调控手段,很多地方探索了"N 规合一"(N≥2)之路,以调控规避快速城镇化进程中的各种矛盾。肇端于 20世纪 90 年代的"两规合一",期冀在城市总体规划与土地利用总体规划之间进行协调(2005 年"两规"修编次序的"土前城后"格局终得明确)。除了"两规合一"外,很多地方结合其实际情况提出了"三规合一""四规合一""五规合一",甚至"多规合一"。

如太原将城市总体规划、土地利用规划与产业发展规划"三规合一"。认为通过"三规合一"能够保证大多数项目落地,在推动城镇化基础上,可实现市域土地利用的总体平衡,引导集约用地,减少违法用地。在规划修编过程中,"三规合一"使得国土资源部门从上级政府协调了用地以落实产业项目①。2008年重庆开始"四规合一"探索(在市内的四区两县),以解决超大农村和超大城市并存情形下城镇化管理的二元结构状况。2010年北京在研究"十二五"规划编制过程中,明确提出要实现"土地、产业、空间、人口、生态"的"五规合一",并且认为"五规合一"并非把各个规划合成一个规划,而是侧重整合互通、系统衔接。通过统一目标、口径、管制、数据、政策等,减少规划间的矛盾,以全面提高调控效果和力度,使得城镇化在特定需求下实现健康发展。北京通过规划整合主要解决:各类规划对发展条件考虑不够;各类规划在用地分类与规模、内容界定上存在差别;对文化遗产欠重视等问题。

"N规合一"探索的多元模式,深刻表明了在快速城镇化情形下,探索耕地保护与建设用地拓展、产业演进与环境保护、人口增长与生态保育、就业与基础设施建设等要素间良性互动、弱化城乡二元对立、解决"各吹各的号,各唱各的调"问题,并实现城镇化与人口、经济、社会、生态的全面统筹和协调发展的重要性。其实质就是通过规避规划制度滞后,对治理城镇化失控的作用手段——规划,进行"衔接增效",以应对城镇化无序。该过程可用图14-3来表示。

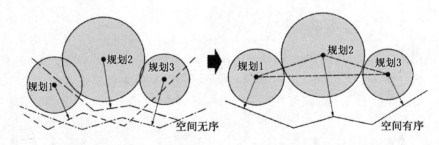

图14-3　从规划错位的空间作用低效到规划衔接后的作用增效

第二,全局性的规划调控探索

发展改革部门曾于2004年在基层县市试点"三规合一",以实现更加健康的城镇化发展和土地集约利用②。另外,国土资源部门于2006年推动进行城镇建设用地与农村建设用地增减挂钩试点。虽然,改革并非"N规合一",但是城乡用地的统一规划和管理、城乡土地流转制度的建立是"N规合一"的基础。改革是从土地入手,目的也是为了解决快速城镇化进程中局部城乡土地不能互相流转的格局。"挂钩"需各类规划和发展价值的辩证协调统一。但是,也有一些地方利用"挂钩",变相行"土地财政",出现了农民"被城镇化""被上楼"现象。

试点探索也表明:中央和地方的探索衔接需要全局跨部门的协商和制度设定。"N

① 详见《太原日报》2010年6月30日关于《打开发展空间 破除制约因素》的报导,中国日报网于2010年6月30日对其进行了转载。
② 详见《21世纪经济报导》2004年8月8日中关于《发改委酝酿市县规划改革"三规融合"重大突破》的报导。

规合一"的实践,说明了各级政府对规划体系"非正式制度"的变通是有效的。但如何经历多元博弈,把调适性"变通"转变成普遍、全局且较为灵活的政策措施,以将城镇化发展影响和所受影响的各个环节整合衔接,成为统一的良性辩证框架,这是关键。特别是在改革的攻坚阶段,由于建立新体制需要做的工作方面众多,它们之间又需要紧密协调,这就必须由各类规划主导的权威机构进行全局协调并制定更基本的规则,并把协调成果及时转变成程序、法律或制度。

14.3 规划的全局整合

应当看到,在快速城镇化背景下,无论是地方的应对性规划调整,还是全局性的规划策略探索,都显示了引导城镇健康发展的良好愿望。中共十七届五中全会提出改革要注重总体层面的"顶层设计",也要求我们需从更高的价值检核层面上对规划调控机制和逻辑关系进行全面检核,进而促成更加辩证的公共政策调整,以实现人地关系的包容性和谐与环境正义。

第一,对时空价值观的辩证性思考

经济积累倾向于哪里"升值"就流向哪里。它会经历一系列的"环程"在空间之上全面展现。大卫·哈维将马克思主义理论运用于城市空间演进,提出了资本积累在工业生产、城市建成环境、科教文卫领域中渐次推进的"三级环程"。二级阶段与城镇化发展关系明显,也与我国的当下国情较为契合。20世纪80年代以来城镇化的失控,也带给了规划"保护机制"高效辩证抵挡"积累"冲力前所未有的压力。但规划自身并非等于"拜物",其本身就是为"发展价值"的重新定位服务的。"曾经与乌托邦思想有着紧密联系的城市规划",作为一种干预和引导手段,还是需要理性、理想和客观的"想象"的。按照儒学的观点,想象(知)与实施(行)并非矛盾。想象、意识本身即是一种行动,其可经"验效"在博弈中转变成政策性共识。

这里需再回到城镇化失控的各种环境和社会后果。上述城镇化失控在人地关系方面的表征和逻辑,以及在不同的空间层次上是有价值差异的。如在城市政府视域上,城镇化可带来财政收益;而在社区视域上,城镇化可能会带来对文脉的冲击。因此,关于时空的"想象"和行动需要诉诸两个层面:其一,对逻辑全局的整体性反思;其二,对连接不同时空层面的价值需求进行反思。如何整合?哈维认为对环境问题的所有论争,都需要立足社会关系及其公正性这条基本的论据。即,需按照"社会—环境",即"人地关系"辩证法。沃勒斯坦(Immanuel Wallerstein)也同样认为"社会—物质"因素相结合的分析方法本质上是一种一体化分析方法(unidisciplinary approach),其对于分析"变迁"意义重大。同时,哈维认为"社会—环境"正义这个"老"办法是解决问题的关键。现在急需在重新反思时代价值基础上,提出辩证性的综合策略。公正、人本、协调、包容等信念在全球化背景下的实践,需将过去单一发展为主的发展基调,转变为更加辩证综合的科学发展。

第二,基于辩证价值的规划机制到位

庄子认为:"圣人者,原天地之美而达万物之理。"中国传统思维在价值理念上追求人与自然的有机同构、礼乐相济、由小见大、以近知远思维,正是"社会—环境"(人地关系)辩证统一的价值方法。但自"启蒙运动"以来,西方"人类中心主义"线性、唯GDP发展价值,建立在了对自然环境的持续索取之上。虽带来辉煌,但空间与城镇化失控的后果往往对

"繁荣发展"产生冲抵。如果说"社会—环境"正义依然是策略,那么引导"社会—环境"正义策略的则是关于时空特征和需求的价值转移。治理与公共政策结构依托时空需求,而采取规划约束手段的跃迁和变化,及整体与局部价值观的统一。这是根治失控城镇化的必然途径。即,需在重新定位发展价值基础上,来建构新的规划手段,以辩证解决问题。新中国成立以来,基于人地关系的规划价值转移,大致经历了几个阶段,粗略见表14-1所示。这种概略式分析将"社会—环境"二重分析思路拓展至了多元。

表 14-1 基于人地关系的规划价值取向转移

话语取向	人定胜天	经济中心	人地协调	人地和谐	包容增长、"天人合一"
价值动力	基于政治理想	基于经济发展	基于经济与社会发展	基于经济、社会、环境统筹和谐发展	基于人与自然的网络整体的辩证性包容发展
价值主体	政府	政府、市场	政府、市场、社会	政府、市场、社会、环境	人地关系的辩证性全部
关注空域	中心城市、样板公社	城市内部	城市拓展	城市、乡村、耕地	人地空间的辩证性全部
大致时域	20世纪50—70年代	20世纪80年代	20世纪90年代	2000—2009年	2010年—?
规划手段	发展计划、特定城市的规划、人民公社规划、区域规划	发展计划、国土规划、城市规划、区域规划	发展计划、土地利用规划、城市规划、乡镇规划、区域规划	发展规划、主体功能区规划、城乡规划、土地利用规划、国土规划、区域规划	完整协调衔接的国家空间整体规划及其辩证性调控约束机制

从表14-1不难延展,规划作为一种调整人地关系的手段,在过去六十年内发挥了巨大的人地协调作用。也隐含着:规划本身需与时空价值互动相搏,否则会丧失直接面对社会的能力和直接约束空间的效力,或按被赋予的职责来完成结构需要,或屡经"编停"反复,或影响全局利益,或旧的规划类型未去、新的规划类型又来,并造成"公地"或"反公地"问题。因此,必须破除城镇化发展事实与发展价值间的隔离,采用人地关系辩证的网络化分析,通过打通不同的时空层面,实现规划机制的策略调整、全面整合和协同应对。如图14-4所示,实线表达了各级各类不同尺度的地理空间,虚线表达了上述各种尺度空间的整合协同。哈维认为通过话语、权力、

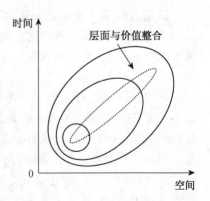

图 14-4 规划价值时空整合

社会关系、物质实践、制度、价值的"辩证认知网络图"能够协助反思"社会—环境"关系,也利于避免简单地发展"目的论""单一乌托邦",甚至是"领导拍脑瓜"。表14-2大致展示了失控与健康城镇化实现逻辑的差异。

表 14-2　失控城镇化与健康城镇化辩证网络关系检核对照

话语	权力	社会关系	物质实践	制度	价值
失控城镇化	权力的单一性（如资本力量）	少数群体利益、部门利益，上级期待下级执行、下级期待上级政策倾斜	土地城镇化、违章建设	各类空间规划实效性和约束性尚待提高，不衔接、不协调现象明显	单一的发展主义
健康城镇化	权力的整合、沟通与协调	政府、市场、公众、部门、环境的辩证综合，进而达及人与自然多元关系网络辩证性全部的管治理念	土地集约利用、资源节约和环境友好	规划公共政策公平，空间规划体系的辩证有机衔接、实现制度化的"N规合一"	辩证性的发展、差别化的区域对待、科学与包容性的增长，社会—权力—环境的多元公平正义

受这种辩证网络关系的启示，前述的"N规合一"和"全局探索"需要拓展开来，并立足我国城乡发展实际，重点解决两个方面的问题。

第一，对城镇化发展价值及规划价值的检核。依托价值主体间的全面沟通，反思传统的"单一发展主义"，及其价值观下城镇化演进的前因、过程、后果及社会影响；在辩证性发展、差别化区域对待、科学包容增长，"社会—权力—环境"多元公平正义的基础上，重新定位规划公共政策价值观的公平正义和空间正义，并层层落实。政府与规划行政主管部门应成为规划价值公平、正义的维护者和协调组织者。

第二，基于时空特性的全面制度和法制程序重构。空间规划体系的辩证衔接、制度化"N规合一"，需以国土空间的总体和层次格局为核心，推进各类规划体制和规划法规的整合与重构，适时推出统一的"国家国土空间规划法典"，并在未来形成周期性的动态调整。这种调整的重点在于研讨规划如何面对、引导经济社会和城乡区域，以及城镇化的健康发展。在运作体系上，形成以国民经济和社会发展总体规划、主体功能区规划为基础性导引，专项规划、国土规划和土地利用规划、区域规划、城乡规划为网络化支撑的辩证性衔接与机制网络体系，随时、分类检讨发展价值，以实现对快速城镇化情形下国土空间的差别化辩证保护。同时，对于衔接各类规划行政、法律法规、运作的具体操作、运行机制、技术衔接方式等进行详细的规定，并实现法制化、制度化。

海德格尔主张：我们需把"人"纳入并释放到"人地关系"的"在场"之中而"栖居"，并非把城乡空间当成"巨大的加油站"，而无限地攫取。对健康城镇化的分析显示：问题并非仅来自局部的"失控性"事件。城镇化失控往往折射了规划效力问题、行政管理问题和发展理念问题。以各种"失控性"事件为基点，嵌入到时空演进的辩证网络之中，来思考人地关系和"社会—环境"，进而推动"规划"手段的"周期性"调整，这在理论和实践上对促进"城镇化"健康发展是具有参考价值的。

（本章原载于《城市发展研究》杂志 2012 年第 10 期，原标题为《健康城镇化与规划调控机制的辩证性到位》，作者：王金岩、吴殿廷）

15　乡村规划的树形与互动网络

　　以公共交通为导向开发(TOD)的村镇社区空间发展模式,是基于东部沿海平原省份城乡公路与道路网络较为发达的地域特性,通过选择性地建设设置公交站点的"城镇型社区",形成网络化互动连接的城乡公交体系及公共服务设施体系,进而触发城乡要素流动、优化公共服务,改变传统发展动力自上而下的树形结构模式。通过对德州市临邑县镇村体系规划的实践研究,发现TOD村镇社区空间发展模式能够在依托地域需求、服务政府决策、优化规划模式和改善功能结构等方面为我国的新农村规划建设提供参考。

15.1　TOD与村镇社区

　　在当代,农村空间发展模式问题是一个关乎农村全面、协调可持续发展的时代命题。譬如山东省新泰市探索出的多元化的"新泰模式",包括小城镇吸附型、中心村辐射型、经济强村带动型、行政村整合型、村企发展联合型和城中村改造融合型6种模式;江西省九江市的"中心＋村落"模式;山东省诸城市通过建立一个半径2 km的服务圈,把若干自然村集中在一起建立一个社区的模式。

　　TOD从本质上可看作阻止城市无序蔓延的一种可供选择的方法,营造了一种面向公交的土地混合利用社区,从地产和商业开发的角度可看作是一种特殊的土地开发模式及商业运营模式。一般在主要轨道交通沿线及站点适度进行高密度的土地开发,以培育客流为着眼点,以提高土地价值为核心目的,同时宏观上兼顾引导城市空间有序增长,控制城市蔓延。这种发展模式提出的初衷,是为了解决"二战"后美国城市的无限制蔓延;其以公共交通为中枢、功能混合的土地开发理念逐渐被学术界认同,并在欧美国家以及日本、中国香港等地得到广泛应用并取得成功。

　　TOD模式在我国城市地域范围中的探讨与应用也已经非常多。但是,将TOD模式用诸农村地域,尚属前沿。有关理论内核及适用性还需在实践中进一步验证和探讨。本章在简析TOD村镇社区空间发展原理的基础上,以《德州市临邑县村镇体系规划(2009—2030)》(以下简称"规划")为例,对TOD村镇社区空间发展原理在沿海平原省份农村的适用情况进行了探讨,期冀为我国城乡一体化发展和农村空间有机更新提供理论参考。

　　TOD村镇社区空间发展理论是在借鉴城市TOD社区开发模式基础上,近年来由学术界提出的一种农村社区建设模式。1881年德国社会学家滕尼斯最早从社会学理论研究的角度频繁使用了社区的概念,并将其解释为一种由同质人口组成的具有价值观念一致,关系密切,出入相友,守望相助的富有人情味的社会群体。申翔(2007)认为农村社区是指在自然村即村庄范围内,村民之间依靠彼此间紧密的社会关系与社会属性所形成的生活共同体。实际上,当代中国农村社区作为现代农村的基本社会单位,已不再是孤立存在的自然与亲缘关系,它已成为各种利益关系的交汇点,社会问题的聚汇处和矛盾交汇地。农村社区及其建设问题也是相对弱小的社区如何获得自身发展机制的问题所在。

　　之所以选择用公共交通来引导农村社区发展,是因为我国现代村庄发展与交通条件具有密切相关性——正所谓"要想富,先修路"。通过构建城乡公交网络,以"城镇型社区"

为空间核心形成 TOD 村镇社区,即"城镇型社区＋一般村庄(社区)",形成"城镇型社区"与一般村庄(社区)的联动发展。其核心在于选择性建设"城镇型社区",此举区别于一般的"迁村并点"和"撤村建社",是以公共交通为先导纽带,网络化串联"城镇型社区",并设置与周边一般村庄联系便捷(主要通过步行、自行车及相关低碳交通方式与城镇型社区联系)的城乡公交站点,使"城镇型社区"逐步配置较为完备的公共服务设施,进而激活要素流动,服务一定的农村区域,形成城乡要素更加便捷流动和"互动推拉"的网络,推动城乡一体化和农村有机更新发展。其实质是以发展城乡公共交通为"先导触媒"的类中心地系统,一般 TOD 村镇社区单元的规模大约为 1 万—1.5 万人。

图 15-1 显示了单个 TOD 村镇社区空间结构的状况。其在空间上由一个城镇型社区和若干个一般社区(村庄)组成。一般社区(村庄)内部不再发展工业,现有企业逐渐引导其向工业类城镇型社区或者单独设置的县乡工业聚集区集中;一般社区(村庄)主要发展现代农业生产并延续农村景观,有条件的村庄可以结合当地资源大力发展第三产业或特色养殖业。城镇型社区可以根据当地经济和产业实际,发展无污染的农产品加工业。城乡公交站点是城乡联系、社区之间联系以及社区与产业区联系的核心,设置在区位优势明显、毗邻主要交通线的城镇型社区。城镇型社区在公交站点周边渐进式布置集中为农村地区服务的公共设施,包括行政管理、商业服务、文化娱乐、体育、

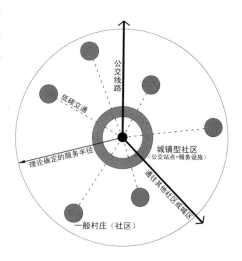

图 15-1 TOD 村镇社区空间单元示意

医疗卫生、教育、福利等设施。除满足自身需求外,主要服务于周边一定范围内的一般村庄,服务半径一般为 2 km,通常不超过 5 km。

TOD 村镇社区空间发展模式与传统的 TOD 城市社区发展模式在先决条件、核心价值目的、公交类型、联系效率以及内部构成上是不同的(表 15-1)。这些不同,说明 TOD 村镇社区空间发展模式具有依托现有发展境况建构辩证发展道路的特点,下文将详细阐述。

表 15-1 TOD 村镇社区与 TOD 城市社区的不同之处

比较项目	TOD 村镇社区	TOD 城市社区
先决条件	城乡公交一体化	城市公交高度发达
核心价值目的	增强城乡联系,保留和尊重地方特色,建设用地和耕地有机置换	提高土地价值,引导城市空间增长,控制城市无序蔓延
公交类型和联系效率	汽车公交,效率一般	地铁或轻轨,效率高
内部构成	由多个农村社区组成的社区群落,各社区之间由农业用地分隔	集工作、商业、文化、教育、居住等为一体的"混合用途"的城市功能片区,各类用地之间连续紧凑

15.2 TOD 村镇社区案例分析

在传统的村镇体系——"县城（区）—中心镇（一般镇）—中心村—村"规划模式和 TOD 村镇社区——"县城（区）—TOD 村镇"社区空间发展模式之下，临邑县的村镇体系布局有其各自特点。

第一，传统规划模式下的村镇体系布局

临邑县县域面积 1 016 km²，现辖 6 个镇、3 个乡、3 个街道办事处，共 856 个行政村。现状人口城镇化水平为 33.5%（以 2007 年为准）。县域平均人口密度为 524 人/km²（图 15-2）。

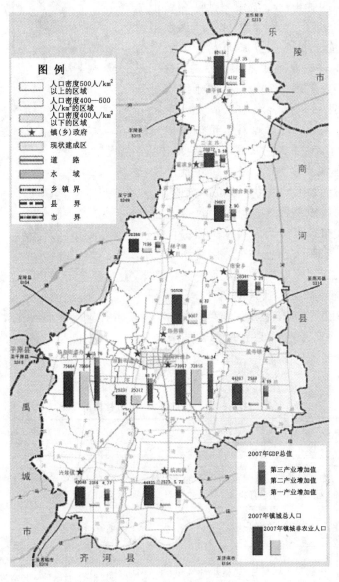

图 15-2 临邑县经济人口现状分布

从县域村镇规模上看,全县乡镇镇区人口规模超过 10 000 人的有德平镇和临南镇;人口超过 1 000 人的村庄有 51 个,占总量的 6.0%;人口少于 500 人的村庄有 532 个,占总量的 62.1%。县域村镇体系等级规模结构发育程度较低,城区对全县人口的吸引和集聚能力还较弱。

运用传统的层次分析法(AHP)对现状村庄进行综合发展潜力评定,进行聚类分析后,得出农村社区(村)可形成 166 个。按照中心村选择的一般原则,即发展条件好,交通便利,能为其他村庄提供基本的公共服务产品;具有较大的人口规模和较好的经济基础;与镇区和其他中心社区有合理的间距,服务半径适宜等,选定中心村(社区)20 个,一般村(社区)146 个(图 15-3)。

宏观层面上,根据《德州市总体规划(2006—2020)》,至 2020 年,翟家乡和理合乡合并为翟家镇,宿安乡升级为宿安镇,临邑镇撤销归入城区管理,其余乡镇保留。至本次规划期末,即到 2030 年,村镇区域保留 7 个镇。

根据各城镇和乡村的职能特点及其在县域经济社会发展中所拥有的地位与作用,形成中心镇 3 个、一般镇 4 个(图 15-4)、中心村(社区)20 个、一般村(社区)146 个的四级结构。

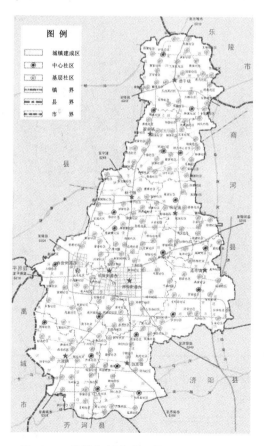

图 15-3　传统规划方法下临邑县"中心村—一般村"空间分布

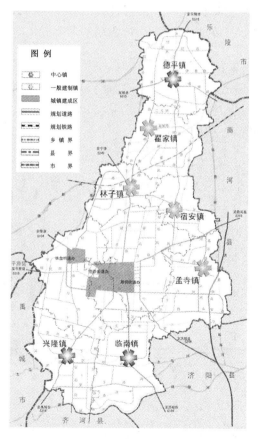

图 15-4　传统规划方法下临邑县"中心镇—一般镇"空间分布

第二,TOD村镇社区空间发展模式对村镇体系布局的策略修正验证

再按照上述TOD村镇社区空间发展模式对村镇体系进行策略验证或修正。由于TOD村镇社区空间发展模式侧重公交通达性要素,所以在我国比较适合运用TOD村镇社区空间发展模式的区域,还是平原地区及城乡公交网络实现可能性较大的区域。这种模式的完全实现也要有较为完善的城乡公路与道路网络做支撑。

临邑县地处鲁北平原,是山东省进出京津的咽喉之地,也是德州市三个次中心城市之一。其南北狭长,是经济发达与欠发达地区的交接过渡吸纳地带,具有内引外联和东靠西延的技术、市场和资金流通的潜在优势,并且实现了村村通公路,具备把区位条件转化为经济发展的潜在优势(图15-5)。从其地理基础来看,具备形成以公共交通为先导的TOD村镇社区的良好基础。同时,该县存在农村公共设施配置不齐全、出行距离远、交通不便等问题,这样的村庄居住环境已不能满足村民和空间发展需求。

"规划"运用TOD村镇社区空间发展理念,弱化原村镇体系等级结构为"城区—TOD村镇社区"结构。这样,镇(区)也被整合入TOD村镇社区,只不过规模稍大、设施更加集中。在具体选择时,主要考虑交通区位条件、公路道路条件及路网的连接性特征,并将之确定为汰选的基本条件和唯一侧重条件。同时适度考虑现有发展条件、服务半径、历史文化渊源及群众的传统认同。

通过征求意见、访谈和情景分析,规划最终确定城镇型社区25个(图15-6)。其中原

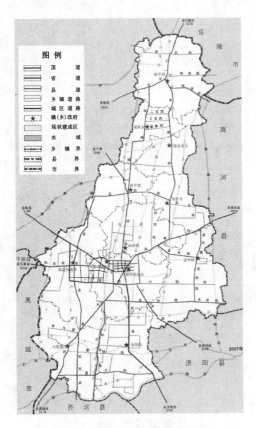

图15-5 临邑县内外交通网络

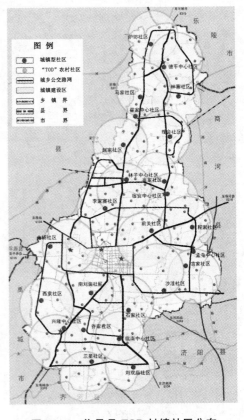

图15-6 临邑县TOD村镇社区分布

镇区类型的城镇型社区 7 个,原镇区之外的城镇型社区 18 个,与传统规划模式下的中心社区分布及数量亦有不同。传统方法选择的一些社区(如张庙、徐店、振兴等),虽然具备一定的经济基础,但所处区位远离主要交通线或城乡公交网络,原有优势也伴随着其他社区的发展及交通出行的障碍而出现弱化倾向,将来的公共交通发展潜力并不突出,故未在选择之列。

15.3 TOD 村镇社区价值拓延

通过对临邑案例的研究,TOD 村镇社区空间发展模式具有依托现有城乡一体化发展总体价值,实现上下互动、内外结合的发展愿景。能够对农村发展带来一系列的变化,主要表现在四个方面。

第一,依托价值需求方面:TOD 村镇社区空间发展模式试图探索立足现有农村空间发展内在价值需求,推进农村走集约型城镇化和城乡建设用地有机"增减挂钩"的辩证道路。

对于城乡空间组织模式的探索,在现代城市规划的发端年代就开始了。霍华德的田园城市理论就是基于 19 世纪英国城市的过度拥挤,特别是乡村人口减少,"逆转人们迁移到城镇中去的潮流,而让他们返回到土地上去",展示了依托社会价值的总体需求进行空间组织的传统。TOD 村镇社区空间发展模式也试图在快速城镇化和城乡一体化发展背景下,对乡村规划价值模式进行重新思考,探索结合地域社会经济发展特点,进行空间组织的规划方式,而不满足于价值中立、公平合理这样一些口号式的教条。

很多地区在农村建设进程中,往往用"城市型居民点"(如居住小区规划模式)代替原有"乡村型居民点"。"迁村并点""撤村建社"致使大量特色农村聚落和乡村特有的文化生活方式消失。有学者甚至用"古今中外,史无前例"来表达对这种状况的担忧。特别是在"城乡建设用地增减挂钩"的政策背景下,一些地方严重违背《城乡建设用地增减挂钩试点管理办法》(以下简称《管理办法》)保护耕地、促进发展的初衷,不顾农民的故土情结和居住习惯,大拆大建,以置换城市建设用地,非集约地推进城市空间拓展。在这里,"增减挂钩"的初衷主要是通过土地占补平衡确保我国耕地保护"红线",同时考虑调剂解决地方发展所需的部分建设用地指标,优化城乡用地结构。但是一些地方变相利用"增减挂钩",而行"土地财政",甚至进行商业开发,违背了政策设计的初衷。同时,违背《管理办法》中所规定的补偿与安置收益要"用于农村基础设施建设"的要求,新建农村社区甚至要求"补差价"购买,或非同等住宅质量下同等补偿拆迁,这些做法导致了农村建设中的一系列矛盾。

在临邑县,农村市场经济已有所发展,农村富余劳动力也相对充足,如何最大限度地节约土地资源、增强城乡空间联系,以及最大限度地引导地域邻里与乡村特色的更新,成为探索农村社区空间发展模式的切入点。TOD 村镇社区空间发展模式试图引导一种基于要素积极流动的第二、三产业的繁荣。TOD 村镇社区空间发展模式摒弃较为激烈的"撤村圈地",认为要进行有机更新,走公共交通先导,基础设施建设加速、农村社区建设跟进,产业发展、农民就业致富、县乡要素流动加强的辩证综合协调发展的路子。培育以公共交通为核心、公共服务设施功能高于一般村庄社区的城镇型社区,以之和缓地反作用于一般村庄的有机更新(对于值得保留的历史文化名镇名村积极实施保护,特别是保护其特有的文化生活方式,并进行道路、公交以及旅游相关配套的积极建设,以避免其衰落),进而引导一般村庄农民的自觉、自愿迁移行为,并在城镇型社区为迁移行为留有空间余地。这种思路有助于保护和尊重故土情结,延续现有生产生活方式;最大限度地体现"以人为本"的理念,保留原有空间格局,而不是全面的"城市型"改造(图15-7幽默地说明了乡村发展"城市化"的尴尬)。这与TOD模式所倡导的场所性(placeness)、传统精神的振兴以及特色留存等价值取向是一脉相承的,也能够为探索具有地域特色的农村居住新模式留足实践时空。

图 15-7　城镇化漫画

第二,明确政策导向方面:TOD村镇社区空间发展模式试图探索健康的城乡一体化和农村产业发展之路。

我国东部沿海省份推行城乡一体化面临的主要障碍,在于要素流动阻滞所产生的活力不足,以及前述"强制性改造"所带来的社会冲突。虽然在城乡一体化投入上,特别是基础设施(如公路、道路系统建设)投入上力度较大,但是由于与基础设施投入相关的公用设施(如公共交通、供水、供气等建设)匹配常不到位,要素流动阻滞的问题并未解决。以公路、道路建设为例,区域交通往往停留在"县县通高速""村村通水泥"的评价标准上,对后续的公交配套关注甚少,城乡人、物流动长期处于自发状态,容易转变成远景的小汽车出行模式。临邑县的情况也是如此。基于这种现状,TOD村镇社区空间发展模式期待通过强有力的公共投入和引导,以公共交通先导激活流动,并以建设特色鲜明、要素流动、集约发展的城镇型社区为核心,在激活乡村经济的基础上,带动一般村庄的有机更新。随着城镇型社区的发展,农村人口可以在更大的时空尺度上,依据县乡产业和市场发展的吸引力半径,逐渐向公共交通较为方便的城镇型社区转移,而不是"强制性"迁移。这也为未来耕地面积的拓展、置换提供了广泛的群众基础。

从理论上看,农村要素(如劳动力、经济活动、市场交换等)的阻滞问题,也可以从地理空间运输表面的阻滞来加以解释。不均匀的地理空间运输表面,是导致理想的市场区位变化(弱化)的重要原因。公共交通运输供给便利程度的提升,可减少要素阻滞,提高聚落空间(城乡)联系程度,促进城区与乡镇、乡镇与乡镇、社区与社区之间的联系。在区域内发展由多个TOD村镇社区公交组成的联动一体化网络,将优化整个区域内公共交通系统的使用效率;与城市公交衔接后,就变成了城乡公交网络,必然激活要素流动,推进城乡一体化发展。城乡公交网络体系的形成对于政府来说,前期的公共交通和TOD城镇型社区建设的投入可能不会立竿见影,但在后续的要素流动、经济激活、城乡一体发展的正效应中的回报,是值得期待的。

另外,从临邑县的工业体系来看,推动农村新型工业化发展的重要瓶颈,一方面在工业用地空间稀缺上,另一方面在劳动力的时空性稀缺和流动困难上。农村第二产业发展在相当长的时期内依然会以劳动密集型产业(如酒类及食品加工、机械制造、蔬菜农产品加工等)为主,TOD村镇社区空间发展模式能够极大地便利农村人口在地域内流动,支撑劳动密集型产业的集聚性发展。这对于进一步解放农村劳动人口,特别是解决年轻农村人口的就业问题,增加农民收入,是具有现实意义的。

第三,优化规划模式方面:TOD村镇社区空间发展模式试图探索触媒式网络化互动推拉动态空间规划模式。

传统的村镇体系——"县城(区)—中心镇(一般镇)—中心村—村"规划模式,本质上延续了 20 世纪 80 年代以来,"市带县"体制所决定的将行政区域当做统一整体,按照等级、职能和空间三大结构合理布置城(村)镇体系的传统。这在商品经济欠发展的早期,通过"强带弱""弱撑强"来带动区域发展是有意义的。但是,在农村社会结构形态以及农村改革和城市改革都发生重大变迁的情况下,单一维度、自上而下的规划模式在很多地方成为政府的"独角戏","规划"甚至演变成了"扰民",不易激发地方要素流动。图 15-8(a)显示了传统城(村)镇体系规划的单维作用特征。在实践中,由于规划调控强度在"村庄"这个规划政策传递末端的逐渐弱化,随着农村经济的发展,发展低效乡村工业的现象时有发生,造成了农村环境的恶化,也隐含着土地的混乱使用。

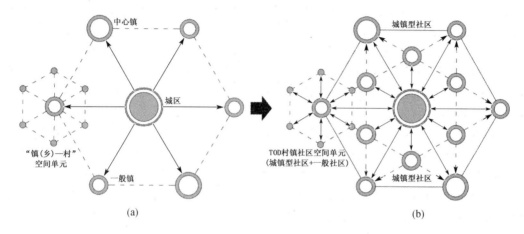

图 15-8　传统城乡树形空间规划模式向 TOD 村镇社区互动网络规划模式的转变

　　TOD 村镇社区空间发展模式打破了原来的单维作用模式,在规划积极与强力调控的基础上,向广大农村地域注入"要素流动"的动力。通过公共交通的积极匹配所带来的供给触媒效应,引导地域的网络化联结,形成"县城(区)—TOD 村镇社区"的网络化空间组织,如图15-8(b)所示。TOD 村镇社区中城镇型社区可以集中布置第三产业以及与地方特色直接相关的农产品加工业,规模较大的工业则可通过规划约束和引导"增减挂钩",向相对集中的工业产业区集聚。对于工业集聚的空间位置和规模问题,不同的地区可按其乡村经济发展的具体情况辩证集约选择。TOD 村镇社区一旦形成后,对于更大规模产业的集聚将起到一定的助动力,更有助于中小规模特色产业(主要是农业和服务业)的灵活经营。基于此,耕地保护、特色留存、社会稳定均能有所期待。同时,由于公共交通配给良好的网络化空间组织模式形成,要素流动障碍减弱,县乡要素流动会更加顺畅,也为农村的特色集市提供了有效的设施支撑。整个城乡大流通的网络化空间结构也会为农村发展进步带来新的可能性。

　　值得说明的是,TOD 村镇社区模式在弱化体系和等级的基础上,试图激活承上启下的地理空间单元——城镇型社区。其本质上是一种上下"互动推拉"的模式。图 15-8 中(a)到(b)就表达了原有"单一推动"向"互动推拉"的转变,其间交通方式变革带来的地理空间单元通勤距离的相对缩小,从"镇—中心村—村",变为"城镇型社区——一般社区(村)",能够带来空间可达性的提升,进而刺激要素流动和农村经济潜在发展;经济发展又提升了城乡总体发展的效益和活力。在规模上,不强调在区域培植类似于镇区的少数

"极",而是引导人口、建设用地、经济要素在各区域分布的相对均衡。镇区只是规模稍大的 TOD 村镇社区中的城镇型社区之一,只不过其职能可以根据地域实际具体选择。例如,临邑县德平、兴隆、临南等镇主要通过其物流运输优势,发展工贸业;翟家、宿安、孟寺等镇则发展农工贸业;而林子镇则主要发展生态旅游业。

第四,改善功能结构方面:TOD 村镇社区空间发展模式弱化了镇区功能,期望实现公共服务在县域尺度上的相对均等化。

TOD 村镇社区重要的特征是包含一个依托公共交通的先导作用而发展起来的服务中心,不仅仅服务于自身,也服务于周边一定区域内的村庄。即,TOD 村镇社区所包含的村庄都在服务范围内,且功能相对齐全,具备管理、文化娱乐、教育卫生等公共设施,类似于城镇服务职能。随着越来越多的 TOD 村镇社区完善形成,TOD 村镇社区组成的网络化用地模式,将提高整个区域内公共服务设施的使用效率。对于镇区而言,其传统定位是政府驻地及人口、经济、社会和空间发展的集聚地,在村镇体系中起着区域性的核心作用。而 TOD 村镇社区空间发展模式,将镇区原有的某些核心功能分散转移至各个 TOD 村镇社区中。这改变了镇区的传统地位,使其功能趋于简化,并逐渐演变为行政服务中心和特色产业集聚地。

长期以来,镇(乡)作为我国行政体系强势单元的末端,截留上级政府垂直配给的各种农村发展资源的现象是客观存在的。这一方面是体制机制问题,可以用来解释普遍存在的"镇(乡)—村"公共服务在镇区过度集中,镇域居民使用过度或严重不足的不均等化现象;另一方面,经费在镇(乡)的截留也隐含着违规制度缝隙。TOD 村镇社区中公共服务网络体系一旦形成,必将缩小财政补贴与配给的地理空间单元(从镇变为了城镇型社区),改善以往普通村庄(社区)不能满足村民生活要求而导致村民人口大量外流、向镇区集中的状况,以及镇区设施过度配置的结构性矛盾。镇域内的公共服务需求也将趋于分散,并相对均衡地布局在各个 TOD 村镇社区中,从服务半径上可以满足区域内社区的基本生活需要,使得现代生活方式与传统生活方式更加紧密地结合,在公共交通网络串联基础上,逐渐形成"一社区一品味",公共服务网络体系从单点全面配套向多点按需要和特色设置的转变。

临邑案例的探索,以及 TOD 村镇社区空间发展模式在规划中的应用,描绘了城乡一体化发展的一种观点,很多内容还需要在实践中修正和继续深入探讨。不过,TOD 村镇社区的发展模式不仅可以解决城乡交通问题,而且可以以此为基点,形成紧凑的互动型、网络化的城乡空间组织形态,进而形成城乡衔接的公共服务网络体系。

从内在价值导向上来看,TOD 村镇社区空间发展模式是一种政府引导下的积极配给与乡村有机自组织更新相结合的互动推拉模式,这改变了传统自上而下规划模式的树形特征。旨在通过城乡公共交通这个具有触媒意义、能够激活多元地域空间的核心要素,多点(城镇型社区)激活,缩小规划强力调控和引导的地理空间单元,带动政府对农村地域投入和引导方式(从传统的单点重点投入向多点相对均等投入)的探索,甚至变革。在发展进程中与之伴生的投资模式、运转方式、配套程度、新农村居住模式、土地置换等问题均需进一步深入研究。

(本章原载于《城市规划》杂志 2012 年第 10 期,原标题为《从"树形"到"互动网络"——公交引导下的村镇社区空间发展模式初》,作者:王金岩、何淑华)

参考文献

阿尔弗雷德·申茨.2009.幻方——中国古代的城市[M].北京:中国建筑工业出版社.

阿诺德·汤因比.2001.人类与大地母亲——一部叙事体世界历史[M].上海:上海人民出版社:15-16.

埃德蒙·培根.2003.城市设计[M].北京:中国建筑工业出版社.

爱德华·苏贾.2004.后现代地理学——重申批判社会理论中的空间[M].北京:商务印书馆.

爱弥尔·涂尔干.1999.宗教生活的基本形式[M].上海:上海人民出版社:11-12.

保罗·诺克斯,琳达·麦克卡西.2009.城市化[M].北京:科学出版社:576.

鲍德威.2010.中国城市的变迁——1890—1949年山东济南的政治与发展[M].北京:北京大学出版社:1.

彼得·霍尔.2009.社会城市——埃比尼泽·霍华德的遗产[M].北京:中国建筑工业出版社:69-70.

彼得·霍尔.2010.多中心大都市:来自欧洲巨型城市区域的经验[M].北京:中国建筑工业出版社.

蔡军.2005.论支路的重要作用——对《城市道路交通规划设计规范》的深入理解[J].城市规划,(3):84-88.

蔡晓辉.2011.土地城镇化加速中 警惕"虚高"的城镇化[N].人民日报(海外版),2011-04-19.

曹康,赵淑玲.2007.城市规划编制办法的演进与拓新[J].规划师,2007(1):10-11.

曹现强,张福磊.2011.空间正义:形成、内涵及意义[J].城市发展研究,2011(4):1-5.

常旭.2009.中国古代人地关系哲学范式的初步研究[D].北京:北京师范大学.

陈伯超,张艳锋.2004.城市改造过程中的经济价值与文化价值——沈阳铁西工业区的文化品质问题[J].现代城市研究,(11):17-22.

陈昌曙.2001.自然辩证法概论新编[M].沈阳:东北大学出版社.

陈锋.2011.世界资本主义长程运动与我国城市规划的历史走向[J].城市规划,(1):23-32.

陈建先.2009.统筹城乡的大部门体制创新——从重庆"四规叠合"探索谈起[J].探索,(3):64-67.

陈晓丽.2007.社会主义市场经济条件下城市规划工作框架研究[M].北京:中国建筑工业出版社:4-5.

陈晓扬.2003.街道网形态研究[J].新建筑,(6):8-10.

陈炎.2012.艺术与技术[M].北京:人民出版社.

陈映芳.2009.都市大开发——空间生产的政治社会学[M].上海:上海古籍出版社:1-2.

陈自芳.2011.论就业、产业升级与资源保护的协调互动机制[J].江汉论坛,(2):10-14.

成思危.1998.试论科学的融合[J].自然辩证法研究,(1):1-6.

大卫·哈维.1996.地理学中的解释[M].北京:商务印书馆.

大卫·哈维.2004.后现代的状况——对文化变迁之缘起的探究[M].北京:商务印书馆:21-25.

大卫·哈维.2005.希望的空间[M].南京:南京大学出版社.

大卫·哈维.2010.巴黎城记——现代性之都的诞生[M].桂林:广西师范大学出版社:127-134.

大卫·哈维.2010.正义、自然和差异地理学[M].上海:上海人民出版社:89-191,455.

戴慎志.1999.城市工程系统规划[M].北京:中国建筑工业出版社.

丁成日,宋彦,Gerrit Knaap,等.2006.城市规划与空间结构——城市可持续发展战略[M].北京:中国建筑工业出版社:10-11.

丁辉关.2011."十一五"时期我国产业结构的发展状况及存在问题分析[J].特区经济,(3):221.

董鉴泓.1989.中国城市建设史[M].北京:中国建筑工业出版社.

杜维明,范曾.2010.天与人——儒学走向世界的前瞻[M].北京:北京大学出版社:77.

段义孚.2005.逃避主义[M].石家庄:河北教育出版社:29-33.

樊锦诗.2009.莫高窟史话[M].江苏美术出版社:40.

范炜.2002.单位用地割据——当前城市管理中面临的难题[J].城市规划汇刊,(6):76-80.

房文君.2004.详细城市设计导则的操作可行性及有效性研究——以深圳市中心区 22、23-1 街坊城市设计为案例[D].[硕士学位论文].深圳:深圳大学.

费移山,王建国.2004.高密度城市形态与城市交通——以香港城市发展为例[J].新建筑,(5):4-6.

冯时.2009.中国古代的天文与人文[M].北京:中国社会科学出版社:43,75.

冯友兰.2011.中国哲学史(上)[M].上海:华东师范大学出版社:25-26.

傅熹年.2001.中国古代城市规划、建筑群布局及建筑设计方法研究[M].北京:中国建筑工业出版社.

甘灿业.2009.城中村存在的问题及对策分析——以南宁市西乡塘区秀灵村为例[J].经济与社会发展,(2):142-145.

戈佐拉.2003.凤凰之家——中国建筑文化的城市与住宅[M].北京:中国建筑工业出版社.

弓秦生.2003.城市道路基本断面的确定[J].城市道桥与防洪,(2):23-27.

顾朝林,刘海泳.1999.西方"马克思主义"地理学——人文地理学的一个重要流派[J].世界地理,(3):237-242.

韩向娣,周艺,王世新,等.2012.基于夜间灯光和土地利用数据的 GDP 空间化[J].遥感技术与应用,(3):396-405.

贺灿飞,梁进社.2004.中国区域经济差异的时空变化:市场化、全球化、城市化[J].管理世界,(8):8-10.

贺业钜.1986.中国古代城市规划史论丛[M].北京:中国建筑工业出版社:5.

贺业钜.1996.中国古代城市规划史[M].北京:中国建筑工业出版社.

洪亮平.2002.城市设计历程[M].北京:中国建筑工业出版社.

洪铁城.2005.日本的城市道路规划[J].规划师,(7):118-122.

黄克剑.2010.由"命"而"道"——先秦诸子十讲[M].北京:中国人民大学出版社:16.

黄天其,文超祥.2002.后周世宗城市建设思想探研[J].规划师,(11):90-92.

黄怡.2006.城市社会分层与居住隔离[M].上海:同济大学出版社.

吉伯特.1983.市镇设计[M].北京:中国建筑工业出版社:7.

加文·帕克,乔·多克,张鸿雁等.2013.规划学核心概念[M].南京:江苏教育出版社.

贾雷德·戴蒙德.2008.崩溃——社会如何选择成败兴亡[M].上海译文出版社:1-10.

江曼琦.2001.城市空间结构优化的经济分析[M].北京:人民出版社.

江晓原.2007.天学真原[M].沈阳:辽宁教育出版社.

姜飞云.2011.城市内涝是观念问题[N].山西日报,2011-07-26.

蒋平.2013.中国地下空间行业发展前景与投资战略规划分析前瞻[R].深圳:前瞻产业研究院.

金观涛.2010.探索现代社会的起源[M].北京:社会科学文献出版社.

金羽.2003.风雨百年路——沈阳市中街商业街形态变迁研究[D].[硕士学位论文].大连:大连理工大学.

卡尔芬格胡斯.2007.向中国学习——城市之道[M].北京:中国建筑工业出版社.

卡尔·波兰尼.2010.大转型:我们时代的政治与经济起源[M].杭州:浙江人民出版社:27.

卡尔·芬格胡斯.2007.向中国学习——城市之道[M].北京:中国建筑工业出版社.

凯文·林奇.1990.城市形态[M].北京:中国建筑工业出版社.

凯文·林奇.1990.城市意象[M].北京:中国建筑工业出版社.

亢亮,亢羽.1999.风水与城市[M].天津:百花文艺出版社.

208

科恩.2012.世界的重新创造:近代科学是如何产生的[M].张卜天,译.长沙:湖南科学技术出版社:35.

克里尔.1991.城市空间[M].上海:同济大学出版社.

克里斯蒂娅·弗里兰.2013.巨富:全球超级新贵的崛起及其他人的没落[M].北京:中信出版社:20.

克里斯托夫·亚历山大.1986.城市并非树形[J].北京:中国建筑工业出版社.

克利夫·芒福汀.2004.绿色尺度[M].北京:中国建筑工业出版社.

库尔特·考夫卡.1997.格式塔心理学原理[M].杭州:浙江教育出版社:30-58.

兰兵.2004.城市交通与城市形态——城市设计中不可避免的话题[J].武汉大学学报,(2):173-175.

老子.2004.老子[M].呼和浩特:远方出版社:3-92.

李建平.2002.葬书·宅经·周易[M].郑州:中州古籍出版社.

李平华,陆玉麟.2005.城市可达性研究的理论与方法评述[J].城市问题,(1):69-74.

李群.2002.发挥优势 突出特色 努力提高城市综合竞争力[J].山东经济战略研究,(7):17-18.

李少云.2005.城市设计的本土化——以现代城市设计在中国的发展为例[M].北京:中国建筑工业出版社.

李约瑟.1990.中国科学技术史(第一卷)[M].北京:科学出版社.

李允鉌.2005.华夏意匠——中国古典建筑设计原理分析[M].天津:天津大学出版社:39-41,423.

李宗伟,吕玉晓.2001.港口在城市发展中的作用——以山东省日照市为例[J].城市问题,(1):35-36.

李宗尧.2002.临沂城市经济影响区的范围[J].烟台师范学院学报,(2):125-130.

理查德·罗杰斯.2004.小小地球上的城市[M].北京:中国建筑工业出版社.

梁江,沈娜.2003.方格网城市的重新解读[J].国外城市规划,(4):26-50.

梁江,孙晖.2000.城市土地使用控制的重要层面:产权地块[J].城市规划,(6):40-42.

梁江,孙晖.2003.唐长安城市布局与坊里形态的新解[J].城市规划,(1):77-82.

梁江,孙晖.2007a.从"侵街"到"侵空"[J].中外建筑,(1):53-55.

梁江,孙晖.2007b.模式与动因——中国城市中心区的形态演变[M].北京:中国建筑工业出版社:68.

列宁.1972.列宁选集(第二卷)[M].北京:人民出版社:599-600.

林炳耀.1998.城市空间形态的计量方法及其评价[J].城市规划学刊,(03):42-45.

林忠军.2012.易学源流与现代阐释[M].上海:上海古籍出版社:395-396.

刘涤宇.2011.城市综合体与被综合的城市生活[J].城市环境设计,(8):202-203.

刘晖,冯江.2005.拼贴的乌托邦——郑州龙子湖地区和重庆市大学城规划[J].新建筑,(3):40-41.

刘妮,倪兵,黎先东.2005.沈阳地铁一号线工程开工[N].沈阳日报,2005-11-19.

刘坪坪.2004.城市街坊尺度研究[D].[硕士学位论文].哈尔滨:哈尔滨工业大学.

刘仁义.2004.城市街道空间形态的演变与发展[J].安徽建筑工业学院学报(自然科学版),(3):72-74.

卢志刚.2004.城市取样1×1[M].大连:大连理工大学出版社:7.

陆大道.1995.区域发展及其空间结构[M].北京:科学出版社:27.

陆青,郭志明,端然.2003.沈阳浑南新区土地利用基本战略研究[J].城市发展研究,(5):64-70.

陆学艺,李培林,陈光金.2012.2013年中国社会形势分析与预测[M].北京:社会科学文献出版社:1-12.

栾峰.2004.战后西方城市规划理论的发展演变与核心内容[J].城市规划学刊,(6):83-87.

罗宾斯,埃尔-库利.2010.塑造城市——历史·理论·城市设计[M].北京:中国建筑工业出版社:196-212.

罗伯特·文丘里,丹尼斯·布朗,史蒂文·艾泽努尔,等.2006.向拉斯维加斯学习[M].北京:知识产权出版社,水利水电出版社:1.

罗斯·特里尔.2006.毛泽东传[M].北京:中国人民大学出版社:221.

马克思,恩格斯.1972.马克思恩格斯选集[M].北京:人民出版社.

马强,徐循初.2004."精明增长"策略与我国的城市空间扩展[J].城市规划学刊,(3):16-22.

马太·杜甘.2010.国家的比较——为什么比较,如何比较,拿什么比较[M].北京:社会科学文献出版社:238.

马正林.1999.中国城市历史地理[M].济南:山东教育出版社.

玛利亚·博古特.2013.人科:作为复杂系统的人文科学[M].北京:中国人民大学出版社:54-74.

麦克尔·詹克斯.2004.紧缩城市——一种可持续发展的城市形态[M].北京:中国建筑工业出版社.

曼昆.2005.经济学原理[M].北京:机械工业出版社.

门爱纯,石海均.2001.沈阳浑南新区规划目标探讨[J].辽宁经济,(10):36-37.

米歇尔·艾伦·吉莱斯皮.2012.现代性的神学起源[M].长沙:湖南科学技术出版社.

潘聪林,韦亚平.2009."城中村"研究评述及规划政策建议[J].城市规划学刊,(2):96-101.

潘海啸,汤諹,吴锦瑜,等.2008.中国"低碳城市"的空间规划策略[J].城市规划学刊,(6):59.

潘晟.2006.中国古代地理学的目录学考察(一)——《汉书·艺文志》的个案分析[J].历史地理论丛,(1):81-87.

曲大义,王炜,王殿海.1999.城市土地利用与交通规划系统分析[J].城市规划学刊,(6):44-45.

全国城市规划执业制度管理委员会.2002.城市规划法规文件汇编[M].北京:中国计划出版社.

任绍斌.2002.单位大院与城市用地空间整合的探讨[J].规划师,(4):60-63.

任仲平.1994.上下一心打好改革攻坚战[N].人民日报(海外版),1994-3-10.

邵益生,石楠.2006.中国城市发展问题观察[M].北京:中国建筑工业出版社:252,269.

佘振苏.2012.复杂系统学新框架——融合量子与道的知识体系[M].北京:科学出版社.

申时行.1985.明会典[M].北京:中华书局.

申翔.2007.建设农村社区的规划学思考[M]//中国城市规划学会.和谐城市规划——2007中国城市规划年会论文集.哈尔滨:黑龙江科学技术出版社:2214-2219.

沈建武,吴瑞麟.1996.城市道路交通分析与道路设计[M].武汉:武汉大学出版社.

沈娜.2005.关于土地再分问题的研究[D].[硕士学位论文].大连:大连理工大学.

沈玉麒.1989.外国城市建设史[M].北京:中国建筑工业出版社.

沈正平,翟仁祥.2003.江苏省南北经济发展差距及其协调研究——兼与鲁南和中国西部地区的比较[J].经济地理,(6):742-755.

斯宾格勒.2014.西方的没落[M].上海:上海三联书店.

孙关龙.2006.中国地理学史上的一次大断裂[J].地球信息科学,(4):41-43.

孙晖,梁江.2000a.关于设计理论研究方法的思考[J].建筑学报,(2):35-37.

孙晖,梁江.2000b.控制性详细规划应该控制什么?——美国地方规划法规的启示[J].城市规划,(5):19-21.

孙晖,梁江.2002.大连城市形态历史格局的特质分析[J].建筑创作,(2):12-15.

孙晖,梁江.2003.唐长安坊里内部形态解析[J].城市规划,(10):66-71.

孙晖,梁江.2005.市场经济下中心区城市形态演化模式及动因机制分析[R].国家自然科学基金项目(批准号:50108002)研究报告.

孙森.2002.沈阳工业区位变迁与城市工业结构的优化[D].[硕士学位论文].长春:东北师范大学.

孙施文.2007.现代城市规划理论[M].北京:中国建筑工业出版社:198-200.

孙施文.2012.《周礼》中的中国古代城市规划制度[J].城市规划,(8):9-13.

唐晓峰.2013.阅读与感知——人文地理笔记[M].北京:生活·读书·新知三联书店:15.

唐子来.1991.城市开发和规划的作用[J].同济大学学报(自然科学版),(1):90.

滕新才.2004.朱元璋的孔孟情结与明初民本政策[J].西南师范大学学报,(2):105-109.

童明.2002.阅读城镇形态[J].时代建筑,(4):28-33.

托马斯·莫尔.2006.乌托邦[M].北京:人民日报出版社:1.

宛素春.2004.城市空间形态解析[M].北京:科学出版社.

汪德华.2005.中国城市规划史纲[M].南京:东南大学出版社.

汪德华.2009.中国城市设计文化思想[M].南京:东南大学出版社:20-23.

王爱和.2011.中国古代宇宙观与政治文化[M].上海:上海古籍出版社:216-217.

王炳坤.1994.城市规划中的工程规划[M].天津:天津大学出版社.

王富臣.2005.形态完整——城市设计的意义[M].北京:中国建筑工业出版社.

王宏伟.2001.集聚的城市空间[J].江苏建筑,(s):64-65.

王缉慈.2001.创新的空间——企业集群与区域发展[M].北京:北京大学出版社.

王建国.2004.城市设计[M].南京:东南大学出版社.

王金岩,梁江.2005.中国古代城市形态肌理的成因探析[J].华中建筑,(1):154-156.

王金岩.2006.我国城市微观形态的时代困境与规划理念创新[J].华中建筑,(1):95-98.

王金岩.2011.空间规划体系论[M].南京:东南大学出版社:141,191-193.

王鲁民,刘晨宇,范文莉.2001.城市景观规划中街廊景观控制初探——以国家郑州经济技术开发区为例
    [J].南方建筑,(1):47-49.

王鲁民.1997.中国古典建筑文化探源[M].上海:同济大学出版社:78.

王琪,袁涛,郑新奇.2013.基于夜间灯光数据的中国省域 GDP 总量分析[J].城市发展研究,(7):44-48.

王树声.2004.明初西安城市格局的演进及其规划手法探析[J].城市规划汇刊,(5):85-96.

王小广.2011.路网结构不合理是堵车之源[N].南风窗,2011-03-19.

王新文.2008.规划泉城[M].北京:中国建筑工业出版社:111,102,96.

王毓铨.1983.莱芜集[M].北京:中华书局.

王桢栋.2010.当代城市建筑综合体研究[M].北京:中国建筑工业出版社:20-45.

威廉·格雷德.2003.资本主义全球化的疯狂逻辑[M].北京:社会科学文献出版社:2.

魏立华,阎小培.2006.1949—1987 年(重)工业优先战略下的中国城市社会空间研究——以广州市为例
    [J].城市发展研究,(2):13-19.

文国玮.2001.城市交通与道路系统规划[M].北京:清华大学出版社.

乌杰.1999.经济全球化与国家整体发展[M].北京:华文出版社:3.

吴承越,刘大可.1996.明代王府述略[J].古建园林技术,(4):16-21.

吴殿廷.2002.区域分析与规划高级教程[M].北京:高等教育出版社:138-139.

吴殿廷.2002.试论中国经济增长的南北差异[J].地理研究,(2):238-245.

吴殿廷.2003.区域经济学[M].北京:科学出版社:39-40.

吴殿廷.2009.区域经济学(第二版)[M].北京:科学出版社:165.

吴国盛.2006.时间的观念[M].北京:北京大学出版社:73-199.

吴良镛.2001.人居环境科学导论[M].北京:中国建筑工业出版社:71-83.

吴敏.2001.英国著名左翼学者大卫哈维论资本主义[J].国外理论动态,(3):24.

吴秋文.2001.易经探源与人生[M].北京:九州出版社:7.

吴志强,于泓.2005.城市规划学科的发展方向[J].城市规划学刊,(6):3.

夏健.2000.江南水乡城镇特色的继承与发扬——苏州工业园区娄葑镇中心区的城市设计[J].规划师,
    (4):36-39.

夏南凯,田宝江.2005.控制性详细规划[M].上海:同济大学出版社:27.

夏南凯,王耀武.2003.城市开发导论[M].上海:同济大学出版社.

夏周青.2010.中国农村社区从传统到现代的嬗变[J].武汉理工大学学报(社会科学版),(5):704-706.

邢海峰.2004.新城有机生长规划论[M].北京:新华出版社.

徐红.2004.明代开封周王的相关问题[J].河南科技大学学报(社会科学版),(2):21-24.

徐家钰.2005.城市道路设计[M].北京:中国水利水电出版社,知识产权出版社.

徐循初.1992.再谈我国城市道路网规划中的问题[J].城市规划汇刊,(4):1-8.

许学强,周一星,宁越敏.2001.城市地理学[M].北京:高等教育出版社.

阎金明.2003.国外大都市带的发展经验极其启示[J].城市,(5):21.

颜菊阳.2013.国内城市综合体快速突进存隐患[N].中国商报,2013-02-01(14).

兖州市地方史志编纂委员会.1997.兖州市志[M].济南:山东人民出版社.

兖州县地名委员会办公室.1989.山东省兖州县地名志[M].兖州:兖州县地名委员会办公室.

杨润勤.2004.济南开埠:一个近代史的神话[N].大众日报,2004-03-17.

杨涛.2004.我国城市道路网体系基本问题与若干建议[J].城市交通,(3):3-6.

杨天宇.2004.周礼译注[M].上海:上海古籍出版社.22.

杨宇振.2011.更更:时空压缩与中国城乡空间极限生产[J].时代建筑,(03):18-20.

姚雨林.1985.城市给水排水[M].北京:中国建筑工业出版社.

叶仲平,吴瑞麟.2005.轨道交通对城市土地利用规划的导向作用研究[J].华中科技大学学报,22(增刊):174-176.

伊恩·本特利.2002.建筑环境共鸣设计[M].大连:大连理工大学出版社.

伊利尔·沙里宁.1986.城市——它的发展、衰败与未来[M].北京:中国建筑工业出版社.

伊曼纽尔·沃勒斯坦.1998.现代世界体系(第一卷)[M].北京:高等教育出版社:11,27.

于慎行.1984.兖州府志[M].济南:齐鲁书社.

约瑟夫·里克沃特.2006.城之理念——有关罗马、意大利及古代世界的城市形态人类学[M].北京:中国建筑工业出版社:189-193.

张杰.2012.中国古代空间文化溯源[M].北京:清华大学出版社:29.

张京祥,罗震东.2013.中国当代城乡规划思潮[M].南京:东南大学出版社:254.

张京祥.2005.西方城市规划思想史纲[M].南京:东南大学出版社:96.

张晶,代庆.2004.沈阳太原街区排水管网改造[N].中国建筑报,2004-06-23.

张平.2006.城市规划法的价值取向[M].北京:中国建筑工业出版社:65-66.

张廷玉.1985.明史[M].北京:中华书局.

张庭伟,田莉.2013.城市读本(中文版)[M].北京:中国建筑工业出版社:453-456.

张雄.2003.世界级城市形态的价值标准[J].探索与争鸣,(5):12-13.

张艳锋,张明皓,陈伯超.2004.老工业区改造过程中工业景观的更新与改造——沈阳铁西工业区改造新课题[J].现代城市研究,(11):34-38.

张应祥,蔡禾.2006.资本主义与城市社会变迁——新马克思主义城市理论视角[J].城市发展研究,(1):109.

张瑛,李海婴.2005.关于我国城市实施节能战略的思考[J].武汉理工大学学报,(3):150-153.

张宇,欧名豪.2006.钩,该怎么挂——对城镇建设用地增加与农村建设用地减少相挂钩政策的思考[J].中国土地,(3):23-24.

张志强,陈伯超.2006.沈阳:拆掉4 000座烟囱以后[J].中国国家地理,(6):8.

章辉美.2004.社会转型与社会问题[M].长沙:湖南大学出版社:33.

赵刚,王金岩,左长安,等.2012.济南商业中心时空变迁研究——空间句法与历史—地理描述分析的结合性互证[C]//中国城市规划学会.多元与包容——2012中国城市规划年会论文集.昆明:云南科学技术出版社:207.

赵和生.1999.城市规划与城市发展[M].南京:东南大学出版社.

赵民.1998.城市发展和城市规划的经济学原理[M].北京:高等教育出版社.

赵麒歧.2010.自然时空与人——周易卦象爻象应用教程[M].北京:中国商业出版社.

赵燕菁.2002.从计划到市场:城市微观道路—用地模式的转变[J].城市规划,(10):24-30.

赵燕菁.2005.制度经济学视角下的城市规划[J].城市规划,(6):7-17.

赵英,苗拴明.1993.沈阳市城区道路交通问题研究及对策[J].城市规划,(6):43-47.

郑俊,甄峰.2005.城市轨道交通对沿线房地产价格影响研究——兼论南京地铁沿线土地开发策略[C]//
城市规划面对面——2005城市规划年会论文集(下).北京:中国水利水电出版社.

郑永年.2009.全球化与中国国家转型[M].杭州:浙江人民出版社:71-72,133.

中国城市规划设计研究院,建设部城乡规划司.2002.城市规划资料集(第四分册:控制性详细规划)
[M].北京:中国建筑工业出版社.

中国城市规划学会.2003.城市中心区与新建区规划[M].北京:中国建筑工业出版社.

中国城市规划学会.2005.城市规划面对面[M].北京:中国水利水电出版社.

中国社会科学院,美国纽约公共管理研究所.1992.中国城市土地使用与管理(总报告)[M].北京:经济
科学出版社.

中国哲学教研室,北京大学哲学系.2004.中国哲学史[M].北京:商务印书馆:7.

周尚意,孔翔,朱竑.2004.文化地理学[M].北京:高等教育出版社.

周一星,杨焕彩.2004.山东半岛城市群发展战略研究[J].北京:中国建筑工业出版社:146-147.

周一星.1995.城市地理学[M].北京:商务印书馆:45,340.

周一星.2006.城市研究的第一问题是基本概念的正确性[J].城市规划学刊,(1):1-5.

周毅刚,袁粤.2003.从城市形态的理论标准看中国传统城市空间形态[J].新建筑,(6):48-53.

周英峰,周婷玉.2010.国家将严格保护耕地和淡水等粮食生产资源[J].北京农业,(10):8.

周振鹤.1990.体国经野之道[M].香港:中华书局:161-162.

淄博市规划信息中心.2009.德州市临邑县村镇体系规划[Z].

《城乡规划法要点解答》编写组.2007.城乡规划法要点解答[M].北京:法律出版社:94.

Ben V. 2001. Dutch urban renewal, transformation of the policy discourse 1960—2000[J]. Journal of
Housing and the Built Environment,(16):203-232.

Catanese A J,S J C. 1979. Introduction to Urban Planning[M]. New York:McGraw-Hill Co..

Cullingworth J B,Vincent N. 2006. Town and Country Planning in the UK[M]. New York:Rout-
ledge:42-44.

Garvin A. 1996. The American City,What Work,What Doesn't? [M]. New York:McGraw-Hill Co..

Gar-on Y A,Wu F. 1999. The transformation of the urban planning system in China from a centrally-
planned to transitional economy[J]. Progress in Planning,(4):167-252.

Harvey D. 1985. The Urbanization of Capital:Studies in the History and Theory of Capitalist Urbaniza-
tion[M]. Oxford:Basil Blackwell.

Harvey D. 1998. Marxism,metaphors,and ecological[J]. Politics Monthly Review,(4):49.

Harvey D. 2003. The right to the city[J]. International Journal of Urban and Regional Research,(12):
939-941.

Jacobs A B. 1985. Looking at Cities[M]. Cambridge,Massachusetts:Harvard University Press.

Kostof S. 1992. The City Assembled:The Elements of Urban Form Through History[M]. London:
Thames and Hudson.

Krier R. 1979. Urban Space[M]. New York: Rizzoli.

Lanny A. 2006. Private investment, public aid and endogenous divergence in the evolution of urban neighborhoods [J]. The Journal of Real Estate Finance and Economics, (1): 83-100.

Levy, John M. 1991. Contemporary Urban Planning[M]. New Jersey: Prentice Hall.

Lin G C S, Ho S P S. 2005. The state, land system, and land development processes in contemporary China[J]. Annals of the Association of American Geographers, 95 (2):411-436.

Stephen M W. 2004. Planning for Sustainability[M]. New York. Routledge:11.

图片来源

图 A-1　源自:李约瑟.中国科学技术史(第一卷)[M].北京:科学出版社,1990:129;樊锦诗.莫高窟史话[M].南京:江苏美术出版社,2009:89

图 A-2　源自:吴浩然.丰子恺杨柳画谱[M].济南:齐鲁书社,2008:32

图 A-3　源自:依据李约瑟.中国科学技术史(第一卷)[M].北京:科学出版社,1990:85 图片改绘

图 A-4　源自:http://upload.wikimedia.org/wikipedia/commons/4/45/Hagia-Sophia-Laengsschnitt.jpg

图 A-5　源自:天主堂根据百度搜索而得;慈云观景观为作者自摄

图 1-1　源自:梁江,孙晖.模式与动因——中国城市中心区的形态演变[M].北京:中国建筑工业出版社,2007:9

图 1-2　源自:根据昵图网图片加工整理而得

图 1-3　源自:平面形态依据 Google Earth 软件,在视角高度(eye alt)4 367 m 的上空截取。空间景观根据谷歌街景地图图片加工整理而得:其中北京为取灯胡同景观;开罗为汗·哈利利集市;罗马为 Via Marcantonio Colonna / Via Pompeo Magno, Roma, Lazio 街道交叉口;纽约为 Avenue of the Americas / West 52nd Street

图 1-4　源自:自绘

图 1-5　源自:根据《深圳市城市设计标准与准则 2009》图片加工整理而得

图 1-6　源自:王鲁民,刘晨宇,范文莉.城市景观规划中街廊景观控制初探——以国家郑州经济技术开发区为例[J].南方建筑,2001(1):47-49

图 1-7　源自:王金岩,梁江.中国古代城市形态肌理的成因探析[J].华中建筑,2005(1):154-156

图 1-8　源自:依据董鉴泓.中国城市建设史[M].北京:中国建筑工业出版社,1989 图片改绘

图 1-9　源自:宛素春.城市空间形态解析[M].北京:科学出版社,2004

图 1-10　源自:杭州市城市规划设计研究院编制的《杭州市滨江区中心单元(BJ10)控制性详细规划 2007》公示成果

图 2-1　源自:依据 1948 年济南一二三区地图加工改绘而得

图 2-2　源自:汪德华.中国城市规划史纲[M].南京:东南大学出版社,2005

图 2-3　源自:自绘

图 2-4　源自:金羽.风雨百年路——沈阳市中街商业街形态变迁研究[D].大连:大连理工大学硕士学位论文,2003

图 2-5　源自:根据腾讯街景地图加工整理而得

图 2-6　源自:依据王富臣.形态完整——城市设计的意义[M].北京:中国建筑工业出版社,2005 图片改绘

图 2-7　源自:董鉴泓.中国城市建设史[M].北京:中国建筑工业出版社,1989

图 2-8　源自:根据百度图片加工整理而得

图 2-9　源自:王新文.规划泉城[M].北京:中国建筑工业出版社,2008

图 2-10　源自:徐洪涛翻拍自日本杂志,日文翻译参考了高化的译文

图 2-11　源自:菊池秋田郎,中岛一郎.奉天二十年史[M].沈阳:奉天二十年史刊行会,1926

215

图 2-12　源自:根据腾讯街景地图加工整理而得

图 2-13　源自:汪德华.中国城市规划史纲[M].南京:东南大学出版社,2005

图 2-14　源自:自绘

图 2-15　源自:陈伯超,张艳锋.城市改造过程中的经济价值与文化价值——沈阳铁西工业区的文化品
质问题[J].现代城市研究,2004(11):17-22

图 2-16　源自:自绘

图 2-17　源自:《中国国家地理》

图 2-18　源自:汪德华.中国城市规划史纲[M].南京:东南大学出版社,2005

图 2-19　源自:2006 年浑南新区政府网站;根据谷歌地图加工整理而得

图 2-20　源自:2006 年浑南新区政府网站 http://www.hunnan.gov.cn

图 2-21　源自:赵燕菁.从计划到市场:城市微观道路—用地模式的转变[J].城市规划,2002(10):24-30

图 2-22　源自:王金岩,梁江.中国古代城市形态肌理的成因探析[J].华中建筑,2005(1):154-156

图 2-23　源自:a,b 部分根据魏立华,阎小培.1949—1987 年(重)工业优先战略下的中国城市社会空间
研究——以广州市为例[J].城市发展研究,2006(2):13-19 图片改绘;c 部分为作者自绘

图 3-1　源自:汪德华.中国城市规划史纲[M].南京:东南大学出版社,2005

图 3-2　源自:自绘

图 3-3　源自:根据腾讯街景地图加工整理而得

图 3-4　源自:中国城市规划学会.城市中心区与新建区规划[M].北京:中国建筑工业出版社,2003

图 3-5　源自:自绘

图 3-6　源自:沈娜.关于土地再分问题的研究[D].大连:大连理工大学硕士学位论文,2005

图 3-7　源自:根据腾讯街景地图加工整理而得

图 3-8　源自:自绘

图 3-9　源自:自绘

图 3-10　源自:以谷歌地图为底图自绘

图 3-11　源自:《中国国家地理》

图 3-12　源自:以谷歌地图为底图自绘

图 3-13 至图 3-15　源自:自绘

图 4-1 至图 4-3　源自:自绘

图 4-4　源自:中间示意图为自绘;图底关系图引自卢志刚.城市取样 1×1[M].大连:大连理工大学出
版社,2004

图 4-5　源自:根据谷歌地图和腾讯街景地图绘制

图 4-6　源自:Garvin A. The American City, What Work, What Doesn't? [M]. New York: McGraw-
Hill Co. ,1996

图 4-7、图 4-8　源自:自绘

图 4-9　源自:根据谷歌地图绘制

图 4-10 至图 4-12　源自:自绘

图 4-13　源自:中国城乡规划行业网 http://www.china-up.com/所示该地块方案

图 4-14　源自:戴慎志.城市工程系统规划[M].北京:中国建筑工业出版社,1999

图 4-15 至图 4-17　源自:自绘

图 4-18　源自:克里斯托夫·亚历山大.城市并非树形[M].北京:中国建筑工业出版社,1986

图 4-19   源自:王建国.城市设计[M].南京:东南大学出版社,2004

图 4-20   源自:梁江,孙晖.模式与动因——中国城市中心区的形态演变[M].北京:中国建筑工业出版社,2007:93

图 4-21 至图 4-23   源自:自绘

图 4-24   源自:赵燕菁.从计划到市场:城市微观道路—用地模式的转变[J].城市规划,2002(10):24-30

图 4-25   源自:伊恩·本特利.建筑环境共鸣设计[M].大连:大连理工大学出版社,2002

图 4-26   源自:中国城市规划学会.城市中心区与新建区规划[M].北京:中国建筑工业出版社,2003 图片改绘

图 4-27   源自:自绘

图 4-28   源自:根据谷歌地图绘制

图 4-29   源自:根据腾讯街景地图绘制

图 4-30   源自:自绘

图 4-31   源自:文国玮.城市交通与道路系统规划[M].北京:清华大学出版社,2001

图 4-32   源自:根据腾讯街景地图绘制

图 4-33、图 4-34   源自:自绘

图 5-1   源自:根据维基百科图片加工整理而得

图 5-2   源自:根据谷歌地图自绘

图 5-3   源自:作者自摄;根据腾讯街景地图绘制

图 5-4   源自:根据谷歌地图自绘

图 5-5   源自:自绘

图 5-6   源自:作者自摄

图 5-7   源自:自绘

图 B-1   源自:自绘

图 B-2、图 B-3   源自:根据百度搜索而得

图 B-4   源自:根据冯时.中国古代的天文与人文[M].北京:中国社会科学出版社,2009 图片叠合加工绘制

图 B-5   源自:紫微垣图来自北京建筑大学"北京地图特色资源包一期"图片;北极北斗配四季图为自绘

图 B-6   源自:冯时.中国古代的天文与人文[M].北京:中国社会科学出版社,2009

图 B-7   源自:根据百度搜索而得

图 B-8、图 B-9   源自:自绘

图 B-10   源自:依据《水龙经》一书中图片加工整合而得

图 6-1   源自:自绘

图 7-1   源自:自绘

图 7-2   源自:根据百度搜索而得

图 7-3   源自:自绘

图 7-4   源自:根据苏东坡手迹拓片局部加工整理而得,英文部分参照了许渊冲的译文

图 7-5   源自:自绘

图 7-6   源自:根据该小区宣传材料图片加工整理而得

图 8-1　源自:根据百度搜索而得

图 8-2　源自:Wang Z S. Han Civilization[M]. New Haven:Yale University Press,1982;刘庆柱,李毓芳. 汉长安城[M].北京:文物出版社,2003 加工整理而得

图 9-1　源自:根据兖州党政公众信息网所示"唐代兖州(鲁郡)治所瑕丘城示意图"加工整理而得,此图为示意图

图 9-2　源自:根据明万历《兖州府志》一书"图考"中的"兖州府城图"加工而得,此图为示意图

图 9-3　源自:根据《兖州市志》一书中所示 1996 年版"兖州城区图"绘制

图 9-4　源自:左图由济宁市兖州区政协委员杜心广先生提供,推测约为 1907 年德国传教士璞华拍摄;右图为刘敦桢先生拍摄

图 9-5　源自:自绘

图 9-6　源自:由济宁市兖州区政协委员杜心广先生提供

图 9-7　源自:根据百度图片加工改绘而得

图 C-1　源自:以谷歌地图为底图绘制

图 C-2　源自:依据百度搜索图片加工整理而得

图 C-3　源自:根据维基百科复活节岛地图及昵图网图片加工整理改绘而得

图 C-4　源自:根据百度搜索图片加工整理而得

图 C-5　源自:天子大酒店图根据 http://blog.sina.com.cn/ksztc 中网友"百事可乐"所摄图片加工整理而得;海明威与地产销售图片根据作者搜集的某地产开发公司户型宣传和推介资料加工整理而成

图 10-1　源自:根据百度搜索图片加工整理而得

图 10-2　源自:自绘

图 10-3　源自:依据 1996—2006 山东统计年鉴数据绘制

图 10-4、图 10-5　源自:自绘

图 11-1　源自:根据百度搜索图片加工整理而得

图 11-2　源自:根据必应搜索图片加工整理而得

图 11-3、图 11-4　源自:自绘

图 11-5　源自:根据百度搜索统计图片加工整理而得

图 11-6　源自:自绘

图 12-1　源自:自绘

图 12-2　源自:根据洪亮平. 城市设计历程[M].北京:中国建筑工业出版社,2002 中图片加工改绘而得

图 12-3　源自:根据百度地图底图绘制

图 12-4　源自:自绘

图 12-5　源自:根据山东省建筑设计研究院《万达城市综合体规划与建筑设计》作品绘制

图 D-1　源自:拉奥孔和他的儿子们出自 http://blog.artron.net/space-609754-do-album-picid-26424593-goto-up.html;公元前六世纪希腊双耳陶瓶出自 http://210.29.224.6:8887/ysdl/News3.5/News_View.asp? NewsID=491

图 D-2　源自:根据 Martin Briggs 所绘制的米利都城平面图加工整理而得 http://www.sengoku.cn/

bbs/thread-373031-1-1. html

图 D-3 源自:根据百度搜索图片加工整理而得

图 D-4 源自:根据 http://www.france-furniture.org 网站中凡尔赛宫历史绘画加工整理而得

图 D-5 源自:索契冬奥会图片根据昵图网图片整理而得;伦敦奥运会图片根据 http://www.171english. cn/reading/30tholympics/opening. html 图片加工整理而得

图 D-6 源自:国家大剧院的曲面形态

图 D-7 源自:根据山东大学网站校园景观图加工整理而得

图 D-8 源自:根据百度搜索图片加工整理而得

图 D-9 源自:根据百度图片改绘

图 D-10 源自:根据"巫"字甲骨文及篆书字体绘制

图 13-1 源自:根据网页 http://www.pressmine.com/35458/comment-page-1 中图片加工整理而得

图 13-2、图 13-3 源自:自绘

图 14-1 源自:根据百度图片加工整理而得

图 14-2 至图 14-4 源自:自绘

图 15-1 源自:自绘

图 15-2 至图 15-6 源自:根据淄博市规划信息中心编制的《德州市临邑县村镇体系规划(2009—2030)》 图件改绘

图 15-7 源自:依据《农民日报》文章"代表委员热议推进城镇化:不是简单让农村变城市"配图,由朱慧 卿绘制

图 15-8 源自:自绘

表格来源

表 2-1　源自:自制

表 2-2　源自:傅熹年的《中国古代城市规划、建筑群布局及建筑设计方法研究》一书第 3 页;贺业钜的《中国古代城市规划史》一书第 498 页;根据带有比例尺的城市平面图,测量估算而得

表 3-1　源自:作者自制

表 4-1　源自:马强,徐循初."精明增长"策略与我国的城市空间扩展[J],城市规划学刊,2004(3):16-22.

表 4-2　源自:根据王缉慈.创新的空间——企业集群与区域发展[M].北京:北京大学出版社,2001 内容整理改编

表 4-3 至表 4-8　源自:作者自制

表 4-9　源自:根据弓秦生.城市道路基本断面的确定[J].城市道桥与防洪,2003(2):23-27;洪铁城.日本的城市道路规划[J].规划师,2005(7):118-122 改编

表 4-10　源自:Jacobs A B. Great Streets[M]. Cambridge, MA:The MIT Press, 1996

表 4-11　源自:作者自制

表 5-1　源自:根据谷歌地图同比例下济南市街区空间图像加工整理而得

表 5-2　源自:根据《规划泉城》一书中"魏家庄片区""解放阁片区""王府池子"片区改造方案加工成图底关系图像

表 6-1　源自:自编

表 7-1　源自:依据邵雍《梅花易数》中内容自编

表 8-1　源自:根据《汉书·艺文志》原文整理而得

表 9-1　源自:依据相关城市地图量测估算而得

表 10-1　源自:依据 2006 山东统计年鉴数据绘制

表 10-2　源自:依据 2002 山东统计年鉴数据绘制;依据沈正平,翟仁祥的《江苏省南北经济发展差距及其协调研究——兼与鲁南和中国西部地区的比较》一文内容加工整理而得

表 10-3　源自:根据周一星,杨焕彩.山东半岛城市群发展战略研究[M].北京:中国建筑工业出版社,2004 内容整理加工而得

表 12-1　源自:根据谷歌地图绘制并编表

表 12-2　源自:作者自制

表 D-1　源自:作者自制

表 13-1　源自:作者自制

表 14-1、表 14-2　源自:作者自制

表 15-1　源自:作者自制